"十四五"普通高等学校规划教材

软件过程管理

金　花　宁　涛◎主编
徐克圣◎主审

中国铁道出版社有限公司
CHINA RAILWAY PUBLISHING HOUSE CO., LTD.

内 容 简 介

本书系统介绍了软件项目管理的思想及基本方法,以为读者迅速掌握软件项目管理方法和规则提供参考。全书分为12章。第1章介绍项目管理的定义和知识领域;第2章介绍软件过程管理的定义、方法和相关操作;第3章介绍项目范围管理的概念和工作分解方法;第4章介绍项目集成管理的定义和相关操作;第5章介绍软件项目成本管理的估算、预算和控制方法;第6章介绍软件项目进度管理的估算、安排和控制方法;第7章介绍软件项目质量管理的计划和控制标准;第8章介绍软件项目人力资源管理的相关方法;第9章介绍软件项目沟通管理的计划和建议;第10章介绍软件项目风险管理的识别和控制策略;第11章介绍软件项目采购管理的方法及合同类型;第12章为软件项目管理案例分析。书中配有大量典型应用实例和课后习题。

本书在编写中力求结构清晰、语言简练、通俗易懂、讲解深入浅出,课后配套习题全面。

本书可作为高等院校计算机科学与技术专业、软件工程专业的教材,也可作为广大程序开发人员自学的参考用书。

图书在版编目（CIP）数据

软件过程管理/金花,宁涛主编. —北京:中国铁道出版社有限公司,2021.12

“十四五”普通高等学校规划教材

ISBN 978-7-113-28636-1

Ⅰ.①软… Ⅱ.①金… ②宁… Ⅲ.①软件工程-高等学校-教材 Ⅳ.①TP311.5

中国版本图书馆CIP数据核字（2021）第258926号

书　　名:软件过程管理
主　　编:金　花　宁　涛

策　　划:李志国
责任编辑:张松涛　包　宁　　　　**编辑部电话**:(010)83527746
封面设计:刘　颖
责任校对:苗　丹
责任印制:樊启鹏

出版发行:中国铁道出版社有限公司(100054,北京市西城区右安门西街8号)
网　　址:http://www.tdpress.com/51eds/
印　　刷:三河市国英印务有限公司
版　　次:2021年12月第1版　2021年12月第1次印刷
开　　本:787 mm×1 092 mm　1/16　**印张**:12　**字数**:310千
书　　号:ISBN 978-7-113-28636-1
定　　价:35.00元

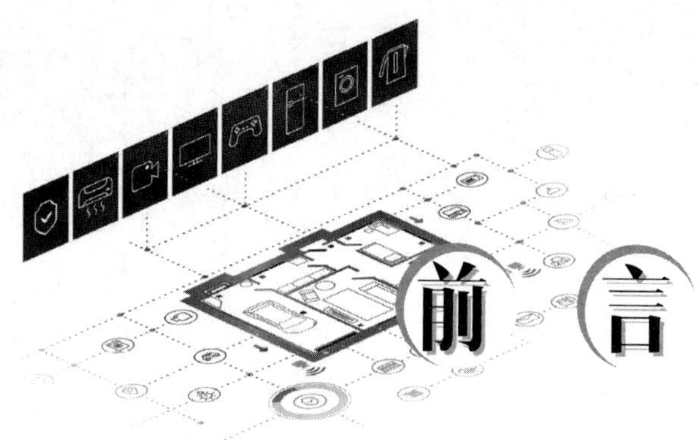

前言

随着信息技术的飞速发展，尤其是高级编程语言的发展、普及，面向对象的软件开发方法越来越重要。使用项目管理的思想进行软件开发的企业越来越多，计算机硬件的发展也在很大程度上提高了软件管理的效率。如何更有效地利用项目管理思想开发出满意度高、易用的软件产品成为迅速占领用户市场的关键问题。

编者根据多年的教学经验并结合学生的特点和需求，编写了本书。本书主要讲述软件项目管理的定义和基本方法流程。

"软件过程管理"是计算机科学与技术专业、软件工程专业学生的必修课程。本书由浅入深地介绍了软件过程管理的基本思想和方法，注重基本概念介绍的同时，重点介绍实用性较强的内容。

编者结合学生的实际情况和自己的教学经验，有取舍地组织教材的内容，使本书具有更好的实用性和扩展性。

本书共分 12 章，全面、系统、深入地讲解软件项目管理的基本概念、方法和使用。同时，配有大量典型应用实例和课后习题。

本书在编写过程中力求语言通俗，结构清晰。

本书由金花、宁涛主编，由徐克圣主审。

由于编者水平有限，编写过程中难免存在疏漏和不足之处，恳请广大读者批评指正。

编　者

2021 年 10 月

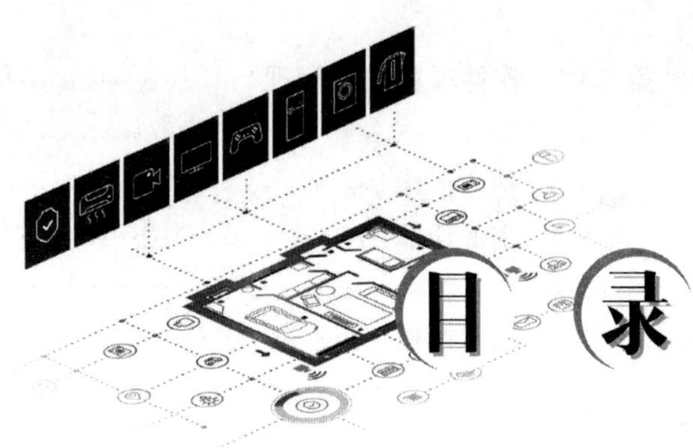

目录

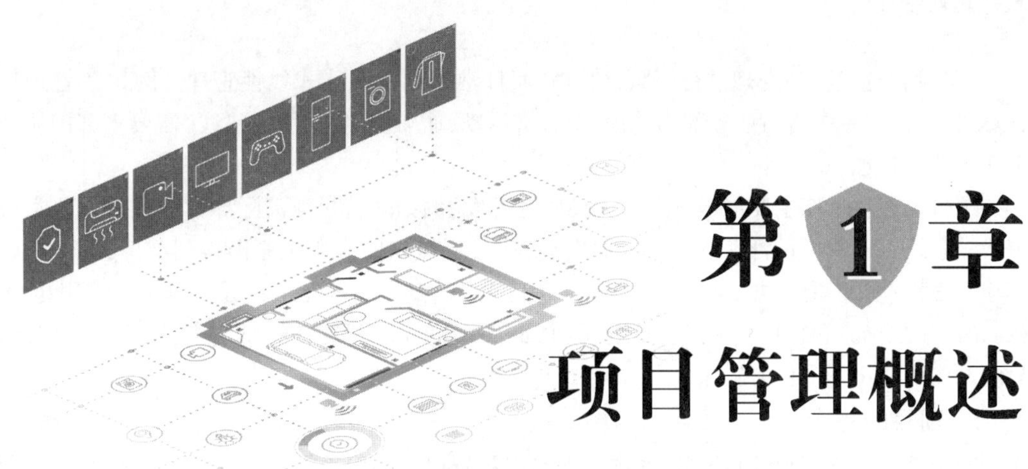

第1章 项目管理概述

1.1 项　　目

现实世界的生产和生活中存在形式多样的活动,这些活动有的是“项目”,有的不能称为“项目”。例如,建造巴比伦通天塔(Tower of Babel)或者金字塔的工作,史前穴居人收集材料来加工猛犸象肉的活动,建造巨石水坝(Boulder Dam)的工程以及爱迪生发明电灯的实验属于项目;而批量生产、每天的卫生保洁、上班等活动不属于项目。在具有共同点的活动中能够通过某些特点和条件判断目标活动属于项目还是非项目。

1.1.1 项目的定义及特点

从朋友聚餐到结婚典礼,从募集资金到竞选活动,从软件开发到卫星发射等都是项目,它们都需要人来完成,都需要进行计划、执行和控制,都受到有限资源的限制。

1. 项目的定义

所谓项目(project)是指为创造唯一产品或提供唯一服务所进行的临时性的工作,它是以一套独特而相互联系的任务为前提,能够有效利用资源为了实现一个特定目标所进行的努力;它是在一定时间内满足一系列特定目标的多项相关工作的总称。项目的定义明确了其必须具备的条件是时限性和唯一性,因此像学生每天都要进行的学习活动,工人每天都要进行的日常生产活动以及日常卫生清洁等工作虽然也需要进行计划、执行和控制,但不具备时限性和唯一性的条件,所以都不能称为项目。

项目和日常活动的区别在于如下四点。

(1)项目具有一次性,而日常活动具有重复性。例如,“刷牙”是人们每天起床后睡觉前都要重复的工作,即日常活动;而“结婚典礼”是夫妻双方携手一生只举办一场的活动,即项目。

(2)项目以目标为导向,而日常活动以效率来体现。例如,“负责电话银行系统的销售工作”是通过效率体现的,即日常活动;而“在2020年销售20套以上的电话银行系统”是以具体目标为导向的,即项目。

(3)项目中存在变更管理,而日常活动具有持续性和连贯性。例如,“批量生产”是工人每天持续连贯的工作,即日常活动;而“竞选活动”是举办方可能因为某些约束条件产生变更管理的工作,即项目。

(4)项目通过项目经理进行团队化管理,而日常活动是职能式线性管理。例如,“管理售后服务热线”只需要单一售后业务部门管理,即日常活动;而“建立售后服务热线”需要多部门协调配合工作团队化管理,即项目。

项目管理在早期主要用于复杂的大型研究开发,例如阿特拉斯洲际导弹和其他一些类似的军事武器系统。随着项目管理技术的日益发展,项目型组织的应用也逐渐得到推广,近年来的大规模建设工程(如建造水坝、轮船、精炼厂、高速公路等),汽车公司开发新车型,通用电气公司(General Electric)和普拉特·惠特尼公司(Pratt & Whitney)开发新的喷气式飞机引擎以及新型船只的开发都使用了项目型组织。

2. 项目的特点

2020 年 6 月 23 日 9 时 43 分,我国在西昌卫星发射中心用长征三号乙运载火箭,成功发射北斗系统第 55 颗导航卫星,暨北斗三号最后一颗全球组网卫星,至此北斗三号全球卫星导航系统星座部署项目全面完成。通过北斗卫星发射的项目结合其定义可以归纳出项目具有如下特点:

(1)临时性。项目的临时性是指每个项目都有明确的开始点和结束点。一个项目可以用如下两种可能的方式结束。

①项目已经实现了目标,即已经完成了计划的独特产品。

②在完成计划任务之前,项目被迫停止。

项目的临时性还可以体现在以下两个方面。

①项目创造出产品的市场机遇是临时的,即产品必须在限定的时间内完成。

②项目团队是临时的,即项目结束后项目团队会被解散。

但项目所创造的产品不一定具有临时性,即项目也可以创造长期的产品,如泰姬陵、埃菲尔铁塔或因特网等。

(2)唯一性。项目的唯一性是指项目与项目之间没有重复,每个项目都有其唯一的特点。因为项目的这一特点,决定了项目可能存在不同程度的风险和不确定性。

(3)目标性。项目进行的目的在于得到特定的结果,这些结果可能是产品或服务。项目的计划以及实施活动都围绕目标进行。

①产品是有形的、可度量的物件,既可以是最终产品,也可以是产品的组成部分。如客厅的电视机、手腕上的手表以及葡萄酒瓶等都是项目结果。

②项目创建的服务指的是可以执行服务的能力。例如,为银行创建网站提供了在线结算服务的能力,这也是项目结果。

(4)约束性。每个项目都需要用不同种类的有限资源来作为实施的保证,即资源成本是项目成功实施的约束条件。

1.1.2 项目和运营的区别

一个组织为了实现其目标要执行若干活动,这些活动有些是支持项目的,而有些是支持运营的。这里的运营指一系列不能作为项目的任务,即运营是执行持续任务的功能,它既不能产生独特(唯一)的产品,又没有明确的开始点和结束点。例如,开发设计网站系统是一个项目,但网站投入使用后,对其进行维护和运行就是运营。

项目和运营具有如下共同点。

(1)需要包括人力资源在内的资源。

(2)严格地受资源限制。

(3)要被管理,即需要进行计划、执行和控制。

(4)有明确的目标。

项目和运营的不同之处在于是否具有临时性和唯一性的特点。虽然项目和运营都有目标,但项目在目标达成后便会结束,而运营在实现当前一系列目标后,还会继续实现一组新的目标;一个项目可以遗留下一个运营,如建造泰姬陵是项目,而建造完成后每天对参观者的展示就是运营。

结合项目和运营的共同和不同之处,简单举一个例子区分两者:微信搭建平台供给开发者创建的公众号,其中"优化算法交流地"公众号是为方便计算机初学者通过分享者自制的优化算法和 MATLAB 代码来更加高效掌握算法。公众号创建过程包括前期的开发和后期的维护和运行,无论是前期还是后期都需要包括人力资源在内的各种资源并受其限制,需要进行计划、执行、控制,且有明确的任务。但不同之处在于前期开发会产生唯一的产品,存在明确的开始点和结束点,而后期需要持续性工作以解决用户使用公众号时存在的各种问题。故公众号的开发是一种项目,而公众号在微信平台使用后的维护和运行是一种运营。两者之间既有相同之处也存在不同之处。表 1-1 是部分项目的例子。

表 1-1 项目的例子

项 目	成果(产品、服务或结果)
建造泰姬陵	产品
组织一场选举活动	结果:获胜或失败;产品:文档
开发一个提供在线数字音乐的网站	服务
在零售商店建立一个无线射频识别系统	服务
把计算机网络从一个建筑移到另一个建筑	结果:网络被移动
研究生产的优化调度	结果:调度方法;产品:研究论文

1.1.3 项目的分类

世界上没有任何两个项目是完全相同的,即便是一个重复进行的项目也一定会在商业、管理或者物理特性等一个或几个方面与原来的项目有所不同。既然不存在相同的项目就会产生通过不同领域划分的项目类型,具体的项目分类如下。

1. 土木工程、建筑、矿业开采等工业领域的项目

此类项目是人们最熟知的工业类项目,它们的共同特征是,必须具有固定的实施地点;项目履行地与项目承包商公司之间有较长距离。此类项目常伴有一定风险,需要较大的资金投入,需要公司对项目的实施过程、财务状况以及完工质量等进行严格的管理。例如土木工程项目管理,它是针对建设项目运行全过程所进行的管理,其过程包含可行性研究、勘察、设计、施工等许多不同阶段,因此,项目需要来自不同领域的专家相互配合合作完成。

2. 制造项目

制造项目的目标是制造诸如机械设备、轮船、飞机、运输工具或者其他预先设计好的特定产品。它通常在生产部门或者公司内部的其他机构中实施。此类项目可能在风险控制、合同签订、联络沟通等方面存在管理问题,因此制造业项目需要具备掌握良好的项目时间、成本、质量能力的相关人才。

3. 管理项目

此类项目的存在证明,无论公司规模大小,其在经营期间都会或多或少用到管理方面的专业知识。管理项目通常在公司需要管理和协调业务活动时产生,此类项目所涉及的业务活动包括公司搬迁,新计算机系统的引进,展览会的筹备工作,公司重组,可行性研究报告或其他报告的撰写等。

4. 研究项目

纯粹的研究项目需要耗费大量的时间与资金,而其可能产生的价值回报也是客观的,同时此类项目的投入也伴有回报甚微的风险。研究项目潜在的风险是所有项目中最高的,与其他类项目不同,研究项目的最终目标很难进行确切的定义,应用于工业项目或者管理项目的管理方法对于研究项目未必奏效。为研究项目提供必要工作场所、通信设施、仪器装备和研究材料等活动又可构成新的资本性投资项目。

1.2 项目管理

1.2.1 项目管理的定义

在 Bub Hughes 和 Mike Cotterell 编写的《软件项目管理》第 5 版教材中,项目管理是以项目为对象的系统管理方法,它是项目的管理者在有限的资源约束下,通过一个临时性的、专门的柔性组织,运用相关的知识、技术、工具和手段,对项目进行高效率的计划、组织、指导和控制,以实现项目全过程的动态管理和项目目标的综合协调与优化,最终实现项目的目标。还有学者提出项目管理是运用各种相关知识、技能、方法与工具,为满足项目有关各方对项目的要求与期望,所开展的各种计划、组织、领导、控制等方面的活动。

结合上述教材及学者对项目管理的描述,本书对项目管理概念进行新的定义:项目管理是指客观主体,为了实现其目标,利用各种有效的手段,对执行中的项目周期各阶段工作进行计划、组织、协调、指挥、控制,以取得良好经济效益的各项活动的总和。通过项目各相关方的合作,把各种资源应用于项目,以实现项目的目标,使项目相关方的需求得到不同程度的满足。

举一个简单的项目管理的例子:某公司领导层对项目非常重视,经过讨论,决定任命分管技术的副总为项目总监,对整个项目负责,同时正式选定了项目经理。这对项目开展过程中的部门间协调能起到极大的推动作用,对项目所需资源的获取也提供了保障。

在项目启动会议前,副总与项目经理商量确定需要参加项目启动会议的人员名单,除了项目技术骨干人员之外,也包括各业务部门的相关负责人。为了后续工作衔接,各业务部门负责人需指定一名精通业务的人员作为业务接口人并一同参加。除此之外,还需要综合部、财务部等非直接相关部门参加。虽然这些部门与项目非直接相关,但是他们对项目存在着间接影响,同样需要得到这些部门认可,以方便在后续工作开展中能得到配合与支持。

为了使项目启动会有成效,项目经理与副总商量后,拟定了启动会议的主要议题:介绍项目背景,明确该项目对于公司的意义;正式宣布成立项目组,确定项目范围;正式授权项目经理,并确定项目组的组织架构、人员安排;明确提出各部门对于本项目的响应级别和要求;介绍项目的初步计划和工作安排。在启动会后,确定了项目目标、范围和人员结构,并把这些内容写入项目章程。

确立的主要项目目标举例如下。项目质量:开发完成第一期,实现对现有业务的支撑,它必须符合以客户为中心、组件化设计、流程可配置、公共信息资源能共享等建设原则，同时还必须具有易扩展、易维护等特点，以便适应市场环境和业务变更。项目时间：项目自××年××月启动，至××年××月该系统能正式上线，投入试运营。项目经费：公司不会投入额外经费进行外包开发任务，需完全由项目组独立完成，但承诺项目开展过程中所需必要资源会得到充分保障。

如上所述，若要满足或超过项目相关方的需求和期望，就需要在如下方面控制平衡。

(1) 范围、时间、成本和质量。

(2) 有不同需求和期望的项目相关方。

(3) 明确表示出来的需求和未明确表达的期望。

项目管理是在人们对工商业项目中复杂多变的各种作业活动进行计划、协调与控制的过程中发展起来的。

所有项目都拥有一个共同特征：将观念与行动统一到实际工作中。项目中风险和不确定性因素是伴随项目始终的，项目管理的意义在于尽可能全面地预测出在项目实施过程中可能发生的问题和遇到的风险，并对项目计划、组织和控制，在最小化风险的前提下顺利完成项目。项目管理工作在项目资源准备阶段之前已经开始，且贯穿于整个项目工作。项目最终的执行结果必须控制在预先计划的时间进度和成本预算内。

成功的项目应该是在工程允许的范围内满足成本、进度和质量要求。判断项目成功的因素包括项目范围、进度计划、项目成本以及客户满意度。其中项目范围是指执行项目必须要完成的所有工作；进度计划是安排每项任务的起止时间以及所需的资源；项目成本是完成项目所需要的费用；客户满意度由项目交付成果的质量来决定。20 世纪后期项目管理在方法上取得了长足的进步，复杂管理手段的发展还得益于世界各国在武器和防御系统上的竞争。同时，功能强劲、性能可靠且价格便宜的电子计算机的普及使用也加快了项目管理方法的发展进程。可以说，项目管理活动由于适当地引入了复杂技术和设备而变得更有效率，项目管理已经成为管理学领域中新兴的专业化分支。

1.2.2　项目相关方

项目相关方是指利益受项目的执行和完成所影响（积极/消极）的个人或组织。根据定义，将项目相关方分为积极的项目相关方和消极的项目相关方。积极的项目相关方乐于看到项目的成功；而如果项目被拖延或取消，则消极的项目相关方的利益将得到更好的保护。例如，如果在某城市新开大型购物中心，市政府乃至附近的居民是这个项目的积极相关方，因为这会使城市商业市场更加繁荣，使居民购物更加便捷；而这个项目可能会对附近原有商户的利益构成威胁，因此，原有商户便充当了该项目的消极相关方。

在项目的实际开发过程中，消极的项目相关方常会被项目经理和团队忽视，这便增加了项目的风险。忽视积极的项目相关方或消极的项目相关方都会对项目造成损害，不同的项目相关方对同一个项目会有不同的，乃至相互冲突的期望，因此，尽早识别项目相关方至关重要。

如下是项目中常见的几类项目相关方。

(1) 项目经理：一般放在项目相关方列表的开头。

(2) 项目发起人：为项目提供资金来源的个人或团体。

(3) 执行组织：其内部成员执行与项目相关工作的组织。

(4) 项目管理团队：与项目管理工作相关的团队成员。

(5) 项目团队成员：实际执行项目工作的成员。

(6)客户/用户:项目为其服务的个人或组织。

(7)其他影响者:不是直接客户或项目产品/服务的直接用户,但由于在客户或执行组织中所处的位置,他们会积极或消极地影响项目的进程。

除了上述关键性的项目相关方,在组织内或组织外,还存在一些不易识别的项目相关方。根据项目的不同,这些相关方可能包括投资人、卖方、承包商、项目成员家属、政府机构、新闻媒体、行政组织以及公民或公民社团等。

下面简单通过某公司项目管理的案例识别项目相关方:某公司领导层在项目启动会议上确定了项目的相关方。其中项目经理不仅要负责项目计划、进度控制、风险控制等项目管理工作,还要负责分析系统需求、设计系统整体架构;业务分析师负责协助项目经理进行业务分析,同时负责维护软件开发流程中的文档、对业务部门的培训;系统架构师负责整个项目的所有技术方案,确定系统的技术架构和设计平台,同时还需要参与核心模块的开发,由技术经验丰富的开发人员担任;测试工程师负责测试设计、缺陷跟踪等;实施工程师负责开发环境和生产环境的软硬件配置和网络开通以及系统上线前的数据割接,也是由技术经验丰富的开发人员担任;开发人员负责各模块的开发、测试和集成。

在项目执行过程中,相关方对项目的影响是需要预测和制订好计划的,在项目启动的初始阶段识别积极的项目相关方和消极的项目相关方,理解并分析他们对项目的不同期望。即使都是客户,但是由于立场不同,他们对项目的需求也不同。只有这样,才能对相关方的需求和期望进行管理并施加影响,调动其积极因素,化解其消极影响,以确保项目获得成功。

1.2.3 软件项目管理

1. 软件项目

软件项目是一种特殊的项目,它创造的唯一产品或服务是逻辑载体,没有具体的形状和尺寸,只有逻辑的规模和运行的效果。曾经有一家软件公司这样为其项目管理软件产品做广告,该公司的口号是"只要你会用鼠标,你就能够管理好一个项目"。但是绝大多数人认为项目管理工作的复杂性的重要程度始终高于软件的操作方法,这与新型计算机软件的先进程度无关。成功的项目管理是由渐进且逻辑清晰的计划和决策、洞察力、合理的组织结构、高效的商业财务管理、档案文件管理的高度重视以及长期的实践验证管理等内容所组成的整体性管理框架。软件项目管理是为了使软件项目能够按照预定的成本、进度、质量要求顺利完成,而对成本、人员、进度、质量、风险等进行分析和管理的活动。

软件项目的组成要素包括软件开发的过程、软件开发的结果、软件开发赖以生存的资源以及软件项目的特定委托人。

软件项目除了具有项目的一般性特征之外,还具有如下特点。

(1)软件本身不是物理实体,只是一种逻辑载体,因此软件项目具有抽象性。

(2)软件不存在老化和磨损问题,但是软件在生存期内会随着环境的变化和技术的更新而出现退化的现象。

(3)软件具有可复用性,因此软件项目的开发中不存在重复生产过程。

(4)软件开发基本是定制过程,无法利用现有软件组装成新的软件。

(5)软件项目的开发依赖于计算机系统。

(6)软件项目的开发需要高强度、复杂的脑力劳动,因此它的成本比较高。

例如微信App:以虚拟形式构建出来;需要不断的技术更新以满足用户需求;用户不需要时可以卸载,需要可以重新安装;依赖于iOS系统或者安卓系统。

与其他领域的项目比较,目前的软件项目开发标准尚不成熟,软件项目中涉及的因素很多,其中变更是软件项目中常见的现象,例如需求变更、设计变更、技术变更以及社会环境变更等。

2. 软件项目管理

软件项目管理是为了使软件项目能够按照既定的成本、进度、质量顺利完成而对成本、人员、进度、质量和风险进行分析和管理的活动,它是决定软件项目能否高效、顺利进行的基础性工作。

目前的软件开发过程中尚存在开发环境复杂、代码共享困难、程序规模增大、软件重用性程度不高以及软件维护困难等问题,因此,对软件项目的管理就显得尤为重要。软件项目管理较其他类项目管理的特殊性主要表现在如下方面。

(1)与普通项目不同,软件项目涉及的是纯知识产品,其开发进度和质量难以准确估计和度量,很多软件项目交付的成果事先“不可见”。有的应用软件已经不再是业务流程的“电子化”,而是同时涉及业务流程再造或业务创新,这造成了项目需求获取环节的困难。

(2)软件项目开发的周期长、复杂度高、变更可能性大。软件项目开发周期一般比较长,大型的软件项目开发周期达到2年以上。软件系统的高复杂度使软件开发过程的各种风险难以预测和控制。软件项目的变更主要来自外部和内部两个方面,外部变更包括商业环境、政策法规等对项目范围和需求造成的影响;内部变更包括组织结构、人事变动等对项目造成的直接影响。

(3)软件需要满足目标客户的期望。软件项目给客户提供的是服务,服务质量不仅由最终交付产品决定,更取决于客户的满意度。不同行业的客户对项目的关注点也不相同,因此,满足客户期望的前提是在项目之初以及项目开发的过程中始终关注客户的需求变更和关注点。

从上述软件项目管理的特点可以归纳软件项目管理的根本目的是为了保证软件项目的整个生命周期都能在管理者的控制下,按照既定的成本,保质如期地完成软件开发并交付客户。软件项目管理的四大变量分别为范围、质量、成本和交期,而项目管理主要关注项目的范围、成本和进度三方面,此三方面相互制约、相互影响。成功的项目管理需要积极地管理这些相互作用的方面。

1.3　项目经理的工作描述及作用

根据企业和项目的不同,项目经理的工作也不尽相同,其工作描述也存在多种形式,以下是部分领域项目经理的工作描述。

(1)咨询公司的项目经理:运用技术的、理论的和管理者的技能去满足项目需要,进行计划、安排进度以及控制活动,以满足明确的项目目标;协调和整合团队与个人的努力,与客户和合作者建立积极的专业关系。

(2)金融服务公司的软件项目经理:管理、排列优先次序、开发并实施软件项目的解决方案以满足业务需要;使用项目管理软件并遵循标准的方法论,准备和实施项目计划;建立相互作用的终端用户组,在预算内准确定义并按时实施项目;在第三方服务提供者和终端用户之间扮演联络人的角色,寻找并实施技术解决方案;参与供应商的关系发展和预算管理;提供快速的实施支持。

(3)非营利性咨询公司的软件项目经理:承担业务分析、需求调查、项目计划、预算估计、开发、测试和实施等各种事务责任;与各种资源提供者一起工作,确保开发工作能够按时、高质量、成本效益最优化地完成。

1.3.1 项目经理的职责

项目管理的5个要素包括技术、方法、团队建设、信息和沟通。其中沟通的作用尤为重要，而项目经理的主要工作就是沟通，这涉及技术、管理以及质量三个层面的沟通。项目经理的主要职责表现如下。

1. 沟通

在项目管理中，沟通的重要性是不言自明的。即使是一个进展顺利、资金充足的项目，如果缺乏适当的沟通也可能失败。作为项目经理，需要面对各种各样的人，例如行政管理者、市场人员、技术专家等。沟通的对象不同，采取的方式方法也必不相同。

2. 谈判

谈判是以形成一个对双方都有利的结果为目的的给予与获取的过程。在项目生命周期的任何一个阶段都需要进行谈判。

3. 解决问题

与项目相关的问题可能发生在项目相关方方面，也可能发生在项目自身。项目经理的任务包括尽早发现问题并解决。解决问题的关键是“对事不对人”，目的是找到解决方案，促使项目成功，而不是进行人身指责。

4. 影响力

影响力就是在不需要权力强制的情况下，让个人和/或团体完成项目经理需要其完成的事情。在当下的信息经济时代，影响力已成为一种不可或缺的管理技术。为了实施影响力，必须明晰组织的正式和非正式结构。在处理项目的某些方面时，可能会直接运用影响力，例如，控制项目的变更，就进度计划或资源分配进行谈判，解决冲突等都要用到影响力。

5. 领导力

在传统的组织结构中，项目经理对团队成员没有正式的权威，所以项目经理需要通过领导力进行管理，而不是依靠权威(权力)。依靠领导力进行管理比依靠权威进行管理的效率更高。一个项目团队通常是由来自不同组织的人员组成，他们需要一个核心领导者来告知有关项目的愿景，同时激发、鼓舞和激励他们去实现这个愿景，这里的领导者的角色需要由项目经理充当。

1.3.2 项目经理的权力

尽管项目经理对项目负有主要职责，但大多数项目资源(如人力资源)不直接受项目经理的控制，职权与职责并不是统一在项目经理个体上，因此项目经理地位最主要的一个特点就是“责任大于权力”，项目经理在管理项目中会更多地依赖个人权力。项目经理的权力主要体现为如下三个方面。

1. 制定项目有关决策

项目在实施过程中必然会面临各种各样的决策，而制定决策是项目经理所拥有的最主要的权力，这也是项目经理最基本、最重要的权力。

2. 选择项目成员

项目启动后，项目经理有权根据自己的判断和自己的方式选择项目成员、组建项目团队。

3. 对资源再分配

上级组织将资源划拨给项目组织,项目经理有权决定这些资源的具体作用,根据项目具体工作要素的情况进行资源再分配。

1.3.3 项目经理的锦囊妙计

有的项目经理是由底层程序员做起的。此类项目经理的技术出身,使其很难摆脱对技术的专注,而忘记自己是管理者,这样经常会导致计划不周全,或者任务分配不均匀,有的人比较忙,有的人比较清闲。以下 12 条法则是帮助项目经理了解自己所面临挑战的有效工具,同时也是解决问题的重要手段。

(1)了解项目管理的背景情况。

(2)将项目团队的冲突看作是工作进程中的必然现象。

(3)了解项目相关方的情况及其需求。

(4)承认组织的政治性本质,并对其合理运用。

(5)身先士卒、勇往直前。

(6)理解“成功”的含义。

(7)建立并维持团结紧密的团队。

(8)热情和绝望都具有很强的感染力。

(9)向前看远胜于向后看。

(10)时刻牢记自己的真实使命。

(11)谨慎利用时间,否则将被时间左右。

(12)最重要的事情是提前计划、有备而行。

1.4 项目管理过程组和知识领域

项目管理知识体系(Project Management Body of Knowledge,PMBOK)是美国项目管理学会组织开发的一套关于项目管理的知识体系,它是项目管理专业人员考试的关键材料,并能够为所有的项目管理提供完整的知识框架。项目管理知识体系包括 5 个标准化过程组、9 个知识领域及 44 个模块。

1.4.1 项目管理过程组

项目管理的 5 个过程组分别是启动过程组、规划过程组、执行过程组、监控过程组和收尾过程组,但过程组不是项目阶段。当大项目或复杂项目有可能分解为不同的阶段或者不同的子项目时(如可行性研究、设计、样机或样品、建造、试验等),每一阶段或子项目都要重复过程组的所有子过程。

1. 启动过程组

确定并核准项目或项目阶段。启动过程组包括如下项目管理过程。

(1)制定项目章程。这一过程的基本内容是核准项目或多阶段项目。它是记载经营、预定要满足这些要求的新产品、服务或其他成果的必要过程,颁发章程将项目与组织的日常业务联系起来并使该项目获得批准。项目章程由在项目团队之外的组织、计划或综合行动管理机构颁发并授权核准。在多阶段项目中,这一过程的用途是确认或细化在以前制定项目章程过程中所做的各个决定。

(2)制定项目初步范围说明书。利用项目章程与启动过程组其他依据,为项目提供初步粗略高层定义的必要过程。这一过程处理和记载项目可交付成果提出的要求、产品要求的项目边界、验收方法以及高层范围控制。在多阶段项目中,这一过程确认或细化每一阶段的项目范围。

2. 规划过程组

确定和细化目标,为实现项目要达到的目标和完成项目要解决的问题范围而规划必要的行动路线。规划过程组包括如下项目管理过程。

(1)制订项目管理计划:确定、编制所有部分计划并将其综合和协调为项目管理计划的过程。项目管理计划是有关项目如何规划、执行、监控及结束的基本信息来源。

(2)范围规划:执行项目范围管理计划,如何确定、核实和控制项目范围以及如何建立和制作工作分解结构的过程。

(3)范围定义:制订详细的项目范围管理计划,为将来的项目决策奠定基础的过程。

(4)制作工作分解结构:将项目主要可交付成果和项目工作分解为较小的、更易于管理的组成部分的过程。

(5)活动定义:识别为了提交各种项目可交付成果而需要的具体活动的过程。

(6)活动排序:识别和记载各计划活动之间的逻辑关系的过程。

(7)活动资源估算:估算各计划活动需要的资源类型与数量的过程。

(8)活动持续时间估算:估算完成各计划活动需要的单位工作时间的过程。

(9)进度表制定:分析活动顺序、持续时间、资源要求以及进度制约因素和制定项目进度表的过程。

(10)费用估算:为取得完成项目活动所需各种资源的费用近似值的过程。

(11)费用预算:汇总各单个活动或工作细目的估算费用和制定费用基准的过程。

(12)质量规划:识别哪些质量标准与本项目有关,并确定如何达到这些标准要求的过程。

(13)人力资源计划:识别项目角色、责任、报告关系并将其形成文件以及制定人员配备管理计划的过程。

(14)沟通计划:确定项目利害关系者的信息与沟通需要的过程。

(15)风险管理计划:决定如何对待、规划和执行项目风险管理活动的过程。

(16)风险识别:确定哪些风险可能影响到本项目并将其特征形成文件的过程。

(17)定性风险分析:为以后进一步分析或采取行动而估计风险发生概率大小与后果,并将两者结合起来,进而确定风险重要性大小的过程。

(18)定量风险分析:对已经识别的风险对项目目标的影响进行数值分析的过程。

(19)风险应对规划:为实现项目目标而增加机会和减少威胁制定可供选择的行动方案的过程。

(20)采购规划:为确定采购和征购何物以及何时与如何采购和征购的过程。

(21)发包规划:为归档产品、服务、成果要求和识别潜在买方的过程。

3. 执行过程组

将人和其他资源结合为整体实施项目管理计划。执行过程包括如下管理过程组。

(1)指导与管理项目执行:为指导存在于项目的各种各样技术和组织界面,执行项目管理计划中确定的工作的过程。

(2)实施质量保证:为按照计划开展系统的质量活动,确保项目使用所有必要的过程以满足要求的过程。

(3)项目团队组建:为取得完成项目所需要的人力资源而必须进行的过程。

(4)项目团队建设:为改善团队成员胜任能力和彼此之间的配合,提高项目业绩的过程。

(5)信息发布:为项目相关方及时提供信息的过程。

(6)询价:为取得信息、报价、投标书、要约或建议书的过程。

(7)卖方选择:审查报价书,在潜在的卖方间选择,并与卖方谈判书面合同的过程。

4. 监控过程组

定期测量并监视绩效情况,发现偏离项目管理计划之处,以便在必要时采取纠正措施来实现项目的目标。监控过程组包括如下过程组。

(1)监控项目工作:收集、测量、散发绩效信息,并评价测量结果和估计趋势以改进过程的过程。该过程包括确保尽早识别风险,报告其状态并实施相应风险计划的风险监视。风险监视包括状况报告、绩效测量和预测。绩效报告提供了有关项目在范围、进度、费用、资源、质量与风险方面绩效的信息。

(2)整体变更控制:控制造成变更的因素,确保变更带来有益后果,判断变更是否已经发生,在变更确已发生并得到批准时对其加以管理的过程。该过程从项目启动直到项目结束贯穿始终。

(3)范围核实:正式验收已经完成项目的可交付成果的过程。

(4)范围控制:控制项目范围变更需要的过程。

(5)进度控制:控制项目进度变更需要的过程。

(6)费用控制:对造成偏差的因素施加影响,并控制项目预算的过程。

(7)实施质量控制:监视具体的项目结果,判断是否符合有关质量标准并寻找办法消除实施结果未达标的原因的过程。

(8)项目团队管理:注视团队成员的表现,提供反馈,解决问题并协调变化,以便增强项目执行效果的过程。

(9)绩效报告:收集与分发绩效信息的过程,其中包括状态报告、绩效衡量与预测。

(10)相关方管理:管理与项目相关方之间的沟通,满足其要求并解决问题的过程。

(11)风险监控:在整个项目生命期内跟踪已经识别的风险,监视残余风险,识别新的风险,实施风险应对计划并评价其有效性的过程。

(12)合同管理:为管理合同以及买卖双方之间的关系,审查并记载卖方履行合同的表现或履行的结果,并在必要时管理项目外部买主之间合同关系的过程。

5. 收尾过程组

正式验收产品、服务或成果,并有条不紊地结束项目或项目阶段。收尾过程组包括如下过程组。

(1)项目收尾:为最终完成所有项目过程组的所有活动,正式结束项目或阶段的过程。

(2)合同收尾:为完成与结算每一项合同的过程,包括解决所有遗留问题并结束每一项与本项目或项目阶段有关的合同。

1.4.2 项目管理知识领域

项目管理知识领域包括项目集成管理、项目范围管理、项目时间管理、项目成本管理、项目质量管理、项目人力资源管理、项目沟通管理、项目风险管理和项目采购管理。

表1-2所示为项目管理过程、过程组与知识领域的关系。

表1-2 项目管理过程、过程组与知识领域的关系

知识领域	过程组				
	启动	规划	执行	监控	收尾
项目集成管理	制定项目章程 制定项目初步范围说明书	制订项目管理计划	指导与管理项目执行	监控项目工作 整体变更控制	项目收尾
项目范围管理		范围规划 范围定义 制作工作分解结构		范围核实 范围控制	
项目时间管理		活动定义 活动排序 活动资源估算 活动持续时间估算 制定进度表		进度控制	
项目成本管理		成本估算 成本预算		成本控制	
项目质量管理		质量规划	实施质量保证	实施质量控制	
项目人力资源管理		人力资源规划	项目团队组建 项目团队建设	项目团队管理	
项目沟通管理		沟通规划	信息发布	绩效报告 相关方管理	
项目风险管理		风险管理规划 风险识别 定性风险分析 定量风险分析 风险应对规划		风险监控	
项目采购管理		采购规划 发包规划	询价 卖方选择	合同管理	合同收尾

每个必要的项目管理过程都与大部分活动所在的过程组对应起来。例如，当某个通常属于规划过程组的过程在执行期间重新使用或更新之后，该过程仍然是在规划过程中进行的同一过程，而不是另外的新过程。

1.4.3 项目管理的工具和技术

著名的历史学家和作家托马斯·卡莱尔说过："人是使用工具的动物。离开了工具，他将一无所成；而拥有了工具，他就掌握了一切。"项目管理工具和技术能够帮助项目经理和团队实施九大

知识领域的所有工作。例如,成本管理工具和技术包括净现值、投资回收率、回收分析、增值管理等。表 1-3 列举了各项目管理知识领域常用的项目管理工具和技术。

表 1-3　各项目管理知识领域常用的项目管理工具和技术

知识领域	工具和技术
集成管理	项目挑选方法、项目管理方法论、相关方分析、项目章程、项目管理计划、项目管理软件、变更请求、变更控制委员会、项目评审会议、经验教训报告
范围管理	范围说明、工作分解结构、工作说明、需求分析、范围管理计划、范围验证技术、范围变更控制
时间管理	甘特图、项目网络图、关键路径分析、赶工、快速追踪、进度绩效测量
成本管理	净现值、投资回报率、回收分析、增值管理、项目组合管理、成本估算、成本管理计划、成本基线
质量管理	质量控制、核减清单、质量控制图、帕雷托图、鱼骨图、成熟度模型、统计方法
人力资源管理	激励技术、同理聆听、责任分配矩阵、项目组织图、资源柱状图、团队建设练习
沟通管理	沟通管理计划、开工会议、冲突管理、传播媒体选择、现状和进程报告、虚拟沟通、模板、项目网站
风险管理	风险管理计划、风险登记册、概率/影响矩阵、风险分级
采购管理	自制-购买分析、合同、需求建议书、资源选择、供应商评价矩阵

小　结

本章介绍了项目和项目管理的定义、特点、类型以及过程。项目具有临时性和唯一性的特点,而项目管理是一门实践性较强的学科,其范围主要包括产品范围、进度管理和成本管理,同时包括对沟通、人力资源以及风险的管理。项目管理的直接实施者是项目经理,需要协同与项目相关方的关系,准确识别出积极和消极的项目相关方,以确保项目获得成功。软件项目管理不同于其他项目管理,具有特殊性。其中软件是一个特殊的领域,具有很大的发展空间,经验在软件项目管理中占有很重要的作用,充分体现了软件"软"的特色。本章还介绍了项目管理的 5 个过程组,包括启动、规划、执行、监控和收尾,同时也阐述了九大知识领域,它是项目管理的核心领域,为下一章深入了解奠定理论基础。

习　题　1

一、简答题

1. 什么是软件项目管理?

2. 项目管理的九大知识领域是什么?

3. 项目管理的 5 个过程组是什么?

4. 在下列这些活动中:①上自习;②开发车辆调度系统;③卫星发射计划;④野外郊游;⑤集体婚礼;⑥停车场收费。哪些属于项目?

5. 项目经理的主要职责是什么?

6. 项目的特点是什么?

7. 项目和运营的共同点有哪些?

8. 项目集成管理是什么?

9. 规划过程组的任务是什么?

10. 启动过程组包含哪些步骤?

二、判断题

1. 项目管理的特征之一是暂时性。 ( )
2. 项目开发过程中可以无限制地使用资源。 ( )
3. 运作管理是从宏观上帮助企业明确和把握企业发展方向的管理。 ( )
4. 项目管理的核心三角形是范围、进度、风险。 ( )
5. 项目需要有不同需求和期望的项目相关方控制平衡。 ( )
6. 项目相关方只包含积极相关方。 ( )
7. 项目具有重复性并以目标为导向。 ( )
8. 微信平台的维护是运营。 ( )
9. 项目经理需要将项目团队的冲突看作是工作进程中的必然现象。 ( )
10. 费用控制是对造成偏差的因素施加影响并控制项目预算的过程。 ( )

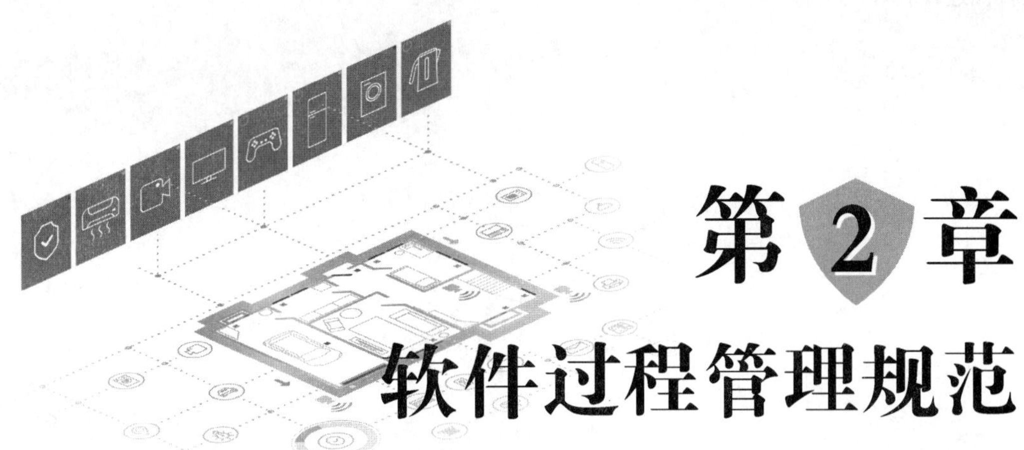

第 2 章 软件过程管理规范

软件过程(Software Process)是指软件生存周期所涉及的一系列相关过程,包括项目的阶段、状态、方法、技术和开发、维护软件的人员以及相关文档(计划、文档、模型、编码、测试、手册等)。过程是活动的集合;活动是任务的集合;任务要起着把输入进行加工然后输出的作用。活动的执行可以是顺序的、重复的、并行的、嵌套的或者是有条件地引发的。软件过程是一个为建造高质量软件所需完成的任务的框架,即形成软件产品的一系列步骤,包括中间产品、资源、角色及过程中采取的方法、工具等范畴。

在软件开发的过程中,软件的规模不断扩大,程序复杂程度不断提高,应用范围不断扩展,20 世纪 90 年代末期,出现了大量因为软件过程管理不规范导致预算超支、软件质量存在缺陷等为典型特征的软件危机。因此,软件过程管理规范是软件项目管理过程中十分关键的内容。

2.1 软 件 过 程

2.1.1 软件过程定义

过程是指事情进行或事物发展所经过的程序,在项目管理中,过程被定义为利用输入实现预期结果的相互关联或相互影响的一组活动。《牛津简明词典》中,“过程”被定义为活动与操作的集合,例如一系列的生产阶段或操作。《韦氏大词典》定义“过程”是用于产生某结果的一整套操作、一系列的活动、变化以及作为最终结果的功能。

能力成熟度模型(Capacity Maturity Modal,CMM)将软件过程定义为过程是用于软件开发及维护的一系列活动、方法和实践。SEI - CMM 定义过程是用于软件开发及维护的一系列活动、方法及实践。软件过程是指软件整个生命周期,从需求获取、需求分析、设计、实现、测试、发布到维护一个过程模型。一个软件过程定义了软件开发中采用的方法,但软件过程还包含该过程中应用的技术——技术方法和自动化工具。过程定义一个框架,为有效交付软件工程技术,这个框架必须创建。软件过程构成了软件项目管理控制的基础,并且创建了一个环境以便于技术方法的采用、工作产品(模型、文档、报告、表格等)的产生、里程碑的创建、质量的保证、正常变更的正确管理。

软件过程通常分为产品实现过程、管理过程和支持过程三个部分。三个部分的构成关系如图 2-1 所示。

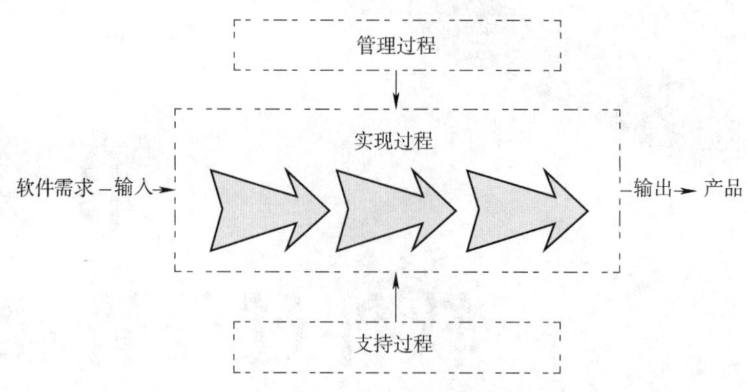

图 2-1 软件过程的构成

在图 2-1 中,软件过程可概括为三类:实现过程类、管理过程类和支持过程类。实现过程类包括获取过程、供应过程、开发过程、运作过程、维护过程,该过程结合软件可行性分析、需求分析等过程,通过概要设计、详细设计、测试等完成软件产品的开发;管理过程类包括文档过程、配置管理过程、质量保证过程、验证过程、确认过程、联合评审过程、审计过程以及问题解决过程,该过程结合需求文档说明书、测试说明书、操作手册、成本估算管理手册等对软件实现过程进行监管;支持过程类包括基础设施过程、改进过程以及培训过程,该过程通过代码规范、功能测试说明、编程人员培训等方式,支持完善软件过程。

2.1.2 软件过程的分类

1995 年 8 月,ISO/IEC 12207《信息技术——软件生存期过程》(以下简称 ISO/IEC 12207)发布,标志着国际软件工程界对软件过程研究取得了公认的关键成果。这是 20 世纪 60 年代末,人们认识到软件危机并提出用软件工程方法克服软件危机以来 20 多年的研究结果。软件工程方法从概念提出,经过对结构化编程技术、结构化程序设计、结构化软件开发的认识,到 20 世纪 70 年代中期提出软件生存期概念,经过对软件生存期概念的完善,到 20 世纪 80 年代中期提出软件过程评估和软件能力评价框架,以至 20 世纪 90 年代初 SEI-CM 1.1 版发布,人们对软件生存期过程终于有了完整的认识,为 ISO/IEC 12207 的制定提供了良好的条件。

ISO/IEC 12207 的发布也是国际信息技术广泛应用的迫切要求。随着软件产品应用到人类社会的各个领域,人们对软件产品的质量、可信性越来越关心,软件产品的有关各方对供方提供优质软件产品的能力也越来越关注。产品质量管理的原理说明基本问题是产品制造过程的管理。因此,软件工程过程到底应该如何定义也就成为亟待解决的问题。正是在这种背景下,ISO/IEC 12207 一经发布便成为软件工程国际标准中影响最广泛的一项基础性标准。

ISO/IEC 12207 的基本目的是为软件生存期过程建立一个共同框架,使软件实践者在产生和管理软件时有可能"讲共同语言"。为此,科学地描述了软件生存周期的全部过程,给出了每种过程的各项活动和每个活动的各项作业。

另一方面,该标准考虑了以下 5 类主要用户的需要,按照各类可能使用者的各种不同观点,针对不同性质的软件,阐述了如何使用和剪裁该标准的指南。

(1)为要获得软件产品、含软件产品的系统和软件服务的人员或单位提供获取过程,说明做好软件获取工作所必须完成的活动作业。

(2)为软件产品的供应、开发、运行和维护者提供相应的过程,说明他们做好相应工作所必须完成的活动作业。

(3)为各种软件管理者提供管理过程及相关的支持过程,说明做好管理工作所必须完成的管理活动作业和支持活动作业。

(4)为质量保证人员提供软件质量保证及与之密切相关的支持过程,说明做好软件质量保证工作所必须完成的各种支持活动作业。

(5)特别是还提供了一种过程,指明如何定义、控制和改进软件过程,供一个单位的领导者考虑改进本单位软件过程,提高软件过程能力时参考。

1. ISO/IEC 12207

ISO/IEC 12207 的主要内容是对软件生存期过程给出了明确的定义。它将软件生存期过程分为 3 类,即基本类过程、支持类过程和组织类过程,总共定义了 17 个过程;每个过程包含若干活动,总共 74 项活动;每个活动是一组相互协调的作业,总共 232 个作业。作业表示为某种要求、自我说明、建议或可允许的活动。

(1)基本类过程:包括获取、供应、开发、运行和维护等 5 个过程,这些过程是构成软件生存期的基本过程,其主要内容见表 2-1。

表 2-1　基本类的过程和活动

过　程	活 动 名	作业项数
获取过程:定义获取方的活动。获取方是指要获得一个系统、软件产品或软件服务的组织	1. 启动	9
	2. 招标准备	4
	…	…
	5. 验收完成	3
供应过程:定义供方的活动。供方是指向获取方提供系统、软件产品或软件服务的组织	1. 启动	2
	2. 准备招标	1
	…	…
	7. 交付和完成	6
开发过程:定义开发者的活动。开发者指定义和开发软件产品的组织	1. 过程建立	5
	2. 系统需求分析	2
	…	…
	13. 软件验收支持	3
运行过程:定义运行者的活动。运行者是指在计算机实际环境中为其用户提供运行计算机服务的组织	1. 过程建立	3
	2. 测试运行	2
	3. 系统运行	1
	4. 用户支持	3
维护过程:定义维护者的活动。维护者是指提供软件产品维护服务的组织。这个过程包括软件产品的移植和退役	1. 过程建立	3
	2. 问题和修改分析	5
	…	…
	5. 软件退役	5

(2)支持类过程:总共有 8 个,每个都支持另外的某个过程,并为实现特定目的而与之综合在一起,以便软件产品开发成功且质量满足要求。支持类过程及其活动见表 2-2。

表 2-2　支持类的过程和活动

过　　程	活 动 名	作业项数
文档编制过程:定义一个软件生存周期过程所产生信息的记录活动	1. 过程建立	1
	…	…
	4. 维护	1
配置管理过程:定义配置管理活动	1. 过程建立	2
	…	…
	6. 发行管理和支付	1
质量保证过程:定义客观地保证软件产品和过程符合其规定要求并遵守其已定计划的活动	1. 过程建立	6
	…	…
	4. 质量体系保证	6
验证过程:定义软件产品验证活动。验证的深度随软件产品而不同	1. 过程建立	7
	2. 验证	2
确认过程:定义软件项目的产品确认活动	1. 过程建立	5
	2. 确认	5
联合评审过程:定义对活动的状态或产品进行评价的活动。任何双方(评审方和被评审方)都可采用该过程	1. 过程建立	6
	2. 项目管理过程	1
	3. 技术评审	1
审核过程:定义对软件产品或服务符合要求、计划和合同的情况进行确定的活动	1. 过程建立	7
	2. 审核	1
问题解决过程:定义对开发、运行,维护或其他过程期间发现的问题进行分析和排除的活动	1. 过程建立	1
	2. 问题解决	1

(3)组织类过程:有 4 个,一般与特定项目或合同范围无关,由其他部门采用;但从项目和合同获得的经验对组织的改进有重要作用。这些过程和活动是上述过程得以建立、实施和改进的措施。组织类过程及其活动见表 2-3。

表 2-3　组织类的过程和活动

过　　程	活 动 名	作业项数
管理过程:定义管理的基本活动,包括一个生产周期过程的项目管理	1. 启动和范围确定	3
	…	…
	4. 结束	2
基础设施过程:定义建立生存周期过程的基础结构的基本活动	1. 过程建立	2
	2. 建立基础设施	2
	3. 维护基础设施	1
改进过程:定义一个组织为建立、测量、控制和改进其生存期过程所实施的基本活动	1. 过程建立	1
	2. 过程评估	3
	3. 过程改进	3
培训过程:定义保证得到经过适当培训的人员的保证活动	1. 过程建立	2
	2. 培训教材开发	1
	3. 培训计划实施	2

2. ISO/IEC 15504

ISO/IEC 15504 是软件过程评估的国际标准，提供了一个软件过程评估的框架，可以被任何组织用于软件的设计、管理、监督、控制以及提高“获得、供应、开发、操作、升级和支持”的能力。它提供了一种结构化的软件过程评估方法。ISO/IEC 15504 中定义的过程评估办法旨在为描述工程评估结果的通用方法提供一个基本原则，同时也对建立在不同但兼容的模型和方法上的评估结果进行比较。评估过程的复杂性取决于评估所处的环境。

在 ISO/IEC 15504 软件过程评估标准中，软件过程被分为 5 个过程：工程过程（Engineering Process，ENG）、支持过程（Support Process，SUP）、管理过程（Management Process，MAN）、组织过程（Organization Process，ORG）和客户—供应商过程（Customer-supplier Process，CUS），其基础是组织过程，核心是工程过程，关键是管理过程。5 个过程包含的内容如下。

（1）工程过程：软件系统、产品的定义、设计、实现以及维护的过程。

（2）支持过程：在整个软件生命周期中可能随时被任何其他过程所采用的、起辅助作用的过程。

（3）管理过程：在整个生命周期中为工程过程、支持过程和客户—供应商过程的实践活动提供指导、跟踪和监控的过程。

（4）组织过程：用于建立组织商业目标和定义整个组织内部培训、开发活动和资源使用等规则的过程，有助于组织在实施项目时更好、更快地实现预定的开发任务和商业目标。

（5）客户—供应商过程：直接影响到客户、对开发的支持、向客户交付软件以及软件正确操作与使用的过程。

在 ISO/IEC 15504 软件过程评估标准中，软件过程的 5 个过程的关系如图 2-2 所示。

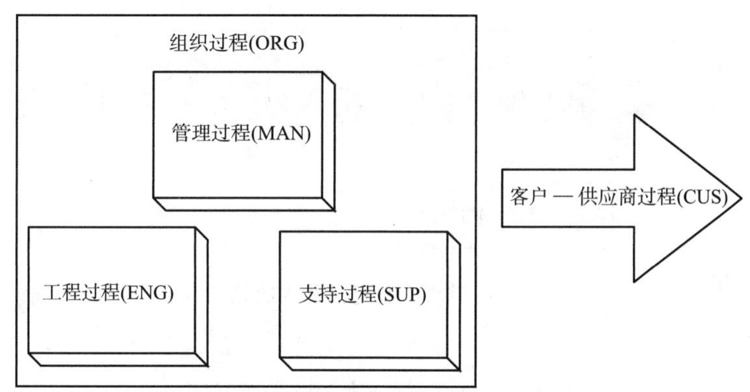

图 2-2　软件过程关系图

ISO/IEC 15504 是成熟度模型的参考模型（由能力水平组成，而能力水平又由过程属性组成，并且还包括通用实践），评估者可以根据这些模型放置他们在评估过程中收集的证据，以便评估员可以全面确定组织提供产品（软件、系统和 IT 服务）的能力。

2.1.3　软件过程定义的层次性

软件危机的有效避免和预防在于软件开发的工程化和标准化，软件过程的定义依据软件工程和标准化，从过程标准、产品标准、专业标准、记法标准进行层次划分。其作用在于可提高软件过程的可靠性、软件产品的可维护性和可移植性，提高软件人员的技术水平，减少差错和误解，提高软件人员之间的通信效率,提高软件的生产率,有利于项目管理的实施,降低软件产品成本和运行维护成本,并有利于缩短软件开发周期。对此,软件过程定义的层次性由三部分组成:公用(通用)软件过程、组织标准软件过程和项目自定义的软件过程。

公用(通用)软件过程通常采用国际标准,是由国际标准化组织(International Organization for Standardization,ISO)对软件过程结合具体的模型方法、管理技术和度量方法进行确立,并以此作为各国软件开发过程的参考标准。公用(通用)软件过程的典型有 CMM、ISO/IEC 12207、ISO/IEC 15504 等。

组织标准软件过程是在公用(通用)软件过程的基础上,结合软件企业的特定需求(行业、规模和类型等),通过软件过程剪裁以及增加必须满足的过程需求,设定符合组织标准的软件开发过程。例如,美国 IBM 公司通用产品部 1984 年制定的《程序设计开发指南》,仅在该公司内部使用。

项目自定义的软件过程是在组织标准软件过程的基础上,结合软件项目的特定需求,对过程剪裁原则和标准,通过由某一科研生产项目组织制定,为该任务专用的软件过程规范。

软件过程中的公用(通用)软件过程、组织标准软件过程和项目自定义的软件过程的层次关系如图 2-3 所示。

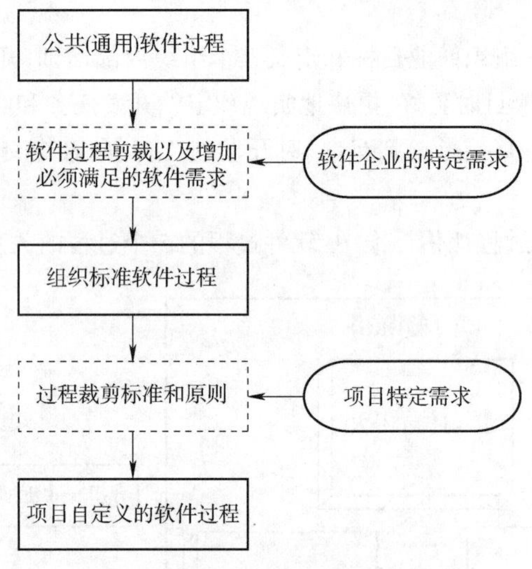

图 2-3 软件过程定义的层次关系

2.2 软件过程规范

软件过程管理的目的就是最大限度地提高软件产品的质量与软件开发过程的生产率(依赖于过程、人和技术)。一个过程可以指定一系列的规程用以约束和规范成员的行为,则此过程称为一个“规范”的过程。过程规范就是对输入/输出和活动所构成的过程进行明文规定或约定俗成的标准。因此,为了保障软件过程管理的有效实施,需要制定软件过程规范。

2.2.1 软件过程规范的建立

软件过程规范是软件开发组织行动的准则与指南,可以依据上述各类过程的特点而建立相应的规范,如软件基本过程规范、软件支持过程规范和软件组织过程规范。软件过程规范是人们需要遵守的约定和规则，包括已经定义的操作方法、流程和文档模板。

软件过程规范是建立在软件组织之上，充分地结合软件组织的实际情况（如规模、行业和开发模式等），尽力地吸收先进的软件过程模型、过程框架或过程模式所包含的软件工程思想、方法及实践，引入适用的技术和工具，为软件开发和维护建立一部详细、可操作的过程指南。

我国建立的一系列软件过程规范如下：《计算机软件需求规格说明规范》GB/T 9385—2008（ANSI/IEEE 830）；《计算机软件测试文档编制规范》GB/T 9386—2008（ANSI/IEEE 829）；《信息技术　软件生存周期过程》GB/T 8566—2007。

此外，组织过程规范的建立可借鉴的过程模型、框架或模式如下。

（1）软件能力成熟度模型（Capability Maturity Model，CMM）：是对于软件组织在定义、实施、度量、控制和改善其软件过程的实践中各个发展阶段的描述。CMM 的核心是把软件开发视为一个过程，并根据这一原则对软件开发和维护进行过程监控和研究，以使其更加科学化、标准化，使企业能够更好地实现商业目标。其适用于评估和改进软件组织的过程能力，提供了关键过程域、过程活动等指导。

（2）个体软件过程（Personal Software Process，PSP）：是一种可用于控制、管理和改进个人工作方式的自我持续改进过程，是一个包括软件开发表格、指南和规程的结构化框架。PSP 与具体的技术（程序设计语言、工具或者设计方法）相对独立，其原则能够应用到几乎任何的软件工程任务中。PSP 能够说明个体软件过程的原则；帮助软件工程师做出准确的计划；确定软件工程师为改善产品质量要采取的步骤；建立度量个体软件过程改善的基准；确定过程的改变对软件工程师能力的影响。

（3）团队软件过程（Team Software Process，TSP）：PSP 和 TSP 为企业提供了规范软件过程的一整套方案，从而解决了长期困扰软件开发的一系列问题，有助于企业更好地应对挑战。PSP 主要指导软件工程师个人如何更好地进行软件设计与编码，关注个人软件工程师能力的提高，从而保证个人承担的软件模块的质量，对于大型项目中的项目组如何协同工作、共同保证项目组的整体产品质量则没有给出任何指导性的原则。个人能力的提高同时需要有效地工作在一个团体（小组）环境，并知晓如何一致创造高质量的产品。为了提高团队的质量及生产能力，更加精确地达到费用、时间要求，结合 PSP 的原则提出了 TSP 以提高小组的性能，从而提供工程质量。TSP 能够指导项目组中的成员如何有效地规划和管理所面临的项目开发任务并且告诉管理人员如何指导软件开发队伍始终以最佳状态来完成工作。

（4）能力成熟度模型集成（Capability Maturity Model Integration，CMMI）：是在 CMM 的基础上发展而来的。CMMI 是由美国卡内基梅隆大学软件工程研究所（Software Engineering Institute，SEI）组织全世界的软件过程改进和软件开发管理方面的专家历时 4 年而开发出来，并在全世界推广实施的一种软件能力成熟度评估标准，主要用于指导软件开发过程的改进和进行软件开发能力的评估。CMMI 在 CMM 的基础上，试图把现有的各种能力成熟度模型（包括 ISO 15504）集成到一个框架中去，包含了健全的软件开发原则。

（5）统一软件过程（Rational Unified Process，RUP）：该过程是 Rational 软件公司（Rational 公司已被 IBM 公司并购）创造的软件工程方法。RUP 描述了如何有效地利用商业的可靠的方法开发和部署软件，是一种重量级过程（也被称作厚方法学），因此特别适用于大型软件团队开发大型项目。该过程定义了一系列的过程元素，如角色、活动和产物，通过适当的组合，能够帮助软件开发组织有效地管理软件过程。

(6)极限编程(Extreme Programming,XP)。极限编程是一个轻量级的、灵巧的软件开发方法;同时它也是一个非常严谨和周密的方法。同时,XP是一种近螺旋式的开发方法,它将复杂的开发过程分解为一个个相对比较简单的小周期;通过积极的交流、反馈以及其他一系列的方法,开发人员和客户可以非常清楚开发进度、变化、待解决的问题和潜在的困难等,并根据实际情况及时地调整开发过程,该方法仅适用于小型团队,并需要结合项目实际进行调整。

2.2.2 软件过程规范的作用

过程规范,无论对大型项目的开发还是小型项目的开发,都是为了保证软件开发满足质量、进度和成本等的关键要求,其表现出来的作用主要有以下几个方面。

(1)过程规范可以帮助团队实现共同的目标。

(2)一个规范的软件过程必将能带来稳定的、高水平的过程质量,进而确保产品的高质量。

(3)过程规范可以帮助确定目标产品的质量标准与特性,与用户达成共识,并且让项目成员接受相应的培训,使每个成员都清楚知道产品的质量标准与特性,从而容易建立一致、稳定和可靠的质量水平。

(4)过程规范使软件组织的生产效率更高,过程规范执行的结果使团队具有统一、协调、规范的行动与工作方式,工作效率大大提高。

规范的过程是达到软件开发目标、提高质量的必要条件,不是充分条件。过程规范可以保证正确地做事,但不能保证做正确的事情。因此,随着计算机的不断发展,大数据技术、云计算、机器学习等方法与软件产品的结合应用,会突破原有的软件过程规范,从而制约实际高新软件产品的发展与推广。

2.3 软件生命周期的过程需求

软件生命周期是软件获取、供应、开发、运行和维护的过程,涉及软件过程中各个参与方或相关方(Stakeholder),包括软件产品的需方、供方、开发者、操作者和维护者。ISO/IEC 15504 定义软件过程是软件工程过程、软件支持过程、软件管理过程、软件组织过程和软件客户—供应商过程。

2.3.1 软件工程过程

软件工程过程是软件系统、产品的定义、设计、实现以及维护的过程。虽然在 ISO 12207 标准中没有定义一个“工程过程”类别,但可以从其“主要过程”中抽取出属于工程过程的 3 个子过程,即开发过程、运行过程和维护过程。

1. 开发过程

软件开发过程(Research & Development,R&D)是指定义并开发软件产品的活动过程,包括需求分析、软件设计和编程等。整个开发过程可以进一步分为 4 个子过程,分别为软件系统需求分析、软件设计、编程、集成与测试软件系统。

(1)软件系统需求分析(Requirement Analysis)。定义软件系统的功能性需求和非功能性需求,涉及系统的体系结构及其设计,确定如何把系统需求分配给系统中不同的元素,确定哪些需求应该实现,哪些需求可以推迟实现。该过程的成功实施期望带来如下结果。

①开发出符合客户要求的系统需求,包括符合客户要求的界面。

②提供有效的解决方案以便确定软件系统中的主要元素。

③将定义的需求分配给系统中的每个元素,了解软件需求受系统的制约、对操作环境的影响。

④制定合适的软件版本发布策略,以确定系统或软件需求实现的优先级。

⑤确定软件需求,并根据客户需求变化进行必要的更新。

(2)软件设计(Software Design)。设计出满足需求并且可以依据需求对其进行测试或验证的软件组成和接口,包括数据结构设计、应用接口设计、模块设计、算法设计和界面设计等。该过程的成功实施期望带来如下结果。

①设计和描述主要软件组件的体系结构,这些组件可以满足已定义的软件系统需求。

②定义各个软件组件内部和外部的接口,包括数据接口、参数接口和应用接口等。

③通过详细设计来描述软件中可构建和可测试的软件单元或组件。

④在软件需求与软件设计之间建立可跟踪、可控制的机制,保证它们之间的一致性。

(3)编程(Coding,Programming)。通过一系列编程活动,开发出可运行的软件单元,并检验其是否与软件设计要求一致。该过程的成功实施期望带来如下结果。

①根据需求制定出所有软件单元或组件的验证标准。

②实现设计中所定义的所有软件单元或组件。

③根据设计,完成对软件单元或组件的验证。

(4)集成与测试软件系统。集成软件单元将软件中的组件与其运行的系统环境集成在一起,最终形成符合用户期望(系统需求)的完整系统。该过程的成功实施期望带来如下结果。

①根据已设计的软件体系结构制订出软件单元的集成策略和集成计划。

②根据每个单元已分配的需求确定严格的集成验收标准,包括功能性和非功能性的需求验证、操作和维护方面的验证需求。

③根据所定义的验收标准,测试并验证软件的集成接口和软件系统,记录测试结果,完成系统集成及其验证。

④对发生必要变更的系统,需要制定回归测试策略,以重新测试直到验证。

2. 运行过程与维护过程

软件运行过程(Software Operation Process):在规定的环境中为其用户提供运行计算机系统服务的活动过程,包括软件部署(Software Deployment)。

软件维护过程(Software Maintenance Process):提供维护软件产品服务的活动过程,也就是通过软件的修改、变更,使软件系统保持合适的运行状态,这一过程包括软件产品的移植和退役。该过程的成功实施期望带来如下结果。

(1)确定组织、操作以及接口对现行系统的影响。

(2)对软件进行设计更新、代码修改或系统参数调整、硬件升级等,并进行测试验证。

(3)一旦系统或系统组件发生了变更,应及时更新有关的文档,如更新说明书、设计文档及测试计划。

(4)移植系统与软件,以满足系统运行环境的要求。

(5)尽量减少软件与系统对用户使用的影响。

2.3.2　软件支持过程

软件支持过程共包含 8 个部分,分别为文档编制过程、配置管理过程、质量保证过程、验证过程、产品确认过程、联合评审过程、审核过程和问题解决过程。

1. 文档编制过程

文档编制过程主要内容:明确并定义文档开发中所采用的标准、软件过程中所需要的各类文档;详细说明所有文档的内容、目的及相关的输出产品;根据定义的标准与已确定的计划来编写、审查、修改和发布所有文档;按已定义的标准和具体的规则维护文档。例如系统需求文档、测试文档、系统操作手册等。

2. 配置管理过程

配置管理过程的主要内容:软件过程或项目中的配置项(如程序、文件和数据等有关内容)被标识、定义;根据已定义的配置项建立基线,以便对更改与发布进行有效的控制,并控制配置项的存储、处理与分发,确保配置项的完全性与一致性;记录并报告配置项的状态以及已发生变更的需求。

3. 质量保证过程

质量保证过程的主要内容:针对过程或项目确定质量保证活动,制定出相应的计划与进度表;确定质量保证活动的有关标准、方法、规程与工具;确定进行质量保证活动所需的资源、组织及其组织成员的职责;有足够的能力确保必要的质量保证活动独立于管理者以及过程实际执行者之外;在与各类相关的计划进度保持一致的前提下,实施所制定的质量保证活动。例如,制订项目计划与进度表,确定物流配送系统开发的有关标准、方法、规程与工具,所需的资源、组织及其组织成员的职责。

4. 验证过程

验证过程主要根据需要验证的工作产品所制定的规范(如产品规格说明书)实施必要的检验活动;有效地发现各类阶段性产品所存在的缺陷,并跟踪和消除缺陷。验证强调的是在开发过程中对工作产品进行检查,尽早发现问题。例如,验证火情报警系统的烟味响应时间为 1 s。

5. 产品确认过程

产品确认过程是根据客户实际需求,确认所有工作产品相应的质量准则,并实施必需的确认活动;提供有关证据,以证明开发出的工作产品满足或适合指定的需求。一般来说,调试、试用、验收测试等都是确认的工作。例如,尽快上线系统测试版本,在实际环境中运行起来,尽快发现并确认其中的问题。

6. 联合评审过程

联合评审过程是指与客户、供应商以及其他利益相关方(或独立的第三方)对开发的活动和产品进行评估;为联合评审的实施制订相应的计划与进度,跟踪评审活动,直至结束。

7. 审核过程

审核过程是指判断是否与指定的需求、计划以及合同相一致;由合适的、独立的一方来安排对产品或过程的审核工作,以确定其是否符合特定需求。

8. 问题解决过程

问题解决过程提供及时的、有明确职责的以及文档化的方式,以确保所有发现的问题都经过相应的分析并得到解决;提供一种相应的机制,以识别所发现的问题并根据相应的趋势采取行动。

2.3.3　软件管理过程

项目管理过程是计划、跟踪和协调项目执行及生产所需资源的管理过程。立项管理是决策行为,决策是指“做正确的事情”,进行项目规划,制定进度表;进行项目监控和成本估计;与项目间接口等结项管理。而软件管理过程是对其他 4 个过程的实践活动提供指导、跟踪和监控的过程。该过程包括软件项目管理过程(Project Management Process,PMP)、质量管理过程(Quality Management Process,QMP)、风险管理过程(Risk Management Process,RMP)和子合同管理过程(Sub-contractor Management Process,SCMP)4 个部分。

项目管理过程是计划、跟踪和协调项目执行及生产所需资源的管理过程。项目管理过程的活动包括软件基本过程的范围确定、策划、执行和控制、评审和评价等。

质量管理过程是对项目产品和服务的质量加以管理,从而获得最大的客户满意度。此过程包括在项目以及组织层次上建立对产品和过程质量管理的关注。

风险管理过程在整个项目的生命周期中对风险不断地识别、诊断和分析,回避风险、降低风险或消除风险,并在项目以及组织层次上建立有效的风险管理机制。

子合同商管理过程是选择合格的子合同商并对其进行管理的过程。

软件管理过程通过 4 个部分对软件过程进行监视测量,以保证软件过程的准确执行,提供软件产品质量,提升企业的收益。软件管理过程对软件过程进行监视测量的过程如图 2-4 所示。

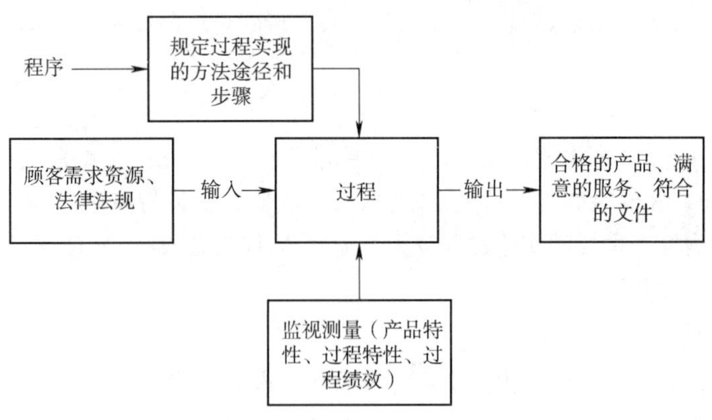

图 2-4　软件过程监视测量

2.3.4　软件组织过程

软件组织过程是软件组织用来建立和实现由相关的生命周期过程和人员组成的基础结构并不断改进这种结构的过程,是对软件过程的全局规划。软件组织过程由业务规划过程(Bussiness Planning Process,BPP)、定义过程(Definition Process)、改进过程(Improvement of Process)、人力资源和培训过程(Human Resource & Training Process,HRTP)、基础设施过程(Infrastructure Process)构成。

业务规划过程是为组织与项目成员提供对愿景的描述以及企业文化的介绍,从而使项目成员能更有效地工作。

定义过程是建立一个可重复使用的过程定义库,从而对其他过程等提供指导、约束和支持。

改进过程是为了满足业务变化的需要，提高过程的效率与有效性，而对软件过程进行持续的评估、度量、控制和改善的过程。

人力资源和培训过程为项目或其他组织过程提供培训合格的人员所需的活动。

基础设施过程是建立生存周期过程基础结构、为其他过程建立和维护所需基础设施的过程。

2.3.5 软件客户—供应商过程

软件客户—供应商过程是内部直接影响到客户、外部直接影响开发、向客户交付软件以及软件正确操作与使用的过程。它包括获取过程、客户需求管理过程、供应过程、软件操作过程以及客户支持过程等5个子过程。

1. 获取过程

获取过程是以客户为主导的，以客户的需求为起点，以客户对产品或服务的认同与接受为终点。内容为确定需要获取的软件系统、产品或服务，然后制定和发布标书，选择供方和管理获取过程，直到验收软件系统、产品或服务。该过程的成功实施会导致最终生成一个明确的合同或条约，清楚地描述出客户与供应方的期望、职责与义务。

2. 客户需求管理过程

客户需求管理过程是指在整个软件生命周期中，针对不断变化的客户需求加以收集、处理和跟踪，并建立软件需求的基准线，以作为项目中软件开发活动过程和产品度量和变更管理的基础。在客户需求管理中，需求的收集、处理、跟踪同样重要。需求是产品的根源，需求工作的优劣对产品影响最大。

3. 供应过程

供应过程是指按客户、事先规定的要求对软件进行包装、发布与安装的活动过程。供应过程包含确定包装、发布以及安装软件的有关要求；软件有效地被安装与使用；软件达到需求定义中所规定的质量水平等内容。主要的实施过程分为6个部分，即准备投标、签订合同、编制计划、实施和控制、评审和评价、交付和完成。

4. 软件操作过程

软件操作工程主要确定和管理由于引入并发操作软件而带来的操作上的风险；按要求的步骤和在要求的操作环境中运行软件；提供操作上的技术支持，以便解决操作过程中出现的问题；确保软件（或主机系统）有足够的能力满足用户的需求。

5. 客户支持过程

客户支持过程主要内容为基于实施情况，确定客户所需要的支持服务；通过提供适当的服务来满足客户的需求；针对客户对产品本身及其相应的支持服务的满意程度进行持续的评估。

2.4 软件过程建模

2.4.1 软件过程建模的作用

软件工程中结合不同的项目需求、产品特性、开发特性对软件过程模型（瀑布模型、增量模型、瀑布模型等）进行了详细的介绍。在这些开发模型中，将软件过程进行建模，为了更好地理解软件开发过程的特性，跟踪、控制和改进软件产品的开发过程。使用模型可以从全局上把握系统的全貌以及相关部件之间的关系。

软件过程建模是指结合项目需求、企业特定环境、软件过程标准,运用模型的方式构建和描绘软件过程。

通过对软件开发过程进行建模,有助于开发人员更清晰其职能,明确特定过程的工作内容,建立有序的软件文档,更便于软件项目的有效管理。软件过程建模的作用如下。

(1)有效的软件过程可以提高组织的生产能力。理解软件开发的基本原则,可以帮助项目软件管理者做出明智的决定;可以标准化技术人员的工作,提高软件的可重用性和团队间的协作效率;软件过程建模所采用的这种机制本身是不断提高的,可以使项目开发人员跟上潮流,使自己不断接收新的、最好的软件开发经验。

(2)有效的软件过程可以改善对软件的维护,降低软件危机事件的发生概率;可以有效地定义如何管理需求变更,在未来的版本中恰当分配变更部分,使之平滑过渡。

2.4.2　软件过程模型的成熟等级

软件过程改善是当前软件管理工程的核心问题。50 多年来计算事业的发展使人们认识到要高效率、高质量和低成本地开发软件,必须改善软件生产过程。软件管理工程走过了一条从 20 世纪 70 年代开始以结构化分析与设计、结构化评审、结构化程序设计以及结构化测试到 20 世纪 90 年代中期以过程成熟模型 CMM、个体软件过程 PSP 和群组软件过程 TSP 为标志的以过程为中心向着软件过程技术的成熟和面向对象技术、构件技术的发展为基础的真正软件工业化生产的道路。软件生产转向以改善软件过程为中心,是世界各国软件产业或迟或早都要走的道路。软件工业已经或正在经历着“软件过程的成熟化”,并向“软件的工业化”渐进过渡。规范的软件过程是软件工业化的必要条件。

软件过程研究的是如何将人员、技术和工具等组织起来,通过有效的管理手段,提高软件生产的效率,保证软件产品的质量。由此诞生了软件过程的三个流派:CMU-SEI 的 CMM/PSP/TSP;ISO 9000 质量标准体系;ISO/IEC 15504(SPICE)。

CMM/PSP/TSP 即软件能力成熟度模型/个体软件过程/群组软件过程,是 1987 年美国卡内基梅隆大学软件工程研究所(CMU/SEI)以 W. S. Humphrey 为首的研究组发表的研究成果“承制方软件工程能力的评估方法”。ISO 9000 质量标准体系是在 20 世纪 70 年代由欧洲首先采用的,其后在美国和世界其他地区也迅速地发展起来。欧洲联合会积极促进软件质量的制度化,提出了如下 ISO 9000 软件标准系列:ISO 9001、ISO 9000-3、ISO 9004-2、ISO 9004-4、ISO 9002。1991 年国际标准化组织采纳了一项动议,开展调查研究,按照 CMU-SEI 的基本思路,产生了 ISO/IEC 15504《信息技术　过程评估》。

学术界和工业界公认美国卡内基梅隆大学软件工程研究所(CMU/SEI)以 W. S. Humphrey 为首主持研究与开发的软件能力成熟度模型 CMM 是当前最好的软件过程,已成为业界事实上的软件过程的工业标准。

软件能力成熟度模型 CMM 是对于软件组织在定义、实施、度量、控制和改善其软件过程的实践中各个发展阶段的描述。CMM 将软件过程模型进行成熟等级划分,其内容为初始级、可重复级、定义级、定量管理级和优化级。

1. 初始级

在初始级,企业一般不具备稳定的软件开发与维护的环境。常常在遇到问题时就放弃原定的计划而只专注于编程与测试。处于这一等级的企业,成功与否在很大限度上取决于有杰出的项目经理与经验丰富的开发团队。因此,能否雇请到及保有能干的员工成了关键问题。项目成功与否非常不确定。虽然产品一般来说是可用的,但是往往有超经费与不能按期完成的问题。

2. 可重复级

在这一级,建立了管理软件项目的政策以及为贯彻执行这些政策而制定的措施。基于过往的项目的经验来计划与管理新的项目。企业实行了基本的管理控制。符合实际的项目承诺是基于以往项目以及新项目的具体要求而作出的。项目经理不断监视成本、进度和产品功能,及时发现及解决问题以便实现所做的各项承诺。

通过具体地实施这一级的各个关键过程领域的要求,企业实现了过程的规范化、稳定化。因而,曾经取得过的成功成为可重复达到的目标。

3. 定义级

在这一级,有关软件工程与管理工程的一个特定的、面对整个企业的软件开发与维护的过程的文件将被制定出来。同时,这些过程集成到一个协调的整体。这就称为企业的标准软件过程。

这些标准的过程用于帮助管理人员与一般成员工作得更有效率。如果有适当的需要,也可以加以修改。在把过程标准化的过程中,企业开发出有效的软件工程的各种实践活动。

同时,一个在整个企业内施行的培训方案将确保工作人员与管理人员都具备他们所需要的知识与技能。非常重要的一点是,项目小组要根据该项目的特点去改编企业的标准软件过程来制定出为本项目而定义的过程。

一个定义得很清楚的过程应当包括准备妥当的判据,输入,完成工作的标准和步骤,审核的方法,输出和完成的判据。因为过程被定义得很清楚,因此管理层就能对所有项目的技术过程有透彻的了解。

4. 定量管理级

在这一级,企业对产品与过程建立起定量的质量目标,同时在过程中加入规定得很清楚的连续的度量。作为企业的度量方案,要对所有项目的重要的过程活动进行生产率和质量度量,企业范围的数据库被用于收集与分析来自各项目的过程的数据。这些度量建立起了一个评价项目的过程与产品的定量的依据。项目小组可以通过缩小效能表现的偏差使之处于可接受的定量界限之内,从而达到对过程与产品进行控制的目的。

因为过程是稳定的和经过度量的,所以在意外情况发生时,企业能够很快辨别出特殊的原因并加以处理。

5. 优化级

在这个等级,整个企业将会把重点放在对过程进行不断的优化。企业会主动去找出过程的弱点与长处,以达到预防缺陷的目标。同时,分析有关过程的有效性的资料,做出对新技术的成本与收益的分析以及提出对过程进行修改的建议。整个企业都致力于探索最佳软件工程实践的创新。

项目小组分析引起缺陷的原因,对过程进行评鉴与改进,以便预防已发生的缺陷再度发生。同时,也把从中学到的经验教训传授给其他项目。降低浪费与消耗也是这个等级的一个重点。

处于这一等级的企业的软件过程能力可被归纳为不断的改进与优化。它们以两种形式进行。一种是逐渐地提升现存过程,另一种是对技术与方法的创新。虽然在其他的能力成熟度等级之中,这些活动也可能发生,但是在优化级,技术与过程的改进是作为常规的工作,有计划地在管理之下实行的。

2.4.3 软件过程建模的方法

软件过程模型描述了软件过程要素（活动、资源、角色、过程产品）以及要素之间的关系，描述的方法和工具有 UML、IDEF、Agent 等。

1. 统一建模语言

统一建模语言（Unified Modeling Language，UML）是为面向对象系统的产品进行说明、可视化和编制文档的一种标准语言，是第三代建模和规约语言。UML 是面向对象设计的建模工具，独立于任何具体程序设计语言。

UML 作为一种统一的软件建模语言具有广泛的建模能力。它是在消化、吸收、提炼至今存在的所有软件建模语言的基础上提出的，是软件建模语言的集大成者。UML 还突破了软件的限制，广泛吸收了其他领域的建模方法，并根据建模的一般原理，结合了软件的特点，因此具有坚实的理论基础和广泛性。UML 不仅可以用于软件建模，还可以用于其他领域的建模工作。

UML 立足于对事物的实体、性质、关系、结构、状态和动态变化过程的全程描述和反映。UML 可以从不同角度描述人们所观察到的软件视图，也可以描述在不同开发阶段中的软件的形态。UML 可以建立需求模型、逻辑模型、设计模型和实现模型等，但 UML 在建立领域模型方面存在不足，需要进行补充。

作为一种建模语言，UML 有严格的语法和语义规范。UML 建立在元模型理论基础上，包括 4 层元模型结构，分别是基元模型、元模型、模型和用户对象。4 层结构层层抽象，下一层是上一层的实例。UML 中的所有概念和要素均有严格的语义规范。

UML 采用一组图形符号来描述软件模型，这些图形符号具有简单、直观和规范的特点，开发人员学习和掌握起来比较简单。所描述的软件模型可以直观地理解和阅读，由于具有规范性，所以能够保证模型的准确、一致。

概括起来说，UML 主要有以下作用。

（1）为软件系统建立可视化模型。UML 符号具有良好的语义，不会引起歧义；基于 UML 的可视化模型，使系统结构直观、易于理解；使用 UML 进行软件系统的模型不但有利于系统开发人员和系统用户的交流，还有利于系统维护。模型是系统的蓝图，它可以对开发人员的规划进行补充，可以帮助开发人员规划要建的系统。有了正确的模型就可以实现正确的系统设计，保证用户的要求得到满足，系统能在需求改变时站得住脚。对于一个软件系统，模型就是开发人员为系统设计的一组视图。这组视图不仅描述了用户需要的功能，还描述了怎样去实现这些功能。

（2）为软件系统建立构件。UML 不是面向对象的编程语言，但它的模型可以直接对应到各种各样的编程语言。例如，它可以使用代码生成器工具将 UML 模型转换为多种程序设计语言代码，如可生成 C++、XML、DTD、Java、Visual Basic 等语言的代码，或使用反向生成器工具将程序源代码转换为 UML，甚至可以生成关系数据库中的表。

（3）为软件系统建立文档。UML 可以为系统的体系结构及其所有细节建立文档。不同的 UML 模型图可以作为项目不同阶段的软件开发文档。

2. 集成计算机辅助制造定义

集成计算机辅助制造定义（Integrated Computer Aided Manufacturing Definition，IDEF）基本概念是在 20 世纪 70 年代提出的结构化分析方法的基础之上发展起来的。结构化分析方法在许多实际问题中起到极佳的效果，IDEF 方法在降低企业项目开发的总体费用，减少开发系统之中的错误，促进企业各个部门之间交流一致性以及加强业务流程管理等方面都能产生很好的经济效益。

IDEF 相关方法是美国空军在 1981 年所发布的集成化计算机辅助制造(Integrated Computer Aided Manufacturing,ICAM)这一工程中的概念方法,它的全名是集成化计算机辅助制造的定义方法(ICAM Definition Method)。此种方法包括 IDEF0、IDEF1、IDEF2、IDEF3 等 4 个部分。在 IDEF 中,IDEF0 主要是描述企业业务系统的功能活动和处理的相关的业务进程,IDEF 方法是一种基于结构化的设计与分析技术(Structure Analysis and Design Technology,SADT)以及活动模型的相关方法。

IDEF0 的方法适用于相关系统的决策、组织以及对相关的活动进行建模。IDEF0 所使用的是一种人们相当容易理解的图形化描述语言,并以此来代表一个和现实情况相同的系统。一个有效的 IDEF0 模型,对于进行相关系统的分析非常有帮助,这样可以便于企业日常业务流程的执行者以及业务模型的构造者之间进行及时的交流。此外,运用 IDEF0 的建模方法还进一步确定了企业业务流程所要分析的范围,企业业务流程的相关设计者可以运用 IDEF0 方法来提高认识以及决策的一致性和相关性。企业业务流程再造的首要任务是建立 IDEF0 企业业务模型。

IDEF1 用来描述信息及其联系,其表达了系统的各种信息结构和语义,是建立信息模型的工具。IDEF2 用于系统的模拟,建立动态的模型。IDEF3 称为过程描述获取(Process Description Capture),它为收集和记录过程提供了一种机制。IDEF3 以自然的方式记录状态和事件之间的优先和因果关系,办法是为表达一个系统、过程或组织如何工作的知识提供一种结构化的方法。

IDEF 的方法发展到今天,已经逐渐地成熟完善,其应用也日趋广泛,这些都与该方法严密、准确的特点分不开。但凡应用 CIMS 的企业或者开发大型的复杂系统,都会使用 IDEF0 方法建立各种功能模型,或者进行需求分析;用 IDEF1 方法建立各种信息模型,确定信息实体之间的联系。因此,IDEF 方法可以很好地保证复杂系统顺利实施。

3. Agent 技术

Agent 技术在 20 世纪 90 年代成为热门话题,甚至被一些文献称为软件领域下一个意义深远的突破,其重要原因之一在于,该技术在基于网络的分布计算这一当今计算机主流技术领域中,正发挥着越来越重要的作用。一方面,Agent 技术为解决新的分布式应用问题提供了有效途径;另一方面,Agent 技术为全面准确地研究分布计算系统的特点提供了合理的概念模型。1995 年,Wooldrige 给出了 Agent 的两种定义。(弱定义)Agent 用以最一般地说明一个软硬件系统,它具有这样的特性:自治性、社会性、反映性、能动性;(强定义)Agent 除了具备弱定义中的所有特性外,还应具备一些人类才具有的特性,如知识、信念、义务、意图等。

Agent 的概念和技术出现在分布式应用系统的开发中,并表现出明显的实效性。以下列举几项人们在分布式应用方面所从事的涉及 Agent 的研究和开发工作。

(1)利用 Agent 技术改善 Internet 应用。例如,研制“信息找人”的 Agent。它具有“需求”与“服务”的集散能力,它接收信息分布者有关信息要点的注册以及信息查询者有关信息需求要点的注册。该 Agent 根据这些信息,主动通知用户谁能够提供其所需信息,或主动通知信息提供者谁需要其所能提供的信息。

(2)利用 Agent 技术实现并行工程的思想。例如,利用 Agent 技术开发工作流管理者。它能够向各工作站下达工作流程和进度计划,主动引导各工作站按照工作流程和进度计划推进工作,受理并评价各工作站工作进展情况的报告以及集中管理各类数据,等等。

(3)利用 Agent 技术开发分布式交互仿真环境。例如,将飞行训练仿真器与计算机网络上的若干工作站连接起来,在工作站上实现多个模拟飞机的 Agent,与仿真器构成可交互的空战仿真环境。受训人员操作这种置于交互仿真环境中的仿真器,不仅能够体验各种操纵飞机的技能,而且能够通过与智能化的自主模拟战机的交互,实践各种空战战术行为(单一飞行训练仿真器能支持前者,但不能支持后者)。

实际上,Agent 的概念并非是在分布计算领域新出现的,它在分布式系统自身的管理中早已被使用了。例如,在 20 世纪 80 年代形成的基于 TCP/IP 的互联网络管理技术 SNMP 中就采用了 manager/agent 模型。在该模型中,agent 是运行在被管理单元上的自主行为实体,它能够对被管理单元上的相关事件做出反应,响应 manager 发来的管理命令,等等。然而,Agent 的概念和技术在分布计算领域才引起人们的重视,因为它在解决当今分布式应用面临的普遍问题上产生了实际效果。

小　　结

本章从软件过程、软件过程规范、软件生命周期的过程需求和软件过程建模 4 个方面介绍了软件过程管理规划。软件过程由一套关于项目的阶段、状态、方法、技术和开发、维护软件的人员以及相关文档(计划、文档、模型、编码、测试、手册等)组成。在此基础上,软件过程分为实现过程类、基础过程类、支持过程类,并结合 ISO/IEC 12207 和 ISO/IEC 15504 两个软件过程标准进行详细介绍。本章对软件过程管理的规范进行介绍,从软件工程过程、软件支持过程、软件管理过程、软件组织过程和软件客户—供应商过程对软件生命周期的过程需求进行详细介绍。最后,本章结合 CMM 模型对软件过程的成熟等级进行明确划分,并对软件过程建模的作用和建模方法进行说明。

习　题　2

一、填空题

1. 过程是指一组将输入转化为输出的相互关联或相互作用的活动,活动由________、实施活动和________三个环节组成。

2. 过程一般可以分为产品实现过程、________和________。

3. 软件生命周期是软件获取、供应、开发、________和________的过程。

4. CMM 将能力成熟度分为 5 个等级,分别是初始级、________、已定义级、________、优化级。

5. 软件需求按层次划分,可分为业务需求、________及系统需求。

6. 请列举三种需求获取方法:________、________、________。

二、简答题

1. 实施软件过程管理并遵循过程规范的目的是什么?

2. 什么是软件过程规范?实施软件过程规范的积极作用有哪些?

3. 试分析在以下情况应该采用哪种软件过程模型进行开发,为什么?

案例 1:为咖啡馆开发一个付费系统。该系统使用指纹识别器和触摸屏。指纹识别系统用来识别客人,然后客人可以通过触摸屏选择咖啡。最后客人离开时可以通过指纹识别身份并付账。系统需求相对清晰。

案例 2:为一家工厂开发一个存货控制系统。系统包含许多低耦合的子系统。客户对他们的管理熟悉并清楚知道系统需要完成什么功能。最初对系统的描述展示了一个相对较大的需求范围，并且有些功能并不是需要立即交付。

案例3：客户想要开发一个房屋安全监测系统。客户认为该系统将会有很大的市场潜力并具有很高的热情。客户对软件开发并不了解，因此不能很好地描述系统。但他们有深厚的领域知识。

4. 试述PSP、TSP以及CMMI之间的关系。

5. 简述三种需求收集技术。

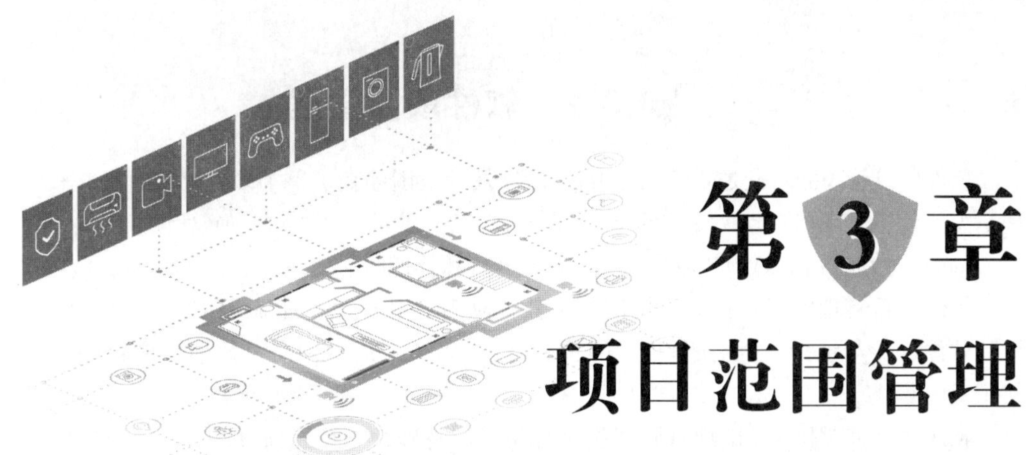

第3章 项目范围管理

项目管理过程中最重要也是最困难的方面之一是明确项目计划。项目计划是指根据对未来的项目决策,项目执行机构选择制定包括项目目标、工程标准、项目预算、实施程序及实施方案等的活动。在一个具体的项目环境中,项目计划可作为预先确定的行动纲领。制订项目计划旨在消除或减少不确定性,改善经营效率,对项目目标有更好的理解及为项目监控提供依据。项目计划活动首先要进行的就是估算:估算项目的时间,估算项目的工作量,估算项目所需人员数量,估算项目所需要的资源量(硬件及软件)和项目可能遇到的风险。

而在制订项目计划中,要明确项目的需求及其管理的范围,而软件项目的范围首先从软件项目的需求开始。

3.1 项目范围管理定义

项目范围是指开发项目产品所包括的工作及产生这些产品所包含的全过程,在此基础上,项目范围管理是界定和控制项目中包含什么和不包含什么的全过程。这个过程确保了项目团队和项目相关方对项目的可交付成果以及生产这些可交付成果所进行的工作达成共识。在项目范围管理中首先要明确定义项目的范围,它是项目实施的依据和变更的输入,只有对项目的范围有了明确的定义,才能进行项目规划。项目范围管理主要包括如下4个阶段。

(1)项目需求:是指定义并记录项目最终产品的特点和功能以及创造这些产品的过程。例如,盒马鲜生物流系统可以实现网上零售管理、产品配送管理、财务管理和人力资源管理等功能。

(2)范围定义:根据项目需求分析的成果,把项目的主要可交付产品和服务分为更小的、更容易管理的单元,即形成工作分解结构(Work Breakdown Structure,WBS)。例如,根据学校图书馆的实际项目需求,为图书馆管理系统建立工作分解结构。

(3)范围核实:指对项目范围的正式认定,项目主要相关方,如项目客户和项目发起人等要在该过程中正式接受项目可交付成果的定义。该过程可以确保项目范围得到很好的管理和控制。例如,项目经理和客户通过召开需求会议的方式,确定物流系统的可交付成果(包括项目计划、工作分解结构、进度计划、状态报告、产品、服务和用户手册等)。

(4)范围控制:指对有关项目范围的变更实施控制,主要的过程输出是范围变更、纠正行动与教训总结。例如,项目相关方不断通过访谈等形式对用户的实时需求进行了解,从而保证范围变更在可控范围内。

3.2 软件项目管理

软件项目管理的对象是软件工程项目,所涉及的范围涵盖了整个软件工程过程。软件项目管理是为了使软件项目能够按照预定的成本、进度、质量顺利完成,而对人员(People)、产品(Product)、过程(Process)和项目(Project)进行分析和管理的活动。

软件项目管理的根本目的为保证整个软件项目在整个软件生命周期(从软件分析、软件设计到软件运行与维护)都能在管理者的控制之下,以预定成本和质量按期完成软件并交付用户使用。

软件项目管理和其他的项目管理相比有相当的特殊性。首先,软件是纯知识产品,其开发进度和质量很难估计和度量,生产效率也难以保证。第二,软件系统的复杂性也导致了开发过程中各自风险的难以预见和控制。第三,软件项目实现的结果与软件需求分析的结果息息相关。

因此,软件项目需求管理是项目范围管理的起始点,也是软件项目规划与实施的基础,软件需求管理的结果将直接影响项目的成败。

3.2.1 软件需求管理

启动软件项目的原因是软件需求的存在。软件开发模型有瀑布模型、快速模型和增量模型等,但无论采用哪一种模型,软件需求分析是软件开发过程的基础。在软件开发统计数据中,软件项目中40%~60%的问题都是由于需求分析阶段埋下的隐患。而在以往失败的软件项目中,80%的失败项目是由于需求分析的结果不明确造成的。因此,一个软件项目成功的关键因素之一就是对需求分析的把握程度,而软件项目的整体风险往往表现出需求不明确,业务流程不合理,所以,需求管理是项目管理的重要一环。

软件需求是,①用户为解决某一问题或达到某一目标所需的条件或权能;②系统或系统构件为了满足合同、规约、标准或其他正式实行的文档所需具有的条件或权能;③一种反映上述①或②所述条件或权能的文档说明。它包括功能性需求及非功能性需求,非功能性需求对设计和实现提出了限制,如性能要求、质量标准,或者设计限制。

软件需求就是指用户希望软件能做什么事情,实现什么样的功能,达到什么样的性能。因此,软件项目管理人员要准确理解用户所提出的要求,进行细致的需求调查分析,将用户的非形式化的需求陈述转化为完整的需求定义,并依据此定义转化为需求规格说明书。

软件需求分为三个层次:业务需求(Business Requirement)、用户需求(User Requirement)和功能需求(Functional Requirement)。最后确定软件需求规格(Software Requirement Specification, SRS)。业务需求一般在范围文档中说明,它是指组织机构或客户对系统、产品高层次的目标要求,由管理人员或市场分析人员确定;用户需求可以在用例或场景中进行说明,它必须与业务需求一致,描述用户通过使用本软件产品必须要完成的任务;功能需求是指开发人员必须实现的软件功能,使用户通过使用此软件能够顺利完成任务,从而实现业务需求。软件需求规格则描述软件系统应该具有的外部行为特征,包括软件必须遵从的标准、规范和合约,外部界面特点,非功能性要求(例如性能要求等),设计或实现的约束条件及质量属性。所谓约束是指对开发人员在软件产品设计和构造上的限制。质量属性是通过多种角度对产品特点进行描述,从而反映产品功能。上述的关系如图3-1所示。

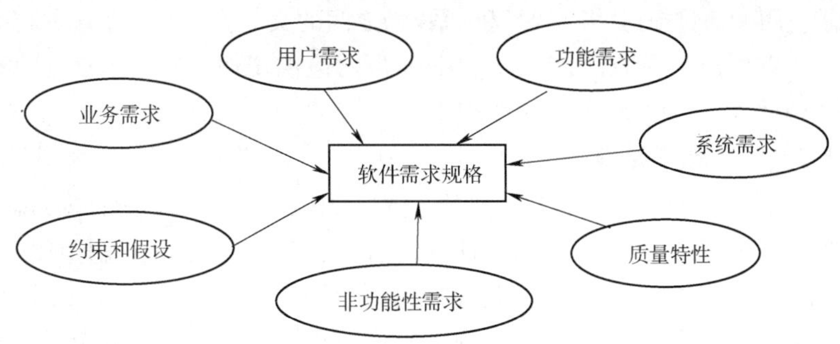

图 3-1　软件需求的层次

有效的软件需求管理可以大大减少开发后期和整个维护阶段返工的工作量。Boehm(1981)验证发现改正在产品应用后发现的需求方面的错误比在需求阶段改正同一错误多付出 68 倍的成本。到了 20 世纪 80 年代后期,逐渐产生了软件工程的分支领域——需求工程(Requirement Engineering,RE),它是指应用已经证实有效的技术、方法进行需求分析,确定客户需求,帮助分析人员理解问题并定义目标系统的所有外部特征,它通过合适的工具和记号系统地描述待开发系统及其行为特征和相关约束,形成需求文档,并对用户不断变化的需求演进给予支持。

软件需求工程是一门分析并记录软件需求的学科,它把系统需求分解成一些主要的子系统和任务,把这些子系统或任务分配给软件,并通过一系列重复的分析、设计、比较研究、原型开发过程把这些系统需求转换为软件的需求描述和一些性能参数。其目的是在客户和遵循客户需求的软件项目之间建立一种共同的理解,但在实际软件需求管理过程中尚存在如下问题。

(1)范围界定方面:系统的目标、边界未被良好地定义,用户对此是很混淆的。

(2)理解问题方面:用户不能完全了解自己需要什么,对系统的能力、约束不清楚。工程师不理解用户的问题域和应用环境,相互之间的沟通存在问题。

(3)易变性方面:随时间的变化,系统需求会发生变化。

3.2.2　需求获取

软件需求获取是指通过与用户的交流,对现有系统的观察及对任务进行分析,从而开发、捕获和修订用户的需求的过程,是整个软件项目开发过程中最为关键的输入。软件需求获取具有模糊性、不确定性、易变性和主观性的特点。

软件需求获取是项目相关方、用户之间为了定义新系统而进行的交流。需求获取是需求分析的前提,需求获取是获得系统必要的特征,或者获得用户能接受的、系统必须满足的约束。由于用户来自不同的行业,对所要开发的系统要做什么,已做出总体的规划,但用户缺乏专业的软件开发经验和技术。同时,虽然项目相关方对开发软件过程中有丰富的经验,但对于用户所在行业内容知识了解较少。如果双方所理解的领域内容在系统分析、软件设计过程中出现问题,通常在开发过程的后期才会被发现,将会使整个系统交付延迟,或上线的系统无法或难以使用,最终所开发的系统以失败告终,从而出现严重的软件危机。例如,遗漏的需求(丢失了系统必须支持的功能)或错误的需求(不正确的功能描述或不可使用的用户界面)。需求获取的目标是为了提高开发者与用户之间沟通的能力,进而构造应用系统的领域模型。

在面向对象的方法中,项目相关方选择用户易于理解的表达方式,通过使用用例(用例图)来获取软件的需求。用例通过描述"参与者"和"系统"之间的交互方式描述系统的行为。用例方法最主要的优点在于以用户为导向,用户可根据自身所对应的用例不断细化自己的需求。与此同时,使用用例还可方便地得到系统功能的测试用例。

1. 需求获取的输入和开始准则

为了对系统有全面的理解,需要确定初始的范围,从较高的层次描述软件项目需要实现什么,该范围作为需求收集阶段的一个输入。根据能够得到的必要信息,客户和竞标项目的组织拟定一份合同,合同规定了每一方的义务。在签署合同之前,每个组织应反复讨论协商并评审项目范围,确保没有做出无法实现的承诺。经过项目经理批准后,该高层次项目范围确定了要开发的软件部分。软件部分的细节成为软件需求获取的内容。

2. 软件需求获取内容

将需求获取看成是项目能在最大程度上满足客户的全面的方法,而不是局限于狭窄的范围,仅仅作为获取一个给定系统的功能性需求的技术过程。软件需求获取主要包括 4 个方面。

(1)职责。正确的需求获取是后续活动成功的基础。没有正确地获取需求,无论后续步骤多么完善,都不可能构建一个真正满足用户的系统。保证这一步正确是首先要解决的方面。促使这方面获得成功的措施有确定单一联系点和最终的决定权,确定和建立解决问题的服务级别合约,确定变更控制规范和确定法规的遵循问题。

理想情况下,为了说明和仲裁需求,应该从客户组织中一个单一且最终的联系点开始。该单一联系点应该由客户组织的高层经理提名,并正式通知组织的其余人。为凸显软件项目的合法性和权威性,该单一联系点通常为软件项目的项目经理或首席信息官。项目经理(或项目首席信息官)是资源分配和谈判的渠道。

任何软件系统中都有一个无法避免的事实是需求的变更。变更是无法避免的,是不以主观愿望为转移的。更确切地说,变更必须被预料到,并且按照适当的变更控制规范进行管理。变更控制解决变更中的请求、识别、评估的程序问题。在需求阶段,当系统的定义仍旧在演化时,变化几乎同步发生。通过使用最终决定权和单一联系点,需求的变更内容可以被汇集和合并。与此同时,在系统设计、系统运行和维护阶段中,需求发生变更需要花费巨大的成本,并且使软件开发的进度变缓,不能按期交付客户使用。因此,在承诺的条件下,识别什么类型的变更可以请求,如何决定一个特别的变更是否值得做以及带来的花费是什么,是十分重要的。

(2)需求调查形式。需求获取的主要任务是与用户方的领导层、业务层人员进行访谈式沟通,目的是从宏观上把握用户的具体需求方向和趋势,了解现有的组织结构、业务流程、硬件环境、软件环境、当前运行的系统等具体情况和客观的信息,建立起良好的沟通渠道和方式。在根据客户的要求确定系统的整体目标和系统的工作范围后,需对客户进行访谈和调研。交流的方式可以为会议、电话、电子邮件、小组讨论和模拟演示等不同形式。对于每一次交流均要进行记录,并对交流的结果进行具体的分类,便于后续活动的进行。例如,将一个图书馆管理系统的需求细分为功能需求、非功能需求(如响应时间、平均无故障工作时间、自动恢复时间等)、环境限制、设计约束等类型。对此,需求调查形式有以下 4 种。

①需求专题讨论会。它是指在一段短暂但紧凑的时间段内,把所有与需求相关的人员集中到一起,围绕产品或者项目的目标进行研究和讨论,并总结出初步的需求。需求专题讨论会需要有经验的人(如需求工程师)组织才能保证成功。

②电视电话会议访谈。电视电话会议访谈是一种自由的、开放的获取需求的方式,可以深入

探究用户对某些问题的回答,从而得到更准确的信息。

③Q&A 列表邮件提问。该方法是向用户调查需求的主要方式。它是指对软件产品需求不明确的问题,整理归纳成 Q&A 列表,通过邮件方式获取用户的需求。Q&A 列表可以详细记录需求问题从不明确到清晰的完整过程,但获取需求的进度取决于用户能否及时回复邮件,因此,需要花费大量的时间。

④自行搜集需求。对于用户不能明确提供的需求,根据自行调查相关的行业标准、同类标准,总结出功能、非功能需求。并将需求点通过需求专题讨论会和电视电话会议访谈方式与客户委托方进行确认。

(3)系统需求分析。需求分析也称为需求建模,是获取需求后为最终用户所看到的系统建立一个概念模型,是对需求的抽象描述,并尽可能多地捕获现实世界的语义。需求分析的任务就是借助于当前系统的逻辑模型导出目标系统的逻辑模型,解决目标系统的"做什么"的问题。从当前系统转化为目标系统的需求分析模型如图 3-2 所示。

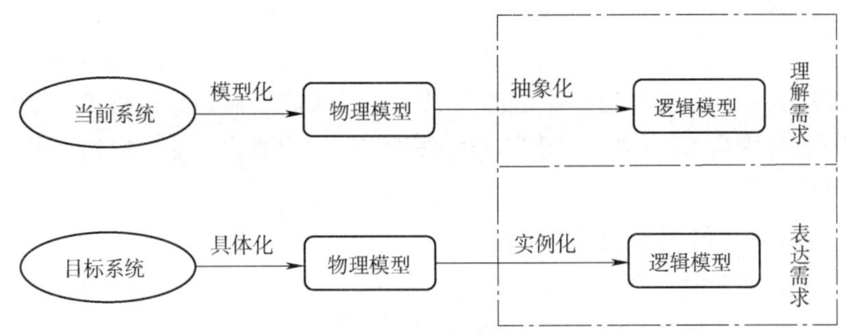

图 3-2　需求分析模型

当前系统需求可以分类为,①功能需求:为系统应该做什么提供了定性的描述;②性能需求:规定了应用要满足的性能,性能需求是严格的定量描述;③可用性需求:是对各种部件正常运行时间的期望描述;④安全需求:是指决定谁有权利使用系统的哪一部分(以及使用多少次),安全需求必须在需求阶段的早期确定;⑤环境定义:是指系统将要运行于其上的软件和硬件平台方面的限制。

(4)目标系统的需求。为成功部署软件产品,确保项目正常实施,在需求管理阶段,不仅要准确分析客户对于软件产品的需求,还要考虑客户所需要的非软件方面,其中包括以下内容。

①文档:每个产品都需要文档,需要到何种程度取决于产品的复杂度和达成的合约。一个产品需要的文档类型包括用户手册、设计和内部文档、安装指南和在线帮助。

②培训:一旦产品开发完成,可能需要培训客户。对不同的人可能需要进行不同层次的培训。可能需要培训客户如何使用模块(数据输入格式、菜单、报表等);对系统管理员培训安全、系统备份、恢复等功能;如果产品的后续维护将移交给客户,可能需要培训客户组织中的开发人员了解真实的程序以及如何维护该程序。因此,需要什么程度的培训,决定了要付出的工作量。

③后续支持:一旦系统被部署在用户处,将会需要后续的支持,在这方面必须回答的问题包括需求变更由什么构成以及如何处理它、代码改正的周期、产品维护周期、变更范围。

3. 软件需求获取遵循的步骤

需求获取的步骤如下。

(1)开发高层的业务模型。客户和开发组织确定各自的单一联系点,授予做决定的权利,并代表各自的组织利益行事。在此基础上,项目相关方需对所开发领域进行充分了解,并建立业务模型,描述用户的业务过程,确定用户的初始需求。最后通过迭代,更深入地了解应用领域,并对初始业务模型进行改进。

(2)定义项目范围和高层需求。在软件项目开始之前,应当在所有项目相关方面建立一个共同的愿景,即定义项目范围和高层需求。项目范围描述系统的边界与外部事物(包括组织、人、硬件设备、其他软件等)的关系。高层需求不涉及过多的细节,主要表示系统需求的概貌。

(3)识别用户类和用户代表。保证软件开发组织分析需求的一致性和完整性。在此基础上确定目标系统的不同用户类型,在需要项目澄清时,接触客户组织中适当的联系点并解决问题。

(4)获取具体需求。获取开发组织以需求规格说明文档的形式得出讨论结果。

(5)确定目标系统的业务工作流。根据客户组织中的人员评审需求规格说明文档,确保目标系统业务工作的一致性和完整性。需要变更的情况下,与软件项目相关方进行磋商,保证双方对需求有一致的、完整的、无二义性的理解。

(6)需求整理与总结。对上述步骤获取的需求资料进行整理和总结,确定对软件系统的综合要求,即软件系统的需求,并提出这些需求的实现条件以及需求应达到的标准。这些需求包括功能需求、性能需求、环境需求、可靠性需求、安全保密需求、用户界面需求、资源使用需求、软件成本消耗与开发进度需求等。

4. 需求阶段的输出和质量记录

需求收集过程的主要输出是需求规格说明文档(SRS)。需求分析完成的标志是提交一份完整的SRS。该说明书以一种开发人员可用的技术形式,陈述了一个软件产品所具有的基本特征和性质以及期望和选择的特征和性质。对于一个软件项目来说,SRS和工作陈述(Statement of Work, SOW)是极为关键的文档,SRS的编写可以参照甲方提供的SOW的相关信息进行,SRS为客户和开发者之间建立一个约定,准确地陈述了要交付给客户的内容。SRS包括客户和开发组织最终都同意的所有信息,有各种可能的格式。

在需求收集阶段需要获得的主要质量记录包括为讨论需求而举行的各种会议的备忘录,为了阐明或者解决需求中的冲突而写的任何来往信件、变更请求和它们的影响,有决定权的人的签字。

5. 需求获取技能和存在的问题

需求获取阶段以很高的客户能见度和互动为特征,比其他阶段更需要高层次上的沟通,并伴有很大程度上的流动性。基于所有这些因素,领导或者参与需求收集阶段的人需要7种技能:从客户的视角看待需求的能力、领域知识、技术意识、人际交往技巧、谈判技巧、对不明确因素有一定的承受能力以及沟通技能。

进行需求获取时应该注意如下问题。

(1)识别真正的客户。软件项目在开发过程中会面对多方的客户,不同类型客户的素质和背景都不一样,不同客户之间可能不存在共同的利益,例如,销售人员希望系统使用方便,会计人员希望系统可以对销售的数据进行有效的统计,人力资源部门更关注系统如何管理和培训员工,不同客户之间的利益还可能存在冲突。因此,需要清楚地认识影响项目的不同客户,并对多个客户的需求进行排序,如果与项目无关人参与项目,需暂缓考虑其需求。

(2)正确理解客户的需求。在访谈过程中,客户并不能有效表达真正的需求,可能提供一些混乱的信息,甚至会夸大或者弱化真正的需求。因此,除了了解客户所在行业的专业知识外,还要了解客户的业务和社会背景,有选择地过滤需求,理解和完善需求,确认客户真正需要的东西。例如,在买衣服时,客户都会谈论衣服颜色、款式和面料等方面的需求,但买衣服中隐含的需求(御寒、漂亮或体面等)并不会直接表达。

(3)具有较强的忍耐力和清晰的思维。进行需求获取时,应该能够从客户凌乱的建议和观点中整理出真正的需求,不能对客户需求的不确定性和过分要求失去耐心,甚至造成不愉快,要具备好的协调能力。

(4)说服和教育客户。需求分析人员可以同客户密切合作,帮助他们找出真正的需求,可以通过说服引导等手段,也可以通过培训来实现;针对需求变更,要与客户进一步交流,并告知客户需求变更为正常项目开发所带来的影响。

(5)建立需求分析小组。在软件项目开发过程中,需求分析人员应成立专门的需求分析小组,进行充分交流,对客户所提出的需求进行实地考察访谈,并收集相关资料,在必要时可以采用图形表格等工具。

3.2.3　需求验证

需求获取完成,提交需求规格说明后,软件分析人员需要与客户对需求分析的结果进行验证,以需求规格说明为输入,通过符号执行、模拟和快速原型等途径,分析需求规格的正确性和可行性。需求验证通常包括如下 6 个方面。

1. 正确性

软件分析人员需要和用户一起进行需求的复查,以确保将用户的需求充分、正确地表达出来。每一项需求都必须准确地陈述其要开发的功能。如果软件需求与对应的系统需求相抵触,则验证是不正确的。需要注意的是,只有用户代表才能确定用户需求的正确性。

2. 一致性

一致性是指与其他软件需求或高层需求不互相冲突。在开发前必须解决所有需求间的不一致部分。验证所获取的需求没有冲突和二义性。

3. 完整性

验证是否所有可能的状态、状态变化、输入、产品和约束都在需求中描述,不能遗漏任何必要的需求信息。因此,在进行软件开发前,必须解决和补充需求中所有的遗漏项。

4. 可行性

验证需求是否可行,每一项需求都必须可以在已知系统和环境的约束范围内实施。

5. 可追踪性

验证需求是否可被追踪,即应该在每项软件需求与它的根源和设计元素、源代码、测试用例之间建立起连接,这种可追踪性要求每项需求以一种结构化的方式编写。

6. 可检验性

检查每项需求是否能通过设计测试用例或其他的验证方法进行的验证。如果需求不可验证,则其正确性便失去了客观依据。例如,“界面友好”“性能优越”等模糊定性的需求便是不可检验的,这往往也可能导致后期的软件验收问题。

如果软件项目缺乏合理的需求验证,就可能导致不能实现预期的功能而需要在后期进行高代价的修正、延期和超出预算等问题。

3.2.4 需求变更

需求变更是软件项目区别于传统项目的显著特点。在软件开发过程中的需求变更会给软件开发带来不确定性,因此,需求变更管理主要从如下几方面入手。

(1)建立需求基线。需求基线指是否允许需求变更的分界线,它是需求变更的依据。在需求被确定和评审后,可以建立第一条需求基线。每次需求变更都需要对需求基线进行重新确定。当软件分析人员与客户进行沟通建立了需求文档,则该文档经过评审后即可建立第一条需求基线。

(2)确定需求变更控制过程。需求基线建立后,需要制定有效的变更控制流程文档,所有变更都需要遵循该流程文档进行控制。

(3)建立变更控制委员会。变更控制委员会由包括项目用户方和开发方的决策人员在内的人员共同组成,该委员会负责裁定接受变更的范围。

(4)进行需求变更影响分析。进行需求变更影响分析可以对申请的需求变更有深刻的理解,从而对进行中的工作做出调整部署。

(5)跟踪所有受需求变更影响的工作产品。需求变更后,记录每个需求变更文档的版本号、日期以及变更的原因和内容,以使更新后的软件计划、活动与变更后的需求保持一致。

(6)衡量需求稳定性。如果需求变更过于频繁,则说明对需求认识不够深入;如果需求变更的总体数量过高,则意味着项目范围确定存在问题。

3.3 项目工作分解

项目管理计划是描述项目范围如何进行管理,项目范围怎样变化才能与项目要求相一致等问题的。它还包括对项目范围稳定的预期而进行的评估(如项目需求的变更、变化频率等)。范围管理计划也应该包括确定变化范围、变化分类等内容的清楚描述。

范围计划编制是将产生项目产品所需进行的项目工作(项目范围)渐进明细和归档的过程。在进行范围计划编制工作时需参考大量的信息(如产品描述),需要清楚最终产品的定义,从而保证规划工作的实施,项目章程是该过程的主要依据,范围计划在此基础上进一步深入和细化。

当解决问题过于复杂时,可以将问题分解成容易解决的子问题,在规划软件项目时,从任务分解角度出发都需将一个软件项目分解为更多的工作细目或者子项目,使项目变得更小、更易管理、更易操作,从而提高软件项目估算成本、时间和资源的准确度。完成软件项目是一个极其复杂的过程,必须采取分解的手段把主要的可交付成果分成更容易管理的单元,并最终得出项目的工作分解结构(Work Breakdown Structure,WBS)。

3.3.1 创建工作分解结构

工作分解是对需求的进一步细化,是最后确定项目所有工作范围的过程。工作分解的结果便是工作分解结构(WBS)。WBS是面向可交付成果的对项目元素的分组,组织并定义了整个项目的范围,是一个分级的树型结构,是对项目由粗到细的分解过程。WBS以可交付成果为中心,采用自顶向下、自底向上或类比的方法,将项目中所涉及的工作进行分解,定义出项目的整体范围。工作分解结构把项目工作分成较小和更便于管理的多项工作,每下降一个层次意味着对项目工作更详尽的说明。工作分解结构是当前批准的项目范围说明书规定的工作。构成工作分解结构的各个组成部分有助于利害关系者理解项目的可交付成果。因此,WBS 由以下四部分构成。

(1)编码。编码是最显著和最为关键的 WBS 构成因子,首先编码用于将 WBS 彻底的结构化。通过编码体系,项目相关方很容易识别 WBS 元素的层级关系、分组类别和特性。随着计算机科技的高速发展,编码实际上使 WBS 信息与组织结构信息、成本数据、进度数据、合同信息、产品数据、报告信息等紧密地联系起来。

(2)工作包(Work Package)是 WBS 的最底层元素,一般的工作包是最小的"可交付成果",这些可交付成果很容易识别出完成它的活动、成本和组织以及资源信息。例如,管道安装工作包可能含有管道支架制作和安装、管道连接与安装、严密性检验等几项活动,包含运输焊接和管道制作人工费用、管道和金属附件材料费等成本,过程中产生的报告和检验结果等问题以及被分配的工班组等责任包干信息,等等。因此,一个用于项目管理的 WBS 必须被分解到工作包层次才能够成为一个有效的管理工具。

(3)WBS 元素。WBS 元素是指 WBS 结构上的每一节点。通俗地理解为"组织结构图"上的一个个"方框",这些方框代表了独立的、具有隶属关系和汇总关系的"可交付成果"。工作包是最底层的 WBS 元素。

(4)WBS 字典。WBS 字典是用于描述和定义 WBS 元素中的工作的文档。字典相当于对某一WBS 元素的规范,即 WBS 元素必须完成的工作以及对工作的详细描述、工作成果的描述和相应规范标准、元素上下级关系以及元素成果输入输出关系等。同时 WBS 字典对于清晰地定义项目范围起到规则作用,从而确保 WBS 易于理解和被组织以外的参与者接受。在建筑业,工程量清单规范就是典型的工作包级别的 WBS 字典。

3.3.2　工作分解的过程

创建工作分解结构的主要输入是项目范围说明书、组织过程资产和批准的变更请求。需要的主要工具和技术是分解,即把项目可交付成果分成较小的、便于管理的组成部分,直到工作和可交付成果定义到工作细目水平,主要输出是项目范围说明书、工作分解结构、工作分解结构词汇表、范围基准、项目范围管理计划和请求的变更。

进行工作分解的标准应该统一,不能有双重标准。选择一种项目分解标准之后,在分解过程中应该统一使用此标准,避免因使用不同标准而导致的混乱。可以采用生存期、产品的功能或者项目的组织单位作为标准。进行任务分解的基本步骤如下。

(1)确认并分解项目的主要组成要素。通常,项目的主要要素是这个项目的工作细目,以项目目标为基础,作为第一级的最整体的要素。项目的组成要素应该用有形的、可证实的结果来描述,目的是为了使绩效易于检测。

(2)确定分解标准,按照项目实施管理的方法分解,而且分解时标准要统一。分解要素是根据项目的实际管理而定义的。不同的要素有不同的分解层次。例如,项目生存期的阶段可以当作第一层次的划分,把第一层次中的项目细目在第二阶段继续进行划分。

(3)确认分解的详细程度以及作为费用和时间估计的标准,明确责任。工作细目的分解如果在很久的将来才能完成,那么就不存在确定性。

(4)确定项目交付成果。根据项目规范的衡量标准检测交付结果。

(5)验证分解正确性。验证分解正确后,建立一套编号系统。

3.3.3 工作分解的类型

合理的WBS应该按照逐层深入的思想制定,先确定软件项目框架,再逐层向下进行分解。WBS中的每一个具体分节应该标明唯一的编码,编码不仅使工作分解层次清晰,还可以充当项目经理、项目团队以及客户代表的共同认知的符号标记。WBS中的编码与分节结构条目应该具有一一对应的关系。

例如,在盒马鲜生管理信息系统中,有如下功能:在入库管理子系统中,能进行货物品质检测,冷链存储,复核更新货物信息;在出库管理子系统中,能查询货物仓位,冷链包装以及复核更新货物信息;在物流配送管理子系统中,能进行车队信息管理与考核,订单分配与车辆分配以及货物跟踪;在结算管理子系统中,能够进行供应商财务结算,客户订单查询结算取消以及员工工资结算;在企业情报管理子系统中,能够进行企业历史运营数据管理,企业未来决策数据分析;在订单管理子系统中,能对订单信息进行管理、查询和修改,订单信息转换、确认和打印以及交接单信息管理;在人力资源管理子系统中,能对人力资源进行规划化,人员分配、培训和考核以及薪酬福利管理;在信息维护子系统中,能够进行用户识别与信息反馈,并对系统进行维护和运行管理。

工作分解可采取清单类型和图表类型两种形式。

1. 清单类型

采用清单类型的分解方式,就是将任务分解的结果以清单的表述形式进行层层分解,类似于书的目录结构,见表3-1。

表3-1 清单类型

模块等级	模块名称
1	盒马鲜生管理信息系统
1.1	入库管理
1.1.1	货物品质检测
1.1.2	冷链存储
1.1.3	复核更新货物信息
1.2	出库管理
1.2.1	查询货物仓位
1.2.2	冷链包装
1.2.3	复核更新货物信息
1.3	物流配送管理
1.3.1	车队信息管理与考核
1.3.2	订单分配与车辆调配
1.3.3	货物跟踪
1.4	结算管理
1.4.1	供应商财务结算
1.4.2	客户订单查询结算取消

续表

模块等级	模块名称
1.4.3	员工工资结算
1.5	企业情报管理
1.6	订单管理
1.7	人力资源管理
1.8	信息维护管理

2. 图表类型

采用图表类型的任务分解就是进行任务分解时采用图表的形式进行层层分解。以盒马鲜生管理信息系统为例的图表类型如图 3-3 所示。

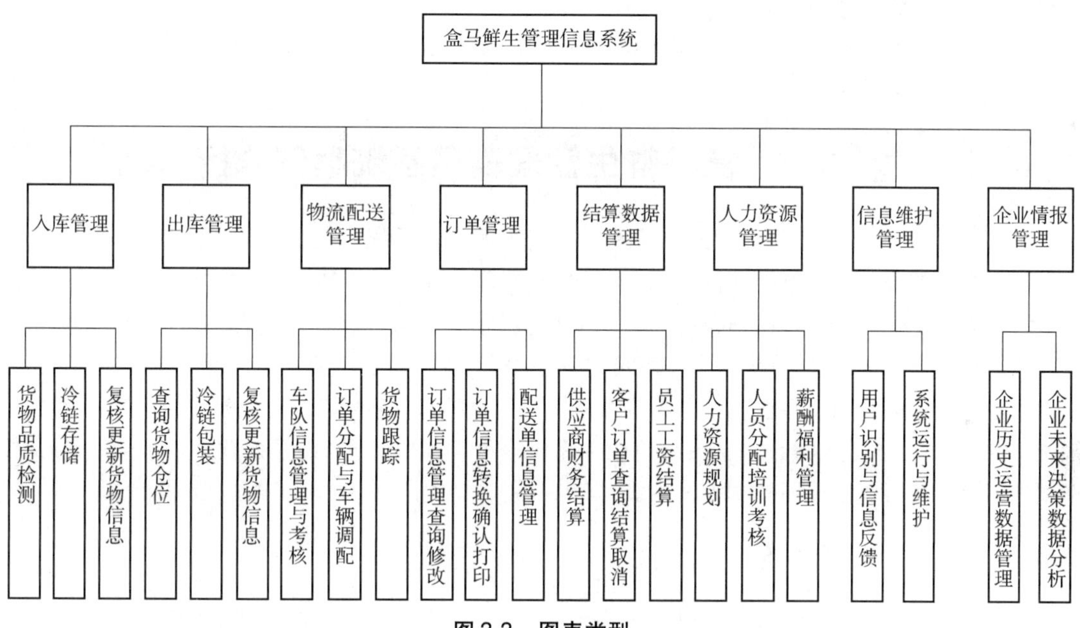

图 3-3 图表类型

3.3.4 工作分解的用途及种类

WBS 是面向项目可交付成果的成组的项目元素,项目元素定义和组织软件项目的总的工作范围,未在 WBS 中包括的工作就不该属于该项目的范围。WBS 每下降一层就代表对项目工作更加详细的定义和描述。较好的工作分解可以防止遗漏项目的可交付成果,帮助项目经理关注项目目标和澄清职责,建立可视化的项目可交付成果,以便估算工作量和分配工作;帮助改进时间、成本和资源估计的准确度;帮助项目团队的建立和获得项目人员的承诺;为绩效测量和项目控制定义一个基准,辅助沟通清晰的工作责任;为其他项目计划的制定建立框架,帮助分析项目的最初风险。

WBS 具有 4 个主要用途:①WBS 是一个描述思路的规划和设计工具,它帮助项目经理和团队确定和有效地管理项目的工作;②WBS 是一个清晰地表示各项目工作之间的相互联系的结构设计工具;③WBS 是一个展现项目全貌,详细说明为完成项目所必须完成的各项工作的计划工具;④WBS 定义了里程碑事件,可以向高级管理者和客户报告项目完成情况,作为项目状况的报告工具。

制作工作分解结构过程生成的关键文件是实际的工作分解结构,一般都为分解结构每一组成部分包括工作细目与控制账户,赋予一个唯一的账户编码标识符。这些标识符形成了一种费用、进度与资源信息汇总的层次结构。

工作分解结构不应与其他用来表示项目信息的"分解"结构混为一谈。在某些应用领域或其他知识领域使用的其他结构包括以下几类。

(1)组织分解结构(Organizational Breakdown Structure,OBS):按照层次将工作细目与组织单位形象地、有条理地联系起来的一种项目组织安排图形。

(2)材料清单(Bill of Material,BOM):将制造产品所需的实体部件、组件和组成部分按照组成关系以表格形式表现出来的正式文件。

(3)风险分解结构(Risk Breakdown Structure,RBS):按照风险类型形象而又有条理地说明已经识别的项目风险的层次结构的一种图形。

(4)资源分解结构(Resource Breakdown Structure,RBS):按照种类和形式而对将用于项目的资源进行划分的层次结构。

3.4 盒马鲜生管理信息系统案例分析

本项目需求分析阶段,项目相关方缺乏对物流管理信息系统的相关知识,不能充分理解客户的真实需求。随着对系统组织结构的深入了解,发现部分存在不合理或不完整或缺失的需求,必然会引起需求变更。为了避免不必要的需求变更,在开发盒马鲜生管理信息系统时,从系统所在企业的组织需求分析,具体分析每个子系统的业务需求,并绘制数据流图。在此基础上,项目组与用户通过访谈等形式确定需求规格。本项目采用原型分析法确定需求,然后根据用户确认的原型系统,并结合每个子系统的数据流图编写软件需求规格说明书。最后,根据软件需求规格说明书形成该项目的最后范围计划,即 WBS 结果。

3.4.1 结算管理子系统

结算管理子系统是对销售收入以及人力、物力资本支出等进行结算处理,系统可以每月进行一次成本和利润的核算,对内部资金流进行有效处理。结算管理子系统对顾客、管理人员及普通员工开放不同功能,对管理员而言,主要包括费用种类、收款处理、付款处理、应收款查询、应付款查询等功能;对顾客而言,主要包括个人订单查询、订单支付、订单取消等功能;对供应商而言,主要包括供应商账单结算和账单查询,其中账单查询包括应收款明细查询、已结算账单明细查询。对于同时具备多重身份的人员登录系统时,需要进行身份选择分别进入不同的结算管理操作界面。结算管理子系统的数据流图如图 3-4 所示。

如图 3-4 所示,该子系统在识别用户身份之后,根据不同权限开放不同功能。工作人员可以通过该系统对已经结算的客户费用作收款记录,对已经结算承运人的运费作付款记录,并且可以实时查询客户的应收款、应付款情况。客户或工作人员可以通过该系统查询不同业务的计费标准以及该企业提供的业务种类。系统可以通过对每一笔业务成本和利润的核算,快速准确地完成费用结算,并通过资金流和信息流对账单进行有效的处理。

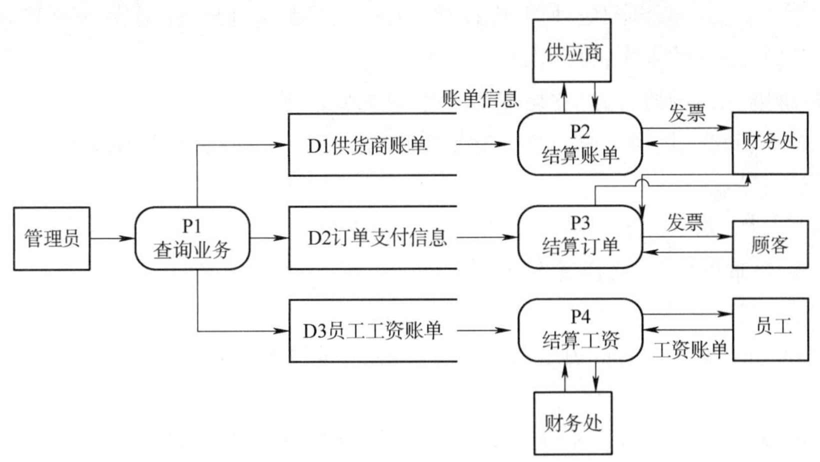

图 3-4　结算管理子系统数据流图

3.4.2　企业情报管理子系统

该子系统可以实现商业数据存储、整理、分析等工作，具有很强的数据处理能力，是紧密联系商业市场发展、应用大数据技术进行数据工作的系统。企业情报管理子系统的数据流图如图 3-5 所示。

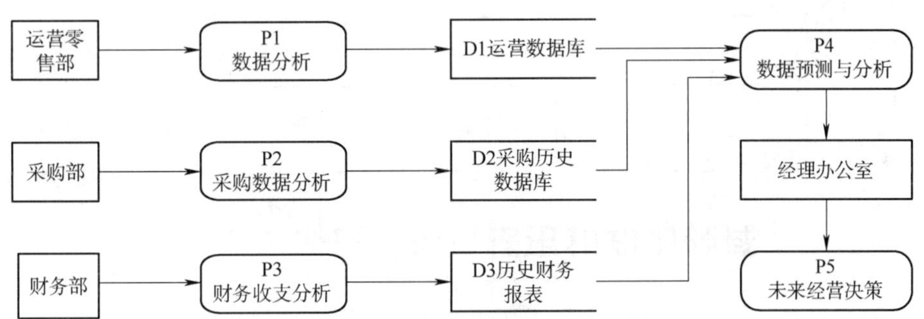

图 3-5　企业情报管理子系统数据流图

在图 3-5 中，企业情报管理子系统主要由三个部门协同构建——运营零售部、采购部、财务部。三个部门在日常运营中会产生大量的订单、报表等即时单据，这些单据在发挥商业效用的同时，副本被存储在企业数据库中。每一季度末，通过将收货清单、采购清单和财务报表进行大数据分析，以历史数据为训练数据集、以上一季度数据为测试数据集，可评估出上一季度的企业运行情况和问题，并以此支持商业决策。

3.4.3　入库管理子系统

该子系统处理客户的各种收货指令及提供相应的查询服务，并保证生鲜类货物的冷链存储，主要功能有受理方式、订单类型、入库方式、货物品质检测、货物验收、库位分配、冷链存储、收货查询等。入库管理子系统数据流图如图 3-6 所示。

(1)受理方式：直接受理、电话受理、传真受理、E-mail 受理、网上受理等。

(2)订单类型:先入库,再配送处理;先提货,再入库,再配送处理;先提货,再入库处理。

(3)入库方式:一次性入库;分批入库。

(4)货物品质检测:货物名称、货物类型、货物品质要求等。

(5)货物验收:货主、货物名称、规格、货物等级、接收数量、破损数量、搁置数量、货物重量、货物体积、生产日期等。

(6)收货单打印:该功能是打印出收货单据。单据内容有收货日期、订单号、收货流水号、客户、客户通知编号、货物代码、货物名称、规格、单位、通知数量、接收数量、破损数量、搁置数量、生产日期、货物重量、货物体积等。

(7)库位分配:对要入库的货物进行库位分配,分配原则有两种,即按货物分配库位和按库位分配货物。

(8)库位清单打印:根据预先安排的库位,打印出货物库位清单,以便保管员对号入库。

(9)预入库确认:当所有的货物都入库后,按库位清单的实际入库数量进行入库确认。同时,把预入库类型由预定入库改成销售入库。

(10)直接入库处理:为了操作上的简便,根据实际情况有些货物可经验收后不作库位分配,而直接进行入库处理。

(11)冷链存储:生鲜类货物名称、最佳存储温度、存储方式等。

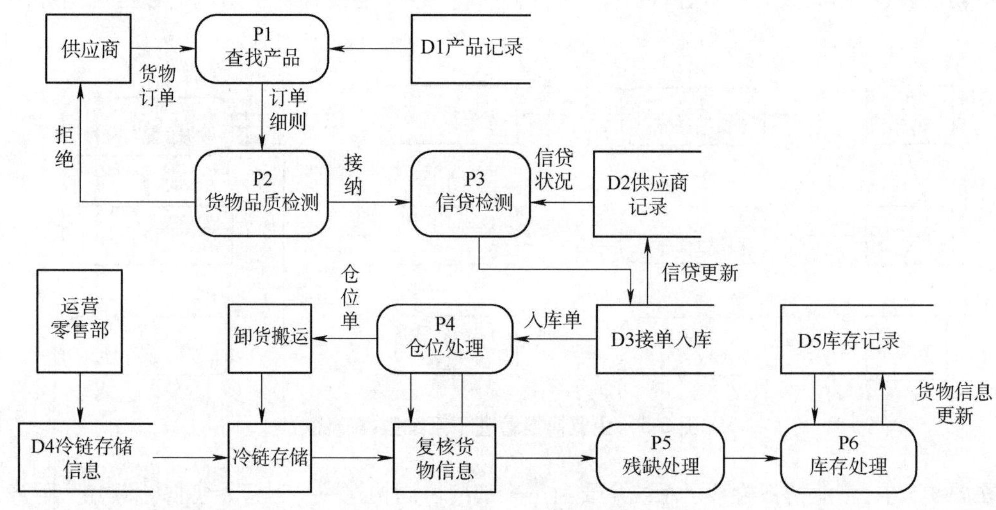

图 3-6　入库管理子系统数据流图

在图 3-6 中,系统收到供应商的货物订单后,在产品记录里查找产品,仓库检测员根据收货检测单进行货物品质检测,如合格,则对供应商进行信贷检查并更新记录,接单入库,否则拒绝并通知供应商。生成入库单交给门店管理员进行仓位处理,再生成仓位单,交给装卸工进行卸货搬运。对于搬运的货物,从运营零售部提取冷链存储信息进行冷链存储。之后门店管理员复合货物信息,接着进行货物的残损处理。最后进行库存处理,并同时在库存记录中更新货物信息。

3.4.4　出库管理子系统

出货管理子系统是对货物的出库进行处理,主要有出库类型、货物调配、拣货清单打印、拣货处理、预出库调整、预出库确认、直接出库处理、冷链包装、送货单打印等功能。

(1)出库类型:根据出库目的的不同可分为销售出库、领用出库、抽样出库、调整出库、内拨出库、盘点出库、退货出库、调换出库、包装出库、报废出库。

(2)货物调配:根据发货通知单对货物进行调配处理,即从不同的仓库进行合理的拣货处理。根据处理方法可分为人工调配和自动调配两种。

(3)拣货清单打印:该功能是打印货物库位清单。根据清单用途,可分为外部拣货清单和内部拣货清单两种。

(4)拣货处理:该功能是把出库的货物从原库位拣货到拣货区,以便提高出库的工作效率。拣货条件可按出库日期、仓库、客户、货物等内容进行查询。

(5)预出库调整:把货物从存储区转移到拣货区时发生操作失误时,按先进先出原则把该货物退回存储区。

(6)预出库确认:当承运车辆来提货时,根据该车辆的货物配载情况,从拣货区出库,做出库处理。

(7)直接出库处理:针对某些客户的要求,为了操作上的简便,可根据实际情况对有些货物不经调配而直接进行出库处理。

(8)冷链包装:对货物进行冷链处理并按客户要求进行包装。

(9)送货单打印:该功能是根据不同客户打印出货物配送单。

出库管理子系统的数据流图如图3-7所示。

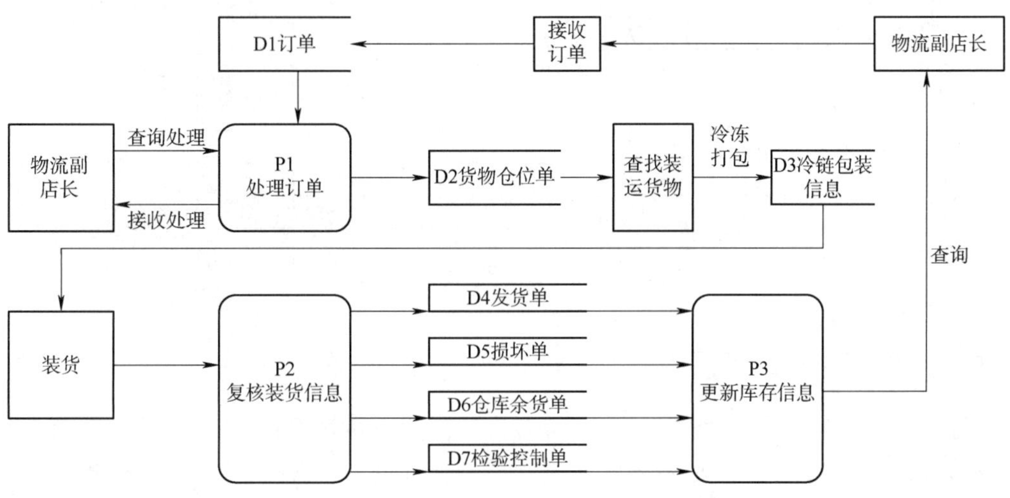

图3-7 出库管理子系统数据流图

在图3-7中,该子系统接收到订单,由管理货架的后台电子便签系统查询出对应的货物仓位信息,并将订单传送给门店管理员,门店管理员进行复核查询处理得出实际货物仓位单,拣货员根据冷链包装信息进行货物拣选打包,装卸完成之后,门店管理员进行仓库货物检查,整理出发货单、损坏过期单和仓库余货单、顾客余货单,并进行数据存储,便于下次查询。

3.4.5 订单管理子系统

订单管理子系统是盒马鲜生日常销售的核心模块。它对每时每刻生成的订单进行及时的处理和派发,以保证商品尤其是生鲜类商品能及时送到顾客手中,具有很强的及时性和数据处理能力。同时,它还会定期进行订单的分析处理,用数据支持门店经理进行经营决策和修改经营策略。

订单管理子系统主要分为5个模块,分别是订单处理模块,主要负责处理系统工作期间随时生成的订单,核实库存;配送派发模块,主要负责及时派发配送单给物流运输部,完成拣货与配送工作;票据模块,主要负责生成消费票据并存档,以规范和避免商业和法律问题;订单变更模块,主要负责更正可能出现错误记录的订单,保证企业数据库中历史商业数据的准确性;订单数据分析模块,主要负责定期进行历史数据分析,以便支持决策部门进行商业决策。

订单管理子系统数据流图如图3-8所示,需要完成订单的收集、修改、查阅等基本操作,并将历史数据存档留证。此外,还需要完成流水单生成和发票的打印,以便发票能第一时间随商品送达给顾客。在决策阶段,订单管理子系统需要进行数据的初步分析,以帮助经理进行公司决策。

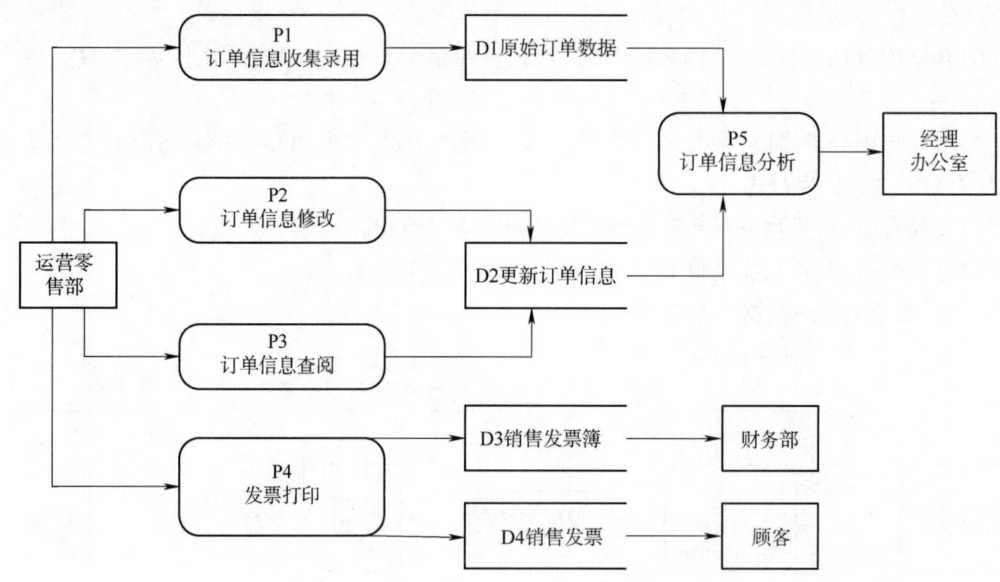

图3-8　订单管理子系统数据流图

3.4.6　人力资源管理子系统

人力资源管理子系统从人力资源管理的角度出发,用集中的数据将几乎所有与人力资源相关的信息(包括组织规划、招聘管理、绩效管理、考勤管理、计时工资、计件工资等)统一管理起来。

人力资源管理模块涉及员工管理的大部分核心流程,基本涵盖了管理业务的全部内容。目前,大多数的第三方物流管理的人力资源管理模块下又分设了六大子模块,它们分别是人力资源规划、人员招聘分配、人员培训、社保管理、绩效考核管理、薪资管理。

(1)人力资源规划:主要包括企业组织结构的设置和调整、企业人事制度的制定以及人力资源管理费用的确定和执行。

(2)人员招聘分配:包括招聘需求的分析、招聘流程的制定、招聘考核的标准、招聘渠道的选择以及目标部门的分配。

(3)人员培训:主要包括培训需求调查、培训计划、培训实施情况、培训评价管理、培训资源管理、培训数据分部门管理等。

(4)社保管理:包括自定义各类保险福利类别、创建保险账户、离职员工退保、社保缴费自动核算、社保报表。

(5)绩效考核管理:包括绩效制度的制定、绩效考核的实施、绩效考核的评价以及绩效考核的改进。

(6)薪资管理:包括薪酬分析、薪资核算、薪资汇总等。

在图3-9中,人力资源系统主要涉及人事部、财务部、其他相关部门及应聘者。具体工作流程为,人事部门分析人才需求,审核通过后拟定招聘计划;进行人力资源规划,审核通过后生成人力资源计划书;根据应聘者投递的简历和招聘计划进行招聘,合格者记入录取名单,录入员工档案;人员定岗后,签订劳动合同,记入档案;制定考核规划,审核通过后生成考核计划书,依据此计划书进行考核;同时,员工培训、员工考核、员工考勤结果生成反馈信息,反馈给相关部门及员工;人事部门依据劳动合同规定,进行薪资管理,生成员工工资表;依据绩效规则实施绩效管理,生成绩效评估表,与工资信息一同录入员工档案;最后,对员工进行社会保障,生成社会保障单。

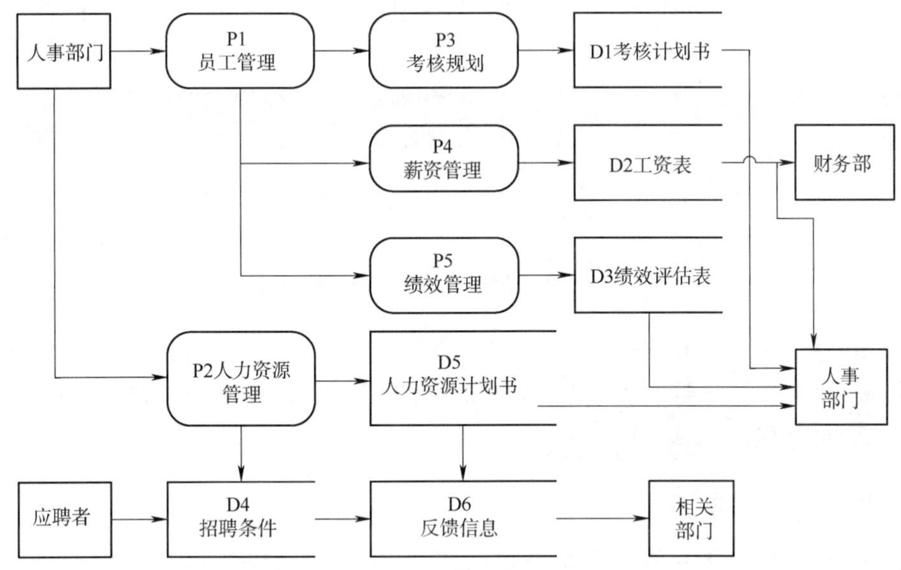

图3-9 人力资源管理子系统数据流图

3.4.7 物流配送管理子系统

物流配送管理子系统是对顾客订单进行货物配送安排,物流配送管理员通过对订单、拣货员以及配送骑手的合理安排,为客户提供方便快捷的生鲜购物体验。物流配送管理子系统主要包括订单汇总、货物打包、配送骑手的调度、配送路线的选择、订单分配配送方案、货物跟踪反馈等功能,图3-10为物流配送管理子系统数据流图。

(1)顾客订单汇总:该子系统通过从订单管理子系统中获取顾客订单的信息,按照先后顺序及送往地区分类汇总整理,以便为订单安排骑手进行配送。

(2)订单配送状态查询:物流配送管理员通过登录系统,统计顾客订单,实时查询订单配送状态,如正在配送、等待配送、完成配送等。

(3)配送骑手具体信息查询:骑手的具体信息包括骑手配送的货物、路线以及往返时间等。

(4)配送路线规划:根据客户订单及所在地区进行分类,在同一时间段内优先对路程较远的订单进行配送,对骑手路线规划需能够有效地利用时间,高效完成配送。

(5)订单分配配送方案:根据骑手信息、顾客下单以及路线规划情况,系统根据整体最优原则自动生成订单分配配送方案。

(6)货物物流跟踪:在骑手进行订单配送时,系统会实时记录货物配送进度,运营零售部将这些信息实时反馈给客户,并且订单送达时,需要顾客进行订单确认,一次配送才算完成。

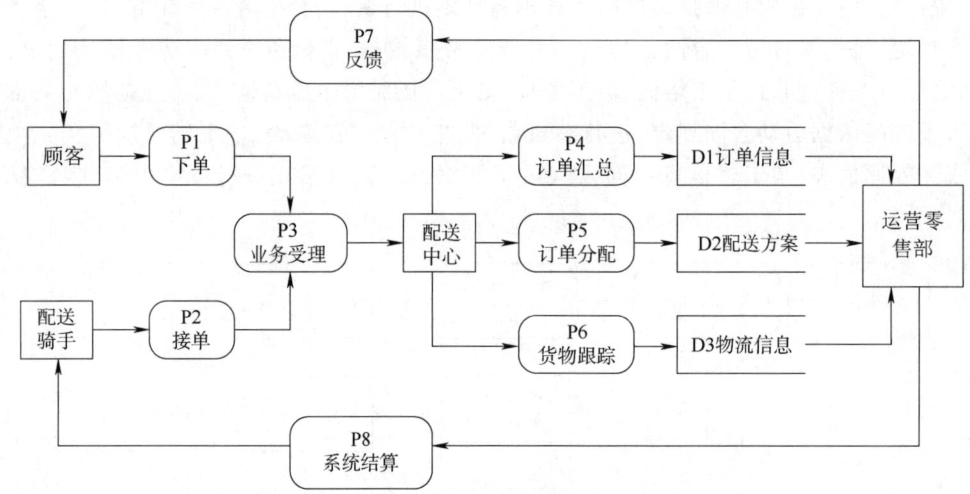

图 3-10 物流配送管理子系统数据流图

在图 3-10 中,用户下单和配送骑手接单信息都会提交到配送中心,通过业务受理进行订单汇总、订单分配以及货物跟踪,同时将这些信息提交给运营零售部,运营零售部将这些方案分别反馈给相应的用户和供应商。

3.4.8 信息维护子系统

信息维护子系统的主要功能为对系统进行运作管理和维护管理。由于系统设计线上订购与线下配送,在此过程中会产生大量数据,可以通过数据挖掘分析等技术对收集的数据进行数据分析、概括,为客户提供有效的信息反馈。图 3-11 为信息维护子系统数据流图。

1. 系统运作管理

(1)管理员管理。管理员管理主要是对系统管理员进行信息管理,管理员可以修改自己的密码,并且将管理员按级别来划分,可分为全面管理(获得系统全面管理权限)和部分管理(仅对系统有部分管理权限)两种,分别给予两类管理员不同的管理权限。

(2)信息反馈。信息反馈是系统可以接受客户的指令,自动进行数据挖掘,为对应的客户提供信息反馈。

2. 系统维护管理

(1)每日数据备份。数据备份是为了避免因系统数据损坏而导致系统瘫痪,所以每天都要做好数据备份。

(2)每年数据备份。为了保持系统运行速度,在年度转换时,要对系统数据进行年度数据备份以及该年数据转结。

(3)数据恢复。当系统数据损坏后,在无法用其他工具对数据进行修复时,使用数据恢复功能。

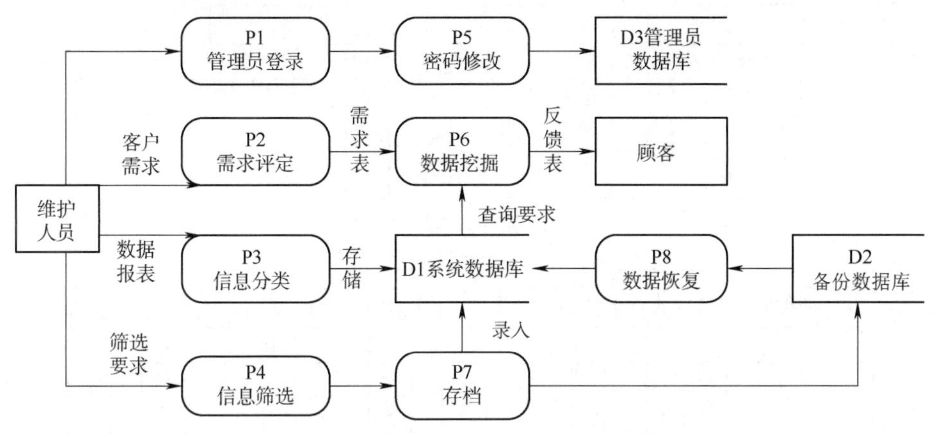

图 3-11　信息维护子系统数据流图

在图 3-11 中,信息维护子系统的主要功能为数据挖掘、数据备份和故障恢复。维护人员进入登录界面,修改密码后,存入管理员数据库。

(1)在数据备份方面,定期将数据报表提交给系统,系统信息分类后对数据进行存储,存入系统数据库。

(2)在数据挖掘方面,维护人员可根据客户需求进行需求评定,生成需求表,按要求进行数据挖掘后,生成反馈表提交给特定顾客。同时,也可以依据筛选要求进行信息筛选,存入备份数据库。

(3)在故障恢复方面,查询故障原因,通过备份数据库进行数据恢复。

3.4.9　组织结构简介

该第三方物流公司有总经理一人,副总经理三人,分别分管行政后勤部、财务部、人事部,仓储管理部、市场部、技术部,物流部、采购部、运营零售部,共计九大职能部门。

其中,技术部主要负责对盒马鲜生管理信息系统的设计、运营、维护和优化,下设以下四大中心。①仓储管理中心,主要负责出入库系统、货物信息管理和冷链存储等一系列与物流运输中的仓储管理环节有关的功能开发以及负责运营中的信息实时更新和传递,协助仓储管理部的工作。②物流管理中心,主要负责车队管理系统和路线规划系统的开发,建立决策系统为配送自动优化选择适合的车队和最优的路线,与物流部实时交流,保障货物运输。③运营管理中心,主要负责企业情报管理系统、结算系统、人力资源管理系统、订单管理系统的开发以及开发后的运营管理,对企业数据资源以及人力资源进行管理,对订单实时管理并对完成的订单进行结算以及客户的后续服务,协助财务部、人事部、运营零售部等部门工作。④系统管理中心,主要负责整个系统在运转过程中的信息反馈和系统维护,主要职能为在系统运行过程中查找系统漏洞并修复,及时更新优化系统功能,保证系统可以正常且高效地服务广大的用户。图 3-12 描述了系统的组织结构图。

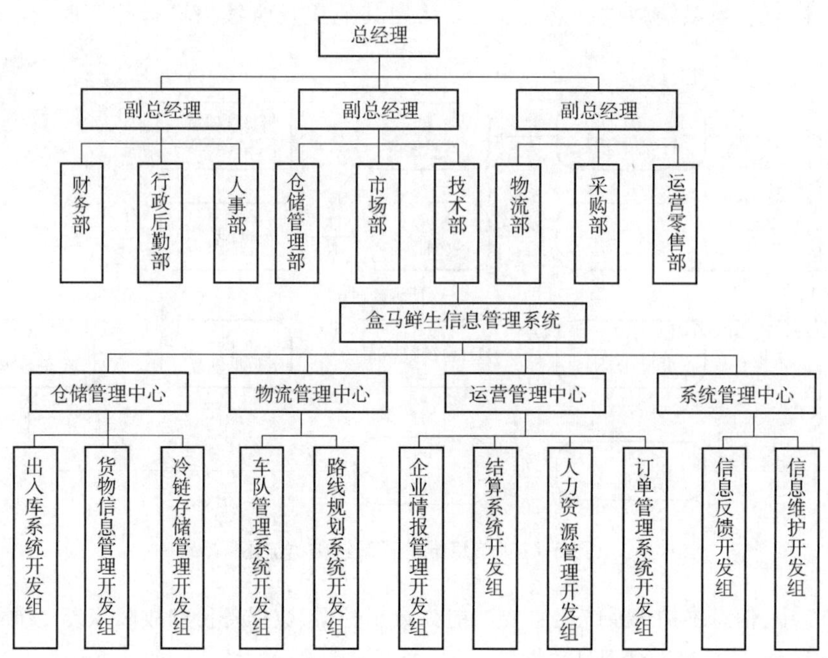

图 3-12　盒马鲜生信息管理系统的组织结构图

3.4.10　系统 WBS

根据上述各个子系统的业务流程分析和数据流图,结合该系统所应有的背景和专业知识背景,对本项目的需求规格进行分析,采用图表方式进行任务分解,其分解结果如图 3-13 所示(图中 F2～F7 采用标准重用技术,分解方式与 F1 和 F8 相同),它是按照系统模块标准进行的入库管理子系统和出库管理子系统部分的任务分解,其中,没有包括质量、功能等相关的任务,WBS 可以随着系统的完善而不断增加和完善的。

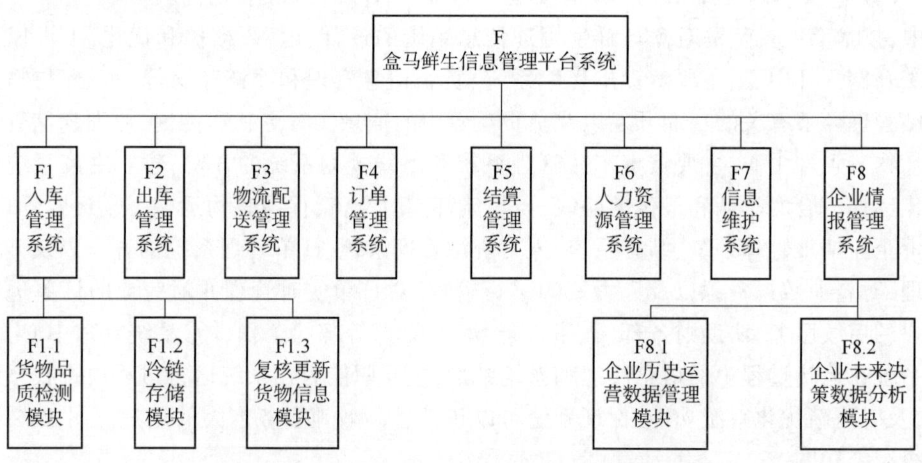

图 3-13　盒马鲜生信息管理系统工作分解结构

小　结

本章介绍了项目管理计划、项目管理范围和项目需求，在此基础上，着重介绍了软件项目需求管理以及任务分解的过程。需求管理过程包括需求获取、需求分析、需求验证、需求变更。项目相关方首先应该通过访谈等方式与用户进行深入的需求交流，并形成一个可以作为开发图纸的软件需求规格书。同时，本章重点讲述了软件项目的分解技术，在了解软件项目所在企业背景和专业知识的前提下，分析项目的业务流程和数据流图，通过任务分解技术，将项目分解成很多更小、更方便管理和操作的细目，使项目更加容易管理和进行。任务分解可以采用清单或者图表的形式。分解时采用的标准应统一。通过任务分解可以界定项目总范围，并将软件需求规格说明书(SRS)和工作分解结构(WBS)作为主要提交文档。

习 题 3

一、选择题

1. 项目范围(　　)。

A. 是在项目执行阶段通过变更控制步骤进行处理的问题

B. 从项目概念阶段到收尾阶段都应该加以管理和控制

C. 在授权项目的合同或其他文件得到批准后就不再重要

D. 只在项目开始时很重要

2. 下面不是 WBS 重要性的体现的是(　　)。

A. 防止遗漏工作　　B. 帮助组织工作

C. 为项目估算提供依据　　D. 确定团队成员责任

3. 范围变更是指(　　)。

A. 对批准后的 WBS 进行修改　　B. 对范围陈述进行修订

C. 修改技术规格　　D. 修改需求规格说明文档

4. 需求管理是说明系统必须(　　)的问题。

A. 怎么做　　B. 做什么　　C. 何时做　　D. 谁来做

5. 下列不是需求管理的内容的是(　　)。

A. 需求变更　　B. 需求获取　　C. 需求设计　　D. 需求验证

6. 任务分解可以(　　)，它是范围变更的一项重要输入。

A. 提供项目成本估算结果　　B. 提供项目范围基线

C. 规定项目采用的过程　　D. 提供项目的关键路径

二、判断题

1. 需求分析过程是确定项目如何实现的过程，并确定项目采用的技术方案。　(　　)

2. 对于以前没有做过的项目，开发 WBS 时，可以采用自底向上的方法。　(　　)

3. 在需求获取过程中，项目相关方不需要与客户进行访谈等交流，只需召开需求专题讨论会。(　　)

4. 为了提高软件项目成本、时间和资源的准确性，需要将软件项目折分成很多更小、更易管理、更易操作的细目。　(　　)

5. 范围计划主要是对项目的范围进行分析,得出范围说明,提交的文档主要是需求规格说明书(项目范围说明书)以及 WBS。 (　　)

三、名词解释

1. 项目计划

2. 项目范围

3. 项目管理范围

4. 软件项目需求

5. WBS

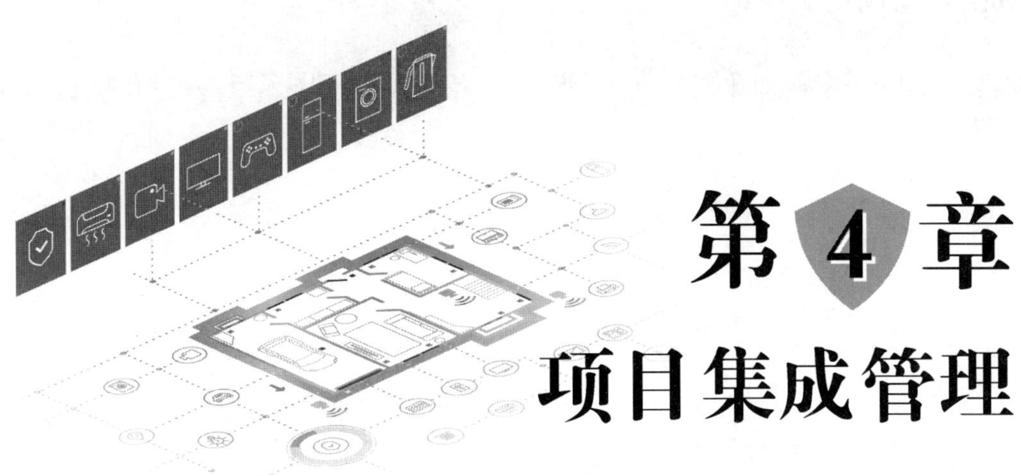

第4章 项目集成管理

4.1 项目集成管理定义

项目集成管理是项目成功的关键,它贯穿了项目的全过程,包括从初始、计划、执行、管理到结束的过程,以满足项目相关方的利益要求与期望。这种集成确保了项目的所有因素能在正确的时间聚集在一起成功地完成项目。项目集成管理的目标在于对项目中的不同组成元素进行正确高效的协调。它不是所有项目组成元素的简单叠加。项目集成管理是在项目的整个周期内协调项目管理的各个知识领域过程来保证项目完成,项目经理的本职工作是对项目进行整合。为了成功完成项目,项目管理者必须协调各个方面的人员、计划和工作。项目集成管理主要包括7个主要过程。

(1)制定项目章程:指与项目相关方一起合作,制定正式批准项目的文件——章程。

(2)创建初步的项目范围说明书:指通过与项目相关方的合作,尤其与项目产品、服务或其他产出的用户合作,开发出总体的范围要求。这个过程的目的是建立初步的项目范围说明书。

(3)制订项目管理计划:将确定、编写、协调与组合所有部分计划所需要的行动形成文件,使其成为项目管理计划。这个过程的产出物是成本计划、进度计划、质量计划、人力资源计划、沟通计划和风险计划等。

(4)指导和管理项目实施:通过实施项目管理计划中的活动来执行项目管理计划。这个过程的产出是交付物、工作绩效信息、变更请求、项目管理计划及项目文件的更新。

(5)监控项目工作:涉及监督项目工作是否符合绩效目标。这个过程的产出是惩治和预防措施建议、缺陷修复建议以及变更请求。

(6)集成变更控制:涉及识别、评估和管理贯穿项目生命周期的变更。这个过程的产出包括变更请求状态更新、项目管理计划更新以及项目文件更新。

(7)项目收尾:涉及完成所有的项目活动,以正式结束项目或项目阶段。这个过程的产出包括最终产品、服务或者输出的转移以及组织过程资产的更新。

图4-1给出项目集成管理过程。

良好的项目集成管理可提高相关方的满意度。项目集成管理包括界面管理,界面管理涉及项目元素相互作用的交界点。随着项目参与人员的增加,交界点的数量可能会呈指数增加。因此,项目经理最主要的工作便是建立和处理好组织内部的沟通和关系。项目经理需要与所有的项目相关方进行良好的沟通,包括顾客、项目团队、高管、其他项目经理以及与本项目有竞争关系的其他项目等。

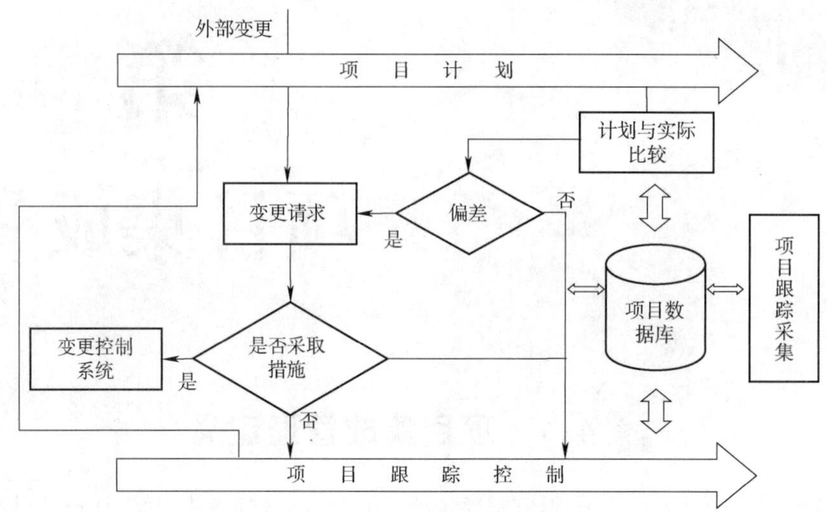

图 4-1 项目集成管理过程

4.2 制定项目章程

项目章程是指项目执行组织高层批准的以书面签署的确认项目存在的正式文件,包括对项目的确认、对项目经理的授权和项目目标的概述。该文件授权项目经理可在项目活动中使用组织的资源。项目应该尽早选定和委派项目经理,项目经理任何时候都应在规划开始之前被委派,最好控制在制定项目章程之时。通常情况下,项目章程由项目发起人、出资方或高层管理方考虑市场需求、营运需求、客户要求、技术进步、法律要求和社会需要等一个或多个原因后签发。

项目章程不仅定义了项目,说明了它的特点和最终结果,还指明了项目权威(发起人、项目经理或团队领导)。项目章程中详细规定了项目涉及成员的角色以及相互交流信息的方式。

4.2.1 项目章程内容

制定项目章程的过程就是一个对项目逐渐了解、掌握的过程,通过认真地制定计划,项目经理可以知道哪些要素是明确的,哪些要素是逐渐明确的,通过渐进明细不断完善项目章程。当然不同企业的做法是不一样的,有不同的形式,例如,有的企业采用一个简单的协议,有的采用一个很长的文档,或者使用合同作为项目章程。一个完整的项目章程可以包含与项目相关的任何信息,通常情况下,项目章程包括如下内容。

(1)项目正式名称。

(2)项目发起人及发起时间。

(3)项目经理及联系方式。

(4)项目要实现的目标。

(5)项目开展的必要性。

(6)项目的预期交付成果形式。

(7)项目团队介绍。

(8)项目开展的进度计划。

(9)项目执行过程的重点和难点问题。

(10)项目成本预算和预期效益。

无论采用哪种工具和技术,项目章程都是从正式的授权开始,然后指定项目经理、介绍项目背景和来源等。表 4-1 给出了一个项目章程示例。

表 4-1　项目章程示例

项目名称	车间调度管理系统项目
项目开始时间	2019. 08. 30
项目结束时间	2020. 12. 30
项目目标	根据制造企业标准,采用先进的管理方法和技术对正在使用的调度系统进行修改和升级。软硬件费用 300 万元,人工成本 30 万元
使用的新方法	a. 大数据支持的数据库系统 b. 科学的用料成本估算 c. 混合量子遗传算法
项目发起人	宁涛
项目经理	宋存利
质量经理	金花
技术经理	安璐
系统支持	王佳玉
采购经理	张婷婷

4. 2. 2　制定项目章程依据

1. 合同

合同是监督项目执行的各方履行其权利和义务、具有法律效力的文件。软件项目合同主要是技术合同,技术合同是法人之间、法人和公民之间、公民之间以技术开发、技术转让、技术咨询和技术服务为内容,明确相互权利义务关系所达成的协议。合同签署阶段就是需方和供方正式签订合同,使之成为具有法律效力的文件,同时,根据签署的合同,分解出合同中需方的任务,并下达任务书,指派相应的项目经理。

技术合同管理是围绕合同生存期进行的。合同生存期分为合同准备、合同签署、合同管理、合同终止 4 个阶段。企业在不同合同环境中承担不同的角色。这些角色分为需方(买方或甲方)、供方(卖方或乙方)。需方提供准确、清晰和完整的需求,选择合适的供方,并对采购对象进行必要的验收。供方了解清楚需方的要求,并判断是否有能力来满足这些需求。

(1)甲方合同任务。在合同准备阶段,企业作为甲方,其任务包括三个方面:招标书定义、乙方选择、合同文本准备。

招标书定义主要是甲方的需求定义,软件项目采购的是软件产品,需要定义采购的软件需求,即提供完整清晰的软件需求和软件项目的验收标准。潜在的乙方可以获取招标文件。招标文件主要包括技术说明、商务说明和投标说明。技术说明主要对采购的产品或委托的项目进行详细的描述。商务说明主要包括合同条款。投标说明主要对项目背景、标书的提交格式、内容、提交时间等进行规定。招标书一般要明确投标书的评估标准,评估标准用来对投标书进行排序和打分,这也是选择乙方的依据。

确定招标文件后可以通过招标的形式选择乙方,招标的形式通常有以下几种。

①公开招标:在社会上公开发布招标信息,使一切潜在供应商都获得平等参与竞标的机会。

②有限招标:在有限的范围内直接向筛选合格的潜在供应商发布招标信息。

③直接谈判:直接与选定的一家供应商进行谈判并签订合同。

④多方洽谈:甲方选择几个潜在的供应商分别进行洽谈,以从中选择一家合适的供应商。

甲方选择乙方的活动包括,发布招标文件供竞标单位接收;组织项目竞标,收取投标书;按照招标文件的标准和潜在乙方的投保书,进行竞标单位的排名;确定选择的乙方。

(2)乙方合同任务。企业作为乙方,其任务包括项目分析、竞标、合同文本准备三个过程。

项目分析是乙方对用户的项目需求进行分析,依此开发一个初步的项目规划过程。

竞标过程是乙方根据招标文件的要求首先对自身企业进行评估、判断:判断是否具有开发项目的能力,判断通过此项目是否可以盈利,判断标准主要考虑技术要求、完成时间、经济效益以及风险分析等4个方面。如果可行,则开始组织人员编写项目投标文件,参加竞标。投标文件包括建议书(proposal)和报价单(quotation)两种类型。建议书是指乙方根据甲方提出的产品的目标、性质和品质等要求提交完整的技术方案和参考报价;报价单是指乙方根据甲方提出的产品特定型号、数量和标准提交必要的报价材料。如果乙方竞标的是开发项目而不是产品,则竞标过程的关键是提交项目建议书,项目建议书是指在项目初期为竞标而提交的文档,该文档是在双方对相应问题有共识的基础上,清晰地说明项目的目的及操作方式。

合同文本是甲乙双方都需要准备的,该文件一般由甲方提供框架结构和主要内容,乙方提供参考建议。合同文本得到双方认可就进入合同签署阶段,即正式签署具有法律效力的合同。合同的签署标志着一个软件项目的有效开始,根据合同可分解出合同涉及的各方任务,同时下达项目章程,并指派项目经理,而项目章程才是项目正式开始的标志。

需要注意的是,如果一个项目是内部项目,即甲方内部完成的项目,则不需要进行招标,也无须签署合同,只需要确定包括任务范围、成本、进度和质量等方面的协议即可。内部项目中甲方和乙方没有具有法律约束力的合同。

在合同管理阶段,企业作为需方,需要进行需求对象的验收过程和违约事件处理过程。企业作为供方,需要进行合同跟踪管理过程、合同修改控制过程、违约事件处理过程、产品提交过程和产品维护过程。

在合同终止阶段,企业作为需方,项目经理或者合同管理者应该及时宣布项目结束,终止合同执行,通过合同终止过程告知各方合同终止。企业作为供方,应该配合需方的工作,包括项目的签收,双方认可签字,总结项目的经验教训,获取合同的最后款项,开具相应的发票,获取需方的合同终止的通知,将合同相关文件归档。

2. 项目工作说明书

项目主体处于发起人或出资方(甲方)的角色,在项目进行过程中,需要选择适合的乙方,管理乙方合同的进行。项目工作说明书是对应由项目提供的产品或服务的文字说明。针对发起人或出资方(甲方),根据经营需要、产品或服务的要求提供一份工作说明书。对于外部项目,工作说明书属于顾客招标文件的一部分，如建议邀请书、信息请求、招标邀请书或合同中的一部分。

3. 事业环境因素和组织过程资产

在制定项目章程时，所有存在于项目周围并对项目成功造成影响的组织事业环境因素与制度，合同双方都必须加以考虑，保证项目符合合同的要求，并且在制定项目章程及以后的项目文件时，所有影响项目成功的资产都可以作为组织过程资产。任何参与项目的组织都可能有正式或非正式的方针、程序、计划和原则，所有这些的影响都必须考虑。

4. 软件项目管理合同实例

甲乙双方经过多次的协商和讨论，最后签署项目开发合同。合同文本如下：

合同登记编号：

技术合同开发

项目名称：西安火车站售票系统

委托人（甲方）：西安铁道建设管理处

研究开发人（乙方）：西安市致一科技发展有限公司

签订地点：西安市

签订时间：2011年3月20日

有效期限：2011年3月20日至2012年1月20日

西安市技术市场管理办公室

根据《中华人民共和国合同法》的规定，合同双方就西安火车站售票系统项目的技术开发，经协商一致，签定本合同。

一、标的的技术内容、范围及要求

根据甲方的要求，乙方完成西安火车站售票系统的研制开发。

1. 根据甲方要求进行系统方案设计，要求建立B/S结构的，基于的SQL Server数据库、NT服务器和J2EE技术的三层架构体系的综合服务软件系统。

2. 配合甲方，在整体系统相融合的基础上，建立系统的软硬件环境。

3. 具体需求见SOW。

二、应达到的技术指标和参数

1. 系统应满足并行登录、并行查询的要求。其中主要内容如下。

(1) 允许1 000人以上同时登录系统。

(2) 所有查询速度应在10秒之内。

(3) 保证数据每周备份。

(4) 工作日期间不能宕机。

(5) 出现问题应在10分钟内恢复。

2. 系统的主要功能是满足双方认可的需求规格，不可以随意改动。

三、研究开发计划

1. 第一间断:乙方在合同签订后15个工作日内,完成合同内容的系统设计方案。

2. 第二阶段:完成第一阶段的系统设计方案之后,乙方于100个工作日内完成系统基本功能的开发。

3. 第三阶段:完成第一和第二阶段的任务之后,由甲方配合乙方于10个工作日内完成系统在西安火车站信息中心的调试、集成。

四、研究开发经费、报酬及其支付或结算方式

1. 研究开发经费是指完成本项目研究开发工作所需的成本。报酬指本项目开发成果的使用费和研究开发人员的研究补贴。

2. 项目研究开发经费和报酬(人民币大写):壹拾伍万元整。

3. 支付方式:分期支付。本合同签订之日起生效,甲方在五个工作日内应支付乙方合同总金额的50%,计人民币75 000.00元(人民币大写柒万伍千元整),验收后在五个工作日内付清全部合同余款,计人民币75 000.00元(人民币大写柒万伍千元整)。

五、利用研究开发经费购置的设备、器材、资料的财产权属

本合同签订之日起,在项目结束之时,凡是关于本项目开发所购置的设备、器材在合同结束后归乙方所有,但是项目所涉及的资料归甲方所有,知识产权归甲方。

六、履行的期限、地点和方式

本合同自2011年3月23日至2011年12月10日在西安履行。

本合同的履行方式:

甲方责任:

1. 甲方协助乙方完成合同内容。

2. 合同期内甲方为乙方提供专业性接口技术支持。

乙方责任:

1. 乙方按甲方要求完成合同内容。

2. 乙方愿在实现功能的前提下,进一步予以完善。

3. 乙方在合同商定的时间内保证系统正常运行。

4. 乙方在项目验收后提供一年免费维护。

5. 未经甲方同意,乙方在两年内不得向第三方提供本系统中涉及专业的技术内容和所有的系统数据。

七、技术情报和资料的保密

本合同中的相关专业技术内容和所有的系统数据归甲方所有,在交接项目之后的两年内,未经甲方同意,乙方不得提供给第三方。

八、技术协作的内容

见系统设计方案。

九、技术成果的归属和分享

专利申请权:归甲方所有。

技术秘密的使用权、转让权:两年内,使用权、转让权归甲方所有。

十、验收的标准和方式

研究开发所完成的技术成果,达到了本合同第二条所列技术指标,按国家标准,采用一定的方

式验收,由甲方出具技术项目验收证明。

十一、风险的承担

在履行本合同的过程中,确因在现在水平和条件下难以克服的技术困难,导致研究开发部分或全部失败所造成的损失,风险责任由甲方承担50%,乙方承担50%。

本项目风险责任确认的方式:双方协商。

十二、违约金和损失赔偿额的计算

除不可抗力因素外(指发生战争、地震、洪水、飓风或其他人力不能控制的不可抗力事件),甲乙双方必须遵守合同承诺,否则视为违约并承担违约责任。

1. 如果乙方不能按期完成软件开发工作并交给甲方使用,乙方应向甲方支付延期违约金。每延迟一周,乙方向甲方支付合同总额0.5%的违约金,不满一周按一周计算,但违约金总额不得超过合同总额的5%。

2. 如果甲方不能按期向甲方支付合同款项,甲方应向乙方支付延期违约金。每延迟一周,甲方向乙方支付合同总额0.5%的违约金,不满一周按一周计算,但违约金总额不得超过合同总额的5%。

十三、解决合同纠纷的方式

在履行本合同的过程中发生争议,双方当事人和解或调解不成,可采取仲裁或司法程序解决。

1. 双方同意由西安市仲裁委员会仲裁。

2. 双方约定向西安市人民法院起诉。

十四、其他

1. 本合同一式6份,具有同等法律效力。其中正本2份,甲乙双方各执一份;副本4份,交由乙方。

2. 本合同未尽事宜,经双方协商一致,可在合同中增加补充条款,补充条款是合同的组成部分。

4.2.3　制定项目章程的工具和技术

制定项目章程的工具有要素分层法、方案比较法、SWOT(Strengths Weaknesses Opportunities Threats)分析法、净现值法、层次分析法、有无比较法、不确定分析、影子价格理论等。下面简单介绍几种工具。

(1)要素分层法是制定项目章程比较常规的一种工具。项目选择涉及众多影响因素,且因素杂乱无章,要素分层法是将这些杂乱无章的影响因素按照项目机会、项目问题、项目承办者的优势、劣势进行分层。通过要素分层分析,并采用主观评分的方法,判断机会与问题、优势与劣势各自的强弱,从而做出判断和决策。

(2)方案比较法是以已经确定的方案为基础,对不同的方案进行比较,进而辅助决策的方法。

(3)净现值法是一种时间价值法,考虑项目投入的资金随时间推进,以特定利率(由时间、通胀、风险决定)产生的增值,与项目效益对比,进而判断项目是否可行。

(4)层次分析法(Analytic Hierarchy Process,AHP)是将与决策有关的元素分解成目标、准则、方案等层次。

制定项目章程的技术是专家判断。专家判断常用于评估项目制定章程的输入。在过程中,可以借助专家判断和专业知识来处理各种技术及管理问题。专家可由具有专业知识或经过专业培训的任何小组或个人担任,可以来自组织内的其他部门、顾问、相关方(包括客户和发起人)、专业与技术协会、行业协会、主题专家、项目管理办公室(Project Management Office)。

4.3 制订项目管理计划

项目管理计划是用来协调所有项目计划文件和帮助引导项目的执行与控制的。为了制订和整合一个完善的项目管理计划,项目经理一定要把握项目集成管理的技术,因为它将用到每个项目管理知识领域的知识。与项目团队和其他相关方一起制订一个项目管理计划,能够帮助项目经理引导项目的执行以及更好地把握整个项目。创建项目管理计划,主要的输入包括项目章程、计划过程的输出、企业环境因素及组织过程资产信息,应用的主要工具技术是专家评审,其输出就是一份项目管理计划。

项目管理计划确定了执行、监视、控制和结束项目的方式和方法,记录了规划过程组的各个规划子过程的全部成果,包括以下内容。

(1)项目管理团队选择的各个项目管理过程。

(2)每一选定过程的实施水平。

(3)对实施这些过程时使用的工具和技术所做的说明。

(4)在管理具体项目中使用选定过程的方式和方法,包括过程之间的依赖关系和相互作用以及重要的依据和成果。

(5)为了实现项目目标所执行工作的方式、方法。

(6)监控变更的方式、方法。

(7)实施配置管理的方式、方法。

(8)使用实施效果测量基准并使之保持完整的方式、方法。

(9)相关方之间的沟通需要的技术。

(10)高层管理人员为了加速解决未解决的问题和处理未做出的决策,对内容、范围和时间安排的关键审查。

项目管理计划详略均可,由一个或多个部分计划以及其他事项组成。每一个子计划和其他组成部分的详细程度都要满足具体项目的需要。这些子计划包括但不限于如下内容:项目范围管理计划、项目进度计划、项目成本计划、项目质量计划、人力资源计划、沟通管理计划、风险管理计划和项目采购计划。

其他组成部分包括但不限于如下事项:里程碑清单、资源日历、进度基准、成本基准、质量基准和风险登记手册。

4.4 项目执行控制

一旦建立基准章程就必须执行,以使项目在预算内、按进度、使顾客满意地完成。在这个阶段,项目管理过程包括测量实际进程,并与计划进程相比较。同时发现计划进程的不当之处。如果实际进程与计划进程比较显示出项目落后于计划、超出预算或没有达到技术要求,就必须立刻采取纠正措施,以使项目能恢复到正常轨道,或者更正计划的不合理之处。

1. 指导和管理项目执行

指导与管理项目执行过程要求项目经理和项目团队采取多种行动执行项目管理计划,完成项目范围说明书中明确的工作。

项目经理与项目管理团队一起指导计划项目活动的开展,并管理项目内部各种各样的技术和组织接口。指导与管理项目执行过程会直接受到项目应用领域的影响。可交付成果是为完成项目管理计划中列入并做了时间安排的项目工作而进行的过程的成果。收集有关可交付成果完成状况以及已经完成了哪些工作的工作绩效信息,属于项目执行的一部分,并成为绩效报告过程的依据。

指导与管理项目执行的成果包括可交付成果、请求的变更、实施的变更请求、实施的纠正措施、实施的预防措施、实施的缺陷补救和工作绩效信息。

2. 监控项目工作

很多项目经理认为,在一个大型项目中90%的工作是用于沟通和管理变更。在很多项目中,变更是不可避免的,所以制定并遵循一个流程来监控变更就十分重要。

监督项目工作包括采集、衡量、发布绩效信息,还包括评估度量数据和分析趋势,以确定可以做哪些过程改进。项目小组应持续监测项目绩效,评估项目整体状况和估计需要特别注意的地方。

项目管理计划、工作绩效信息、企业环境因素和组织过程资产是项目监控工作中的重要内容。项目管理计划为确认和控制项目变更提供了基准。基准是批准的项目管理计划加上核准的变更。绩效报告使用这些材料来提供关于项目执行情况的信息。其主要目的是提醒项目经理和项目团队注意那些导致问题产生或可能引发问题的因素。项目经理和项目团队必须持续监控项目工作,以决定是否需要采取修正或预防措施、最佳的行动路线是什么、何时采取行动。

3. 集成变更控制

变更控制的目的就是为了防止配置项被随意修改而导致混乱。集成变更控制是整个软件生命周期中对变化的控制和跟踪。它是通过对变更请求(Change Request,CR)进行分类、追踪和管理的过程来实现的。集成变更控制过程贯穿于项目的始终。由于项目很少会准确地按照项目管理计划进行,因而变更控制必不可少。项目管理计划、项目范围说明书以及其他可交付成果必须通过不断地认真管理变更才能得以维持。否决或批准变更请求应保证将得到批准的变更反映到基准之中。

提出的变更可能要求编制新的或者修改成本估算,重新安排计划活动的顺序,确定新的进度日期,提出新的资源要求以及重新分析风险应对办法。这些变更可能要求调整项目管理计划、项目范围说明书或其他项目可交付成果。附带变更控制的配置管理系统是集中管理项目内变更的标准过程,且效率高、效果好。附带变更控制的配置管理包括识别、记录和控制基准的变更。施加变更控制的程度取决于应用领域、具体项目的复杂程度、合同要求以及实施项目的环境与内外联系。

4.5 项目收尾

当一个项目的目标已经实现,或者明确看到该项目的目标已经不可能实现时,项目就应该终止。

项目最后的执行结果只有两个状态:成功与失败。评定项目成功与失败的标准主要看是否有可交付成果、是否实现目标、是否达到项目雇主的期望。一个项目生产出可交付的成果，而且符合事先预定的目标，满足技术性能的规范要求，满足某种使用目的，到达预定需要和期望，相关领导、项目关键人员、客户、使用者比较满意，这就是成功的项目，即使有一定偏差，但只要多方肯定，项目也是成功的。但是对于失败的界定就比较复杂，不能简单地说项目没有实现目标就是失败的，也可能目标不实际，即使达到了目标，但是没有达到客户的期望，这也不是成功的项目。

软件项目收尾工作应该做的事情至少包括范围确认、质量验收、费用决算、合同终结和资料验收。

项目结束中一个重要的过程就是项目的最后评审，它是对项目进行全面的评价和审核，主要包括确定是否实现项目目标，是否遵循项目进度计划，是否在预算成本内完成项目，项目过程中出现的突发问题以及解决措施是否合适，问题是否得到解决，对特殊成绩的讨论和认识，回顾客户和上层经理人员的评论，从该项目的实践中可以得到哪些经验和教训等事项。

项目结束中最后一个过程是项目总结。项目的成员应当在项目完成后，为取得的经验和教训做一个项目总结报告。

小　结

本章介绍了项目集成管理的定义，项目章程是项目执行组织高层批准的以书面签署的确认项目存在的正式文件，该文件包括对项目的确认、对项目经理的授权和项目目标的概述。项目集成管理的主要过程包括5个步骤，分别是制定项目章程、创建初步的项目范围说明书、制订项目管理计划、项目执行控制、项目收尾。其中制定项目章程的重要依据是合同，合同明确了甲方和乙方的任务，以保证按需求完成项目。项目执行控制阶段主要是按照项目章程执行项目并监控项目性能以实现项目章程，其主要包括指导和管理项目实施、监控项目工作、集成变更控制三个阶段。本章是上一章节提及的有关项目集成管理阶段的详细介绍，也是贯穿整个软件项目管理的重要阶段。

习　题 4

一、问答题

1. 什么是项目建议书？
2. 什么是项目章程？
3. 外部项目和内部项目签署的合同有什么区别？
4. 项目集成管理包含哪些过程？

二、选择题

1. 开发项目建议书的目的是(　　)。

   A. 编写计划　　B. 验收

   C. 竞标或签署合同　　D. 跟踪控制项目

2. 项目章程(　　)。

   A. 明确了团队的纪律　　B. 明确了项目经理

   C. 明确了项目需求　　D. 明确了项目的质量标准

3. 项目建议书是在(　　)阶段开发的文档。

A. 项目计划阶段　　B. 项目初始阶段

C. 项目执行阶段　　D. 项目结尾阶段

4. 甲乙双方之间存在的法律合同关系称为(　　)。

A. 合同条款　　B. 合约

C. 合同当事人　　D. 其他

5. 合同激励可以使(　　)。

A. 乙方节约成本　　B. 甲方节约成本

C. 增加乙方成本　　D. 合同双方的目标和利益得到协调

三、判断题

1. 如果某项目是内部项目,在项目初始阶段可以不提交招标书。(　　)

2. 项目章程类似一个项目授权书。(　　)

3. 软件项目都是需要签署合同的。(　　)

4. 签署合同的双方,提出需求的是乙方。(　　)

5. 项目经理是在项目章程阶段被授权的。(　　)

6. 项目经理是一个综合的角色。(　　)

7. 为了编写一个好的集成项目章程,项目经理应该通晓项目知识域的相关知识,与项目团队人员一起协作完成。(　　)

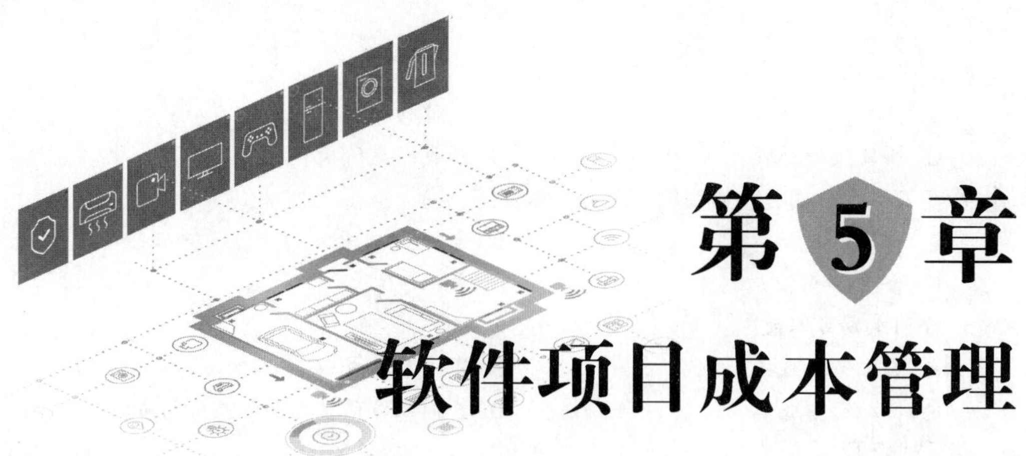

第 5 章 软件项目成本管理

成本管理是软件项目管理的核心之一,因为软件项目开发存在很多不确定性,这也使得项目的估算无法做到精确,尤其在项目初期,人们对需求和技术的了解比较模糊,所以有效的软件成本估算是软件项目管理乃至软件工程中最为重要和最具挑战的环节。

为了得到一个相对准确的估算结果,项目管理者应该系统地学习相关的成本管理过程。成本估算是对完成项目所需费用的估计和计划,是项目计划中的一个重要组成部分。要实行成本控制,首先要进行成本估算。理想的是,完成某项任务所需费用可根据历史标准估算。但由于项目实施过程中不断发生需求变更,所以,成本估算无法在一个以高度可靠性预计的环境下进行。

随着软件系统规模的不断扩大和复杂程度的日益增大,从 20 世纪 60 年代末期开始,出现了以大量软件项目进度延期、预算超支和质量缺陷为典型特征的软件危机。软件成本估算不足和需求不稳定是造成软件项目失控最普遍的两个原因。所以,成本估算对于项目管理者是一项必需的和重要的技能。

5.1 成本管理

5.1.1 成本管理概述

企业经营最直接的目标就是利润,利润的最直接决定因素就是成本,因此利润与成本的关系最为密切。项目成本管理涉及在一个允许的预算范围内确保项目团队完成一个项目所需要开展的管理过程。成本按其产生和存在形式的不同可分成固定成本、可变成本、半可变成本、直接成本、间接成本和总成本。软件项目成本是指完成软件开发过程中所花费的工作量及相应的代价,它不包括原材料和能源的消耗,主要是人的劳动的消耗,同时,软件项目不存在重复制造的过程,其估算应从软件计划、需求分析、设计、编码、单元测试、集成测试到系统维护等一次性开发过程所花费的代价作为计算的依据。软件项目成本主要包括以下几类。

1. 直接材料成本

直接材料成本是能用经济可行的办法计算出来的、所有包含在最终产品中或能追溯到最终产品上的原材料成本。在软件企业和软件项目中,直接材料成本是指项目外购的直接用于项目并将最终交付给用户的硬件、网络、第三方软件、外购服务(安装、维护、培训、质保)等。这部分成本可以直接从项目合同中区分并计算出来。

2. 直接人力成本

直接人力成本是指用经济可行的办法能追溯到最终产品上的所有人力成本,如机器的操作员、组装人员。在软件企业和软件项目中,直接人力成本也称为直接人力资源成本,是指可分摊到项目上的人力资源的直接费用,包括工资、福利、保险等固定费用,也应包括激励等不固定的部分。在项目的不同周期内人员使用的工作量、专职和兼职、全职和半职等,都对直接的人力资源成本计算产生影响。

当确定了项目的目标和范围,并根据任务进行了工作任务分解后,就可以基本确定人力资源的使用情况,根据人力资源使用数量,参照公司的人力资源直接成本,可以获得项目的直接人力资源成本。

3. 项目的实施费用成本

在项目实施中,差旅费用、交通费用、通信费用、出差补贴等是实施费用的主要构成因素。

4. 其他直接成本

其他直接成本是指与项目有关、直接在项目中发生的其他费用成本。其他成本包括设备和场地的租借费用、项目组专用设备的折旧费用、项目合同的税费、项目的销售和广告费用等。

5. 间接成本

间接成本是指与项目过程有关的分摊性质的成本,包括固定分摊费用,如公司办公场地的租金、公司的保险、税金、其他公用设备折旧和工商管理费等;可变分摊费用,如水电费、公司管理费用、财务费用、办公通信费用等;其他费用,如公司整体运作的市场和广告费用、销售费用、研发费用、测试费用。

对于软件项目而言,全项目生命周期成本是开发成本和维护成本的总和。在维护期,开发商不但需要继续保证远程的技术支持、系统维护、程序修改和使用培训,在特定的情况下,还必须承诺在多少响应时间内到达现场,这些都涉及成本费用。虽然项目成本管理主要关心的是完成项目活动所需资源的费用,但也必须考虑项目决策对项目产品、服务或成果的使用费用、维护费用和支持费用的影响。例如,限制设计审查的次数有可能降低项目费用,但同时就有可能增加客户的运营费用。广义的项目成本管理通常称为生命期成本估算。生命期费用估算经常与价值工程技术结合使用,可降低费用,缩短时间,提高项目可交付成果的质量和绩效,并优化决策过程。

项目成本管理应当考虑项目相关方的信息需要,不同的项目相关方可能在不同的时间、以不同的方式测算项目的费用。例如,物品的采购费用可在做出承诺、发出订单、送达、货物交付时测算,或在实际费用发生时,或在为会计核算目的记录实际费用时进行测算。成本管理包括如下 4 个过程。

(1)资源计划过程:决定完成项目各活动需要哪些资源(人、设备、材料)以及每种资源的需要量。

(2)成本估计过程:完成项目各活动所需每种资源成本的近似值。

(3)成本预算过程:把估计总成本分配到各具体工作。

(4)成本控制过程:控制项目预算的改变。

5.1.2　成本估算

成本估算是对完成项目所需费用的估计和计划,是预测开发一个软件系统所需要的总工作量的过程,它也是成本管理的核心。工作量指软件项目规模,是从软件项目范围中抽出软件功能,然后确定每个软件功能所必须执行的一系列工程任务。通过成本估算,分析并确定项目的估算成本,在此基础上进行软件项目预算,开展项目成本控制等管理活动。成本估算是进行项目规划相关活动的基础。

成本估算涉及计算完成项目所需资源成本的近似值。例如,软件项目依据合同开发过程中,需要区分成本估算和定价,成本估算是对可能数量结果的估计,即乙方为提供产品或服务的花费,而定价是乙方为该项目提供的产品或服务索取的费用,成本估算只是定价考虑的因素之一。

成本估算应该考虑各种不同的成本替代关系。例如,在软件项目设计阶段,增加额外工作量可减少开发阶段的成本。成本估算过程必须考虑增加的设计工作所多花的成本能否被以后的节省所抵消。同时,成本估算是针对资源进行的,因项目性质的不同可以进行多次估算,对于独特的项目产品所进行的逐步细分需要进行几次成本估算。

规模成本估算是项目各活动所需资源消耗的定量估算,主要是对各种资源的估算,包括人力资源、设备、资料等,而这些资源正是成本估算输入的内容,因此,成本估算的输入内容如下。

(1)WBS:根据估算阶段的不同,将不同的输入用于成本估算,从而确保所有阶段的工作都被估算进成本。

(2)资源编制计划:能够使项目管理者掌握资源需要和分配的情况。

(3)资源单价(资源消耗率):成本估算时必须知道每种资源的单价(如单位时间的人工费用为150元/小时),这是估算的基础。假如不能掌握实际单价信息,则必须要估计单价本身。

(4)进度计划:主要项目活动时间的估计,活动时间估计会影响项目成本的估算。

(5)历史项目参考数据:以往项目的数据,主要包括规模、进度、成本等,这是项目估算的主要参考。

(6)学习曲线:项目组学习某项技术或工作的时间。

成本估算的输出通常以货币为单位描述,如美元、欧元、元、英镑等,它是成本估算的结果;也可以用人时、人天、人月等单位(人时、人天、人月是工作量计量单位,是项目所有参与者工作时长的累计)表示,这也是项目规模估算的结果。例如,一个软件项目前期投入5个人工作3个月,中间2人工作0.5月,那么其工作量为$5\times3+2\times0.5=16$人月,而企业的人力成本参数是3万元/人月,则项目的成本是48万元。同时,成本估算的输出结果可以用一个范围表示,例如¥20 000 ± ¥1 000表示该软件项目的成本在¥19 000和¥21 000之间。成本估算是一个不断优化的过程,其输出文件应包括项目需要的资源、资源的数量、质量标准、估算成本等信息。

5.2 成本估算方法

5.2.1 成本估算分类

项目成本管理的一个主要输出是成本估计,成本估计的类型包括以下三种。

1. 粗数量级估计

粗数量级估算(Rough Oder of Magnitude,ROM)估计一个项目将花费多少钱。ROM也称为大致估计、猜测估计、科学粗略剖析性猜测和大体的猜测等。ROM估计的准确程度一般在-50%~

100% 之间。例如,一个 ROM 预算为 100 000 元的项目,它的实际花费是 50 000 ~ 200 000 元。对于软件项目估计,这一范围经常还要更宽一些。

2. 预算估计/概算

预算估计/概算为把资金分配到一个组织所做的预算。预算估计的精度在 -10% ~ 25% 之间。例如,一个 100 000 元的项目实际成本会是 90 000 ~ 125 000 元。

3. 确定性估计

确定性估计提供了项目成本的精确估计。确定性估计的精度在 -5% ~ 10% 之间。例如,一个确定性估计 100 000 元的项目,实际成本会在 95 000 ~ 110 000 元之间。表 5-1 列出了成本估计的类型。

表 5-1　成本估计的类型

估计类型	什么时候进行?	为什么进行?	精度
粗数量级	项目生命周期前期,经常是项目完成前的 3 ~ 5 年	提供选择决策的成本估计	-50% ~ 100%
预算估计/概算	早期,1 ~ 2 年	把钱分配到预算计划	-10% ~ 25%
确定性	项目后期,少于 1 年	为采购提供详细内容,估计实际费用	-5% ~ 10%

5.2.2　成本估算方法分类

成本估算是从成本的角度对项目进行规划。在项目管理过程中,为了使时间、费用和工作范围内的资源得到最佳利用,人们开发了不少成本估算方法,以尽量得到较好的估算结果。

概括起来,主要依靠工作分解结构、资源需求计划、工作的延续时间、资源的基础成本、历史资料和会计科目表来进行估算。常用的成本估算的方法有以下几种。

1. 代码行方法

代码行(Line Of Code,LOC)是从软件程序量的角度定义项目规模。代码行指所有可执行的源编码行数,包括可交付的工作控制语言语句、数据定义、数据类型说明、等价声明、输入/输出格式声明等。单位编码行的价值和人月编码行数可以体现一个软件生产组织的生产能力。组织可以根据历史项目的审计来核算组织的单行编码价值。

例如,某软件公司统计发现该公司某项目源编码为 15 万行,该项目累计投入工作量为 240 人月,每人月费用为 10 000 元,则该项目中 1 LOC 的价值为

$$(240 \times 10\ 000)\text{元}/150\ 000 = 16\ \text{元/LOC}$$

即该项目的人月均编码行为 150 000 LOC/240 人月 =625 LOC/人月

代码行是在软件规模度量中最早使用也是最简单的方法,在用代码行度量规模时,常会被描述为源代码行(Source Lined Of Code,SLOC)或者交付源指令(Delivered Source Instruction,DSI),目前成本估算模型通常采用非注释的源代码行。

代码行技术的优点在于所有软件开发项目都有“软件产品”,而且很容易计算代码行数,但其具有以下缺点。

(1)对代码行没有公认的可接受的标准定义,例如,计算代码行时存在空代码行、注释代码行、数据声明、复用的代码以及包含多条指令的代码行等。在 Jones 的研究中指出,采用不同的计算方式计算同一产品的代码行,结果差异有 5 倍之大。

(2)代码行数量依赖于所用的编程语言和个人的编程风格,因此,计算的差异也会影响用多种

语言编写的程序规模,进而也很难对不同语言开发的项目的生产率进行直接比较。

(3)在软件项目早期,需求不稳定、设计不成熟、实现不确定的情况下很难准确地估算代码量。

(4)代码行强调编码的工作量,只是项目实现阶段的一部分。

2. 功能点方法

1979 年 Albrecht 在 IBM 公司工作时在研究编程生产率时,提出了与编程语言无关的量化程序的规模方法,即功能点(Function Point,FP)的思想。功能点是用系统的功能数量来测量其规模,以一个标准的单位来度量软件产品的功能。因为功能点是从功能的角度来度量系统,因此它与所使用的技术无关。该方法包括两个评估:评估产品所需要的外部用户类型;根据技术复杂度因子进行量化,生成产品规模结果。

功能点分析基于组成计算机信息系统的 5 个主要构件,Albrecht 概括为以下 5 个使用户受益的外部用户类型。

(1)外部输入(External Input,EI)类型:更新内部计算机文件的输入事务(通常为外部输入给软件提供的面向应用的数据项,如屏幕、表单、对话框、控件、文件等)。

(2)外部输出(External Output,EO)类型:输出数据给用户的事务。通常这些数据报表和出错信息是打印的报告,同时,一个外部输出可以更新内部逻辑文件。数据生成报表或者传送给其他应用的数据文件,这些文件由一个或者多个内部逻辑文件以及外部接口文件生成。

(3)内部逻辑文件(Internal Logical File,ILF)类型:是指用户可以识别的一组逻辑相关的数据,而且完全存在于应用的边界之内,并且通过外部输入维护,是逻辑主文件的数目。逻辑主文件可以是一起访问的一组数据,也可能是大型数据库的一部分。

(4)外部接口文件(External Interface File,EIF)类型:允许输入和输出从其他计算机应用程序传出或传入。例如,从一个订单处理系统传送账务数据到主分类账系统,或者在磁介质或电子介质上产生一个直接借记细节文件传递给银行自动结算系统。应用程序之间的共享文件也可以包含在内。

(5)外部查询(External Inquiry,EQ)类型:提供信息的用户引发的事务,但不更新内部文件。用户输入信息来指示系统得到需要的详细信息。

当项目相关方对组件进行归类后,需要为之指定级别,每个组件被分类为高、中或低三种复杂度。对于事务组件的级别划定取决于被更新或引用的文件个数以及数据元素类型(Data Element Types,DET)的个数,对于内部逻辑文件和外部接口文件的级别划定取决于记录元素类型(Record Element Types,RET)和数据元素类型的个数。

表 5-2 是 Albrecht 复杂度权重表。因为一个信息系统所需要的工作量不仅与提供的功能点的数目和复杂度有关,而且与系统要在其中运行的环境有关,所以算出未调整功能点总数(Unadjusted Function Component,UFC)后,还需要根据项目具体情况,对技术复杂度参数进行调整。调整因子是一种补偿机制,即通过 5 个功能点和复杂度都还没有办法考虑到的因素就应该作为调整因子。如同一个软件系统,一种是系统要支持分布式和自动更新,而另一种是不考虑这种需求,如果不考虑调整因子,这两者的规模是一样的,但很明显第一种情况的复杂程度和规模都会更大些。目前标识了 14 个与实现系统相关的困难程度的影响因素,简称技术复杂度因子(Technical Complexity Factor,TCF)。表 5-3 是 14 个技术复杂度因子,表 5-4 是系统特性影响程度取值范围(技术因素取值)。

表 5-2　Albrecht 复杂度权重表

外部用户类型	低	中	高
外部输入	3	4	6
外部输出	4	5	7
内部逻辑文件	7	10	15
外部接口文件	5	7	10
外部查询文件	3	4	6

表 5-3　14 个技术复杂度因子

序　号	技术复杂度因子	序　号	技术复杂度因子
F1	可靠的备份和恢复	F8	在线升级
F2	数据通信	F9	复杂界面
F3	分布式函数	F10	复杂数据处理
F4	性能	F11	重复使用性
F5	大量使用的配置	F12	安装简易性
F6	联机数据输入	F13	多重站点
F7	操作简单性	F14	易于修改

表 5-4　系统特性影响程度取值范围

调整系数	描　述
0	不存在或者没有影响
1	不显著的影响
2	相当的影响
3	平均的影响
4	显著的影响
5	强大的影响

功能点计算公式为 FP = UFC × TCF，具体步骤如下。

第 1 步：计算未调整功能点计数（UFC）。

首先由估算人员识别出软件项目中 5 个功能项的数量；然后再由估算人员对每一项的复杂性作出判断，复杂性一般分为高、中、低三个级别，每种级别复杂度权重如表 5-2 所示；最后把每个功能项按照复杂度加权后得出的总和就是项目未调整的功能点数。

第 2 步：计算技术复杂度因子（TCF）。

计算机复杂度因子 TCF 取决于 14 个通用系统特性，这些系统特性用来评定功能点应用的通用功能级别。每个特性有相关的描述以帮助确定该系统特性的影响程度。影响程度的取值范围从 0 到 5，影响能力逐渐增强，如表 5-4 所示。技术复杂度因子的计算公式如下：

$$TCF = 0.65 + \left[\sum_{i=1}^{14} F_i/100\right]$$

其中 $i = 1 \sim 14$，表示每个通用系统特性；$F_i = 0 \sim 5$，表示每个通用系统特性的影响程度；TCF 的范围是 0.65 ~ 1.35。

第 3 步：计算功能点（Function Point，FP）。

功能点计算公式为 FP = UFC × TCF。

例 5-1 某软件的 5 类功能计数项见表 5-5，假设这个软件项目所有的技术复杂程度都是显著影响（显著对应的调整系数为 4），计算这个软件的功能点。

表 5-5 软件需求的功能计数项

各类计数项 \ 复杂度	低	中	高
外部输入	6	4	3
外部输出	7	5	4
内部逻辑文件	2	4	6
外部逻辑文件	3	4	5
外部查询文件	3	2	4

根据表 5-2，将表 5-5 中每个类型组件的每一级复杂度计算值输入到表 5-6 中。每级组件的数量乘以所示的级数，得出定级的值。表中每一行的定级值相加得出每类组件的定级值之和。这些定级值之和再相加，得出全部的未调整功能点计数（UFC），则 UFC 结果见表 5-6。

$$\begin{aligned} UFC = & 6\times3+4\times4+3\times6+7\times4+5\times5+4\times7+2\times7+4\times10+6\times15+ \\ & 3\times5+4\times7+5\times10+3\times3+2\times4+4\times6=411 \end{aligned}$$

表 5-6 计算 UFC 结果表

组建类型	低	中	高
外部输入	6×3	4×4	3×6
外部输出	7×4	5×5	4×7
内部逻辑文件	2×7	4×10	6×15
外部逻辑文件	3×5	4×7	5×10
外部查询文件	3×3	2×4	4×6
合计	84	117	210
UFC	411		

$$TCF=0.65+\left[\sum_{i=1}^{14}F_i/100\right]=0.65+0.01\times14\times4=1.21$$

$$FP=UFC\times TCF=411\times1.21=497.31$$

3. 类比估算法

类比估算法是从项目的整体出发进行类推，即估算人员根据以往的类似项目所消耗的总成本（或工作量），来推算将要开发的软件的总成本（或工作量），然后按比例将它分配到各个开发任务单元中，是一种自上而下的估算形式。当对项目的详细情况了解甚少时（如在项目的初期阶段，包括合同期、市场招标时等），往往采用这种方法估算项目的费用。它的特点是简单易行，花费少，但是具有一定的局限性，即准确性差，可能导致项目出现困难。

类比估算法的操作步骤为，首先，软件项目的上层管理人员收集以往类似项目的有关历史资料，以过去类似项目的参数值（持续时间、预算、规模、重量和复杂性等）为基础，并且依据以往的经验和判断，估算当前（未来）相同项目的总成本和各分项目的成本，然后将估算结果传递给下一层管理人员,并责成他们对组成项目和子项目的任务和子任务的成本进行估算,并继续向下传送结果,直到项目组的最基层人员。

类比估算法简单易行,花费较少,尤其当项目的资料难以取得时,该方法是估算项目总成本的一种行之有效的方法。但该方法具有一定的局限性,进行成本估算的上层管理者根据他们对以往类似项目的经验对当前项目总成本进行估算时,由于软件项目具有一次性、独特性等特点,在实际生产中,根本不可能存在完全相同的两个项目,因此这种方法的准确性较差。

4. 自下而上估算

自下而上估算是指估算个别工作包或细节最详细的计划活动的费用,然后将这些详细费用汇总到更高层次,以便于报告和跟踪目的;通常利用任务分解结构图,对各个具体工作包进行详细的成本估算,然后将结果累加起来得出项目总成本。自下而上估算方法的费用与准确性取决于个别计划活动或工作包的规模和复杂程度。一般来说,投入量较小的活动可提高计划活动费用的估算的准确性。但该方法的准确度来源于每个任务的估算情况,需要花费一定的时间,因此,估算本身也需要成本支持,而且可能发生虚报现象。

在应用这种估算方法之前,估算者必须先了解待开发软件的范围。软件范围包括功能、性能、限制、接口和可靠性等。在估算之前,应对软件范围进行适当的细化以提供较详细的信息。

例 5-2 现有一个计算机辅助设计 CAD 应用软件包,根据系统定义,得到一个初步的软件范围说明如下。

“软件接收来自操作员的二维或三维几何数据。操作员通过用户界面与系统进行交互并控制其运行,该用户界面具有良好的人机接口设计特征。所有的几何数据和其他支持信息保存在一个CAD 数据库中。开发一些设计分析模块以产生在各种图形设备上的输出。软件在设计中要考虑与外设进行交互并控制其运行,外设包括鼠标、数字化仪器和激光打印机。”

对上述软件范围的叙述进一步细化,并识别出软件包具有以下主要功能:用户界面及控制、二维几何分析、三维几何分析、数据库管理、计算机图形显示、外设控制、设计分析模块。然后,对每一功能估算相应的代码行数,再根据历史数据得出每一功能的成本和相应的工作量,最后汇总成系统的总成本和总工作量,其计算过程见表 5-7。

表 5-7 基于 LOC 的成本估算表

功能	最少代码行数 a	最可能代码行数 m	最多代码行数 b	期望代码行数 $(a+4m+b)/6$	每行代码成本（元/行）	平均生产率（行/人月）	成本（元）	工作量（人月）
用户界面及控制	2 000	2 400	2 600	2 366	20	700	47 320	3
二维几何分析	4 000	5 000	7 000	5 166	30	300	154 980	17
三维几何分析	5 000	7 000	8 000	6 833	30	200	204 990	34
数据库原理	3 000	3 500	3 800	3 466	25	600	86 650	6
计算机图形显示	4 000	5 000	6 000	5 000	40	300	200 000	17
外设控制	2 000	2 100	2 400	2 133	50	200	106 650	11
设计分析模块	6 000	8 000	10 000	8 000	25	300	200 000	27
总计				32 964			1 000 590	115

注:在上述计算中,期望代码行只精确到个位,工作量精确到个位。其中,成本 = 期望代码行数 × 每行代码成本,工作量 = 期望代码行数 ÷ 平均生产率。

5. 专家估算法

专家估算法是由一个被认为是该任务专家的人来进行估算,并且估算过程的主要部分是基于不清晰、不可重复的推理过程,即直觉。对于某一个专家所用的估算方法,经常使用 WBS,通过将项目元素放置到一定的等级划分中来简化预算估计与控制的相关工作,当仅可以依赖专家意见而非确切的实验数据时,专家估算法是解决成本估算问题的最直接的选择。该方法依据专家的经验对实际项目与经验项目的差异做更细致的发掘,甚至可以洞察未来新技术可能带来的影响,但缺点在于,专家的个人偏好、经验差异与专业局限性都会为成本估算的准确性带来风险。

Delphi 方法是最流行的专家评估技术,在没有历史数据的情况下,这种方法适用于评定过去与将来、新技术与特定程序之间的差别,但专家"专"的程度及对项目的理解程度是工作中的难点,尽管 Delphi 技术可以减少这种偏差,专家评估技术在评定一个新软件时通常用得不多,但是,这种方式对决定其他模型的输入特别有用。Delphi 方法鼓励参加者就问题相互讨论,这个技术要求具有多种软件相关经验的人参与,互相说服对方。

Delphi 方法的估算步骤如下。

(1)协调人向各专家提供项目规格和估计表格,召集小组会,各专家讨论与规模有关的因素,请专家估算。

(2)专家对该软件提出 3 个规模的估算值,即最小值 a_i、最可能值 m_i 和最大值 b_i。

(3)协调人对专家表格中的答复进行整理,计算每位专家的估算值 $E_i=(a_i+4m_i+b_i)/6$,然后算出估算值 $E=(E_1+E_2+\cdots+E_n)/n$。

(4)协调人整理出一个估计总结,以迭代表示的形式返回专家。

(5)协调人召集小组会,讨论较大的估计差异。

(6)专家重复估算总结,并在迭代表上提交另一个匿名估算。

(7)上述过程重复多次,最终获得一个多数专家达成共识的软件规模。

6. 参数估算法

参数估算法是一种运用历史数据和其他变量之间的统计关系,来估算计划活动资源的费用的技术。这种技术估算的准确度取决于模型的复杂性及其涉及的资源数量和费用数据。与费用估算相关的例子是,将工作的计划数量与单位数据的历史费用相乘得到估算费用。

参数模型估算法的基本思想是,找到软件工作量的各种成本影响因子,并判定它对工作量所产生的影响的程度是可加的、乘数的或指数的,以期得到最佳的模型算法表达形式。当某个因子只影响系统的局部时,则为可加的。例如,当给系统增加源指令、功能点实体、模块、接口等,只会对系统产生局部的可加的影响。当某个因子对整个系统具有全局性的影响时,则影响的程度为乘数的或指数的,例如,增加服务需求的等级或者不兼容的客户等。

结构化成本模型(Constructive Cost Model,COCOMO)是世界上应用最广泛的参数型软件成本估价模型,由 B. W. Boehm 在 1981 年出版的《软件工程经济学》(Software Engineering Economics)中提出。其本质上说是一种参数化的项目估算方法,参数建模是把项目的某些特征作为参数,通过建立一个数字模型预测项目成本,例如,将居住面积作为参数计算整体的住房成本。

COCOMO 用 3 个不同层次的模型来反映不同程度的复杂性:①基本模型(Basic Model),是一个静态单变量模型,用一个已估算出来的源代码行数(SLOC)为自变量的函数来计算软件开发工作量;②中间模型(Intermediate Model),在选用 SLOC 为自变量的函数计算软件开发工作量的基础上,再用涉及产品、硬件、人员、项目等方面属性的影响因素来调整工作量的估算;③详细模型(Detailed

Model),包括中间 COCOMO 模型的所有特性,但用上述各种影响因素调整工作量估算时,还要考虑对软件工程过程中分析、设计等各步骤的影响。

同时,根据不同应用软件的不同应用领域,COCOMO 模型划分为如下 3 种软件应用开发模式:①组织模式(Organic Model),主要指各类应用程序,如数据处理、科学计算。相对较小、较简单的软件项目,开发人员对开发目标理解比较充分,与软件系统相关的工作经验丰富,对软件的使用环境很熟悉,受硬件的约束比较小,程序的规模不是很大,其主要特点是在一个熟悉稳定的环境中进行项目开发;②嵌入式应用开发模型(Embedded Model),主要指各类系统程序,如实时处理、控制程序等,要求在紧密联系的硬件、软件和操作的限制条件下运行,通常与某种复杂的硬件设备紧密结合在一起,对接口、数据结构、算法的要求高,软件规模任意,例如大而复杂的事务处理系统、大型/超大型操作系统、航天通用控制系统、大型指挥系统等;③中间应用开发模型(Semidetached Model),主要指各类实用程序,如编译器(程序)、联接器(程序)、分析器(程序)等,介于上述两种模式之间,规模和复杂度都属于中等或者更高。

随着使用范围的扩大及估算需求的增加,Boehm 教授及其同事、研究生除了进行上述改进之外,还增加了不少扩展模型以解决其他问题,形成了 COCOMO 模型系统,包括用于支持增量开发中成本估算的 COINCO-MO(Constructive Incremental COCOMO)、用于估算软件产品的遗留缺陷并体现质量方面投资回报的 COQUALMO(Constructive Quality Model)、用于估算并跟踪软件依赖性方面投资回报的 iDVE(information Dependability attributed Value Estimation)、支持对软件产品线的成本估算及投资回报分析的 COPLIMO(Constructive Product Line Investment Model)、提供在增量快速开发中的工作量按阶段分布的 COPSEMO(Constructive Phased Schedule and Effort Model)和用于估算主要系统集成人员在定义和集成软件密集型(system-of-system)组件中所花费工作量的 COSOSIMO(Constructive System of Systems Integration Cost Model)等。

因为 COCOMO 模型应用的日益广泛,其他研究中也纷纷提出有针对性的改进或者扩展方案,不断丰富和完善基于算法的估算方法。

5.2.3 成本估算的过程及误差

1. 成本估算的过程

概括起来,成本估算由以下输入来进行:工作分解结构、资源需求计划、工作的延续时间、资源的基础成本、历史资料、会计科目表。其主要步骤如下。

(1)对任务进行分解。由于已经确定了项目的目标和范围,可以把项目分为 6 个主要阶段,表 5-8 所示为时间进度和人力资源需求。

表 5-8 时间进度和人力资源需求

序号	任务名称	比较基准开始时间	比较基准完成时间	开始时间	完成时间	资源名称
1	＊＊＊管理系统	2014 年 5 月 5 日	2014 年 7 月 1 日	2014 年 5 月 5 日	2014 年 6 月 3 日	
2	软件规划	2014 年 5 月 5 日	2014 年 5 月 6 日	2014 年 5 月 5 日	2014 年 5 月 6 日	
3	项目规划	2014 年 5 月 5 日	2014 年 5 月 5 日	2014 年 5 月 5 日	2014 年 5 月 5 日	王、张
4	计划评审	2014 年 5 月 6 日	2014 年 5 月 6 日	2014 年 5 月 6 日	2014 年 5 月 6 日	王、张、李、赵
5	需求开发	2014 年 5 月 7 日	2014 年 5 月 14 日	2014 年 5 月 8 日	2014 年 5 月 16 日	

续表

序号	任务名称	比较基准开始时间	比较基准完成时间	开始时间	完成时间	资源名称
6	需求调研	2014年5月7日	2014年5月7日	2014年5月8日	2014年5月8日	李
7	需求分析	2014年5月8日	2014年5月8日	2014年5月12日	2014年5月12日	张、李
8	需求评审	2014年5月日	2014年5月日	2014年5月13日	2014年5月13日	张、王、李、赵
9	修改需求,修改界面原型	2014年5月12日	2014年5月12日	2014年5月14日	2014年5月14日	张、李
10	编写需求规格说明书	2014年5月13日	2014年5月13日	2014年5月15日	2014年5月15日	张
11	需求验证	2014年5月14日	2014年5月14日	2014年5月16日	2014年5月16日	王、赵、刘
12	设计	2014年5月13日	2014年5月16日	2014年5月15日	2014年5月22日	
13	概要设计	2014年5月13日	2014年5月13日	2014年5月15日	2014年5月16日	李
14	人机界面设计	2014年5月14日	2014年5月14日	2014年5月19日	2014年5月19日	王
15	数据库及算法设计	2014年5月15日	2014年5月15日	2014年5月20日	2014年5月20日	张
16	编写设计规格说明书	2014年5月16日	2014年5月16日	2014年5月21日	2014年5月21日	张
17	设计评审	2014年5月16日	2014年5月16日	2014年5月22日	2014年5月22日	张、王、李、赵、刘
18	实施	2014年5月16日	2014年6月25日	2014年5月21日	2014年5月28日	
19	高校新闻头条	2014年5月16日	2014年5月20日	2014年5月21日	2014年5月23日	张
20	会议通知和公告	2014年5月16日	2014年5月16日	2014年5月21日	2014年5月21日	李
21	电子课表	2014年5月19日	2014年5月19日	2014年5月22日	2014年5月22日	李
22	电子地图	2014年5月21日	2014年5月22日	2014年5月26日	2014年5月27日	张
23	互动EES	2014年5月20日	2014年5月20日	2014年5月28日	2014年5月28日	李
24	系统集成	2014年5月21日	2014年5月22日	2014年5月29日	2014年5月30日	
25	系统集成测试	2014年5月21日	2014年5月21日	2014年5月29日	2014年5月29日	张、李
26	环境测试	2014年5月22日	2014年5月22日	2014年5月30日	2014年5月0日	张、李、赵、刘
27	提交	2014年5月23日	2014年5月3D日	2014年6月2日	2014年6月3日	
28	完成文档	2014年5月23日	2014年5月28日	2014年6月2日	2014年6月2日	张、李、赵
29	验收、提交	2014年5月29日	2014年5月30日	2014年6月3日	2014年6月3日	张、王、李、赵、刘

(2)获得成本科目单价。对资源的单价进行标定:对于这个项目来说,直接成本包括两个部分,即人力资源成本和项目的费用。

通过公司有关部门提供的成本单价资料,可获得如下成本:人力资源成本、差旅交通费、差旅补贴、市内交通、通信费用、住宿费用和其他费用。其中其他费用属于临时性、突发性、小额的费用。例如,临时租一个会议场地,临时购买复印材料等,可以根据情况进行大致的估计。

根据WBS的“颗粒度”,可以把单价定为每月,也可以细化到周。表5-9按周列出各成本科目的单价。

表 5-9　按周列出各成本科目的单价

阶段目标	人数	时间	工资	差旅交通	补贴	市内交通	通信费用	住宿费用	其他费用	阶段合计
人周单价		周	1 000	4 080	490	50	50		20 000	

(3)从进度计划获得工作地点和延续时间。工作分解结构 WBS 给出了每一任务的持续时间和工作地点,这是成本估算的主要数据依据。

在软件项目中,某一阶段的工作场地在公司还是在用户现场,持续时间多长,需要在现场多长时间,是项目成本计划的核心问题。

(4)进行成本估算。根据 WBS 的每项工作的持续时间、工作地点、人数以及有关费用的单价,计算出项目期间的直接成本费用,见表 5-10。

表 5-10　项目期间的直接成本费用

阶段目标	人数	时间	工资/周	差旅费用	补贴/周	市内交通	通信费用	住宿费用	其他费用	阶段合计
人周单价			1 000	4 080	490	50	50		2 000	
用户需求评估与项目计划确认	4	1						2 940		
对对方需求进行调研	2	1								
对方提出原则性修改意见	1	1								
数据格式提供	1	1								
网络环境准备、试点单位确定、基础数据确定	0	2	0				0			0
服务器及第三方软件到货	1	2								
服务器及第三方软件安装调试、系统安装调试	2	1						4 000		
数据录入培训	3	0								
系统试运行、系统使用培训、数据录入督导	3	2								
系统前期维护	1	8								
系统二次开发总体方案确定	5	3								
系统二次开发的概要设计	5	0								
系统二次开发的详细设计	5	0								
代码实现	5	0								
内部测试	5	0								
二次开发新版本的用户测试	2	1								
系统用户文档修改	1	1								
二次开发的新系统提交	2	1								
系统初验	2	1						2 100		
系统维护相关文档修改	1	1								
系统终验	1	24	24 000					1 050		
合计	45	23	72 600							185 034

最后获得项目的直接成本为185 034元。

任何方法得出的估算结果都是在一些前提、假定和约束、有效范围等情况下得出的，为了便于理解、执行、检查，也便于以后总结，在得出估算结果后，要对估算的结果和这些假设、前提条件、有效范围进行说明。

2. 成本估算的误差

软件项目在开发的不同阶段，会出现不同的误差，而越是在项目的前期，估算的准确性越低，随着项目相关方对项目理解的不断推进以及得到专家建议，估算的准确性也不断提高。表5-11所示为在一个软件项目开发的不同时期，项目估算的准确度。

表5-11　成本估算的误差

类　型	准确度	说　明
初步量级估算：合同前	-25%～+75%	概念和启动阶段，决策
预算级估算：合同期	-10%～25%	编制初步计划
确定级估算	-5%～10%	任务分解后的详细计划

在表5-11中，初步量级估算是比较粗略的估算，一般是在项目的初期中采用，属于自顶向下估算，估算误差范围一般是-25%～+75%之间；预算级估算比前者更加精确，在项目的规划过程中采用，属于自顶向下估算，估算误差范围一般是-10%～25%之间；确定级估算是最精确的方法之一，在项目规划过程后使用此方法，属于自底向上估算方法，估算误差范围一般是-5%～10%之间。

分析成本估算的过程以及方法，估算不准的主要原因有以下5点。

(1)基础数据不足，准确估算要求企业应该有足够的以往项目的经验数据作为估算的基础，但是，很多企业的基础数据远远不足。

(2)估算对需求分析十分敏感，必须对项目的需求理解到很深的程度，才能准确估算，而实际项目中，估算前对需求的理解很少达到很深的程度。

(3)软件项目存在很多不确定性因素，项目进展过程中会存在很多变更。

(4)估算人员缺乏经验，例如，过分乐观，考虑不周，估算方法不一致。

(5)合同签约前后不连贯和低劣的推测技术也是不准的原因。在合同签约前期，销售人员为了拿到项目，而夸大了承诺，或者消减了价格，等合同签约后，项目经理接手项目，可能会因为无法实现陷于无法交付成果的境地，所以，估算也无法准确。

在软件项目中，首先要避免低劣的估算。为了避免低劣的估算，应尽可能使企业的估算机构专业化，进行相关的培训，同时制定一套严格的方法和步骤，以便估算者可以参照执行。此外，应该尽量避免估算中的过分乐观、政治压力、低劣估算模型。最后，在进行估算的过程中，还应掌握一定的技巧，例如，避免无准备的估算；留出估算的时间，并做好计划；分类法估算(使用多种估算方法分别估算，然后比较结果)，选用专业的估算工具和选用几种不同估算技术，并比较之间的结果。

5.3　资源计划管理

为了对项目进行成本管理，项目经理首先需要确定完成项目所需要的资源和资源的数量。影响项目资源计划的主要因素是组织和项目本身的特征，因此，确定项目资源计划的最主要方法是依靠了解组织和同时拥有类似项目经验的人员，依靠历史经验、数据和专家的判断，确定项目需要什么资源。

资源计划管理也称项目资源管理(Project Resources Management，PRM)，是指为了降低项目成本，而对项目所需人力、材料、机械、技术、资金等资源所进行的计划、组织、指挥、协调和控制等活动。项目资源管理的全过程包括项目资源的计划、配置、控制和处置。

资源计划管理的目的在于对项目的投入进行优化配置，即适时、适量、按比例配置资源并投入到施工生产中以满足需要；对资源进行优化组合，即投入项目的各种资源在施工项目中搭配适当、协调、能够充分发挥作用，更有效地形成生产量；同时，在整个项目运行中，对资源进行动态管理，因为项目的实施过程是一个不断变化的过程，对资源的需求也会不断发生变化，因此资源的配置与组合也需要不断地调整去适应工程的需要，该过程是一种动态的管理，是优化组合与配置的手段与保障，其基本内容是按照项目的内在规律、有效地计划、组织协调、控制各种生产资源，使其能合理地流动，在动态中求得平衡。

5.3.1　确定资源需求

资源计划管理与项目的实施方案、工期计划、成本计划互相制约、互相影响。它包括对所有资源的使用、供应、采购过程以及建立完善的控制程序、责任体系和计划方案。在资源计划管理过程中，项目相关方应确定合理的内部劳务队伍和外部劳务分包公司的资源配置，并按照软件项目进度计划特点拟定劳动力计划，由企业劳动主管部门或委托项目经理部自行招标，签订劳务分包合同，并根据项目实际开展情况，确定资源需求。

资源计划管理的实施与开展需要根据项目的内容、历史经验以及组织情况对需要的资源进行管理，其主要包括以下内容。

(1)人力资源管理。主要是对软件项目的人力资源开展有效规划、积极开发、合理配置、准确评估、适当激励等方面的管理，主要为项目人力资源需求的规格说明，根据项目的阶段、任务层次、职责的不同，可以有很多的划分。一般要表明角色、能力、职责、全职和半职等。

(2)项目机械设备管理。主要是指项目经理部根据所承担施工项目的具体情况，科学优化选择和配备施工机械，并在生产过程中合理使用、维修保养、配置机械环境需求规格说明等各项管理工作。在软件项目中，最主要的机械设备就是计算机设备，可能包括主机、网络环境、系统环境、开发工具、个人环境等。环境的需求规格说明可以直接用计算机硬件和软件的规格说明表示。

(3)项目组构成。项目组是项目最为核心的资源。在软件项目中，人力资源作为软件项目的物理元素，项目是根据人力资源组合和项目实际需求进行抽象的逻辑结果。

(4)组织内部的支持与协调能力。项目实现所需要的技术不能算作项目向组织获取资源，因为某些组织或项目组所不具备的技术，可能正是项目组通过项目的开发而得到的，而组织内部的支持和协调能力则是项目组可以向组织提出并有权利获得的。项目的有些实施过程和责任，可能并不在项目组，例如，采购、物流、检验、销售、硬件安装和调试等，这些工作在组织的其他部门，组织应提供这些在项目组外部的资源并协调与项目组的配合。

(5)外部协调。与用户在项目实施过程中进行协调，是项目经理的责任。但是，有时在某些重大问题上，组织高层需要与用户高层进行协调和沟通，甚至需要进行必要的公关工作，这是组织必须提供的支持资源。

(6)项目资金管理。软件项目资金管理是指项目经理根据软件项目开展过程中资金运动的规律,进行资金收支预测,编制资金计划,筹集投入资金,资金使用,资金核算与分析等一系列资金管理工作。

5.3.2 资源计划的编制

软件项目实施过程中,往往涉及多种资源,如人力资源、原材料、机械设备、施工工艺及资金等,因此,在软件项目开始前必须编制项目资源管理计划。开始前,项目经理必须做出指导全局的组织计划,其中,编制项目资源计划便是组织设计中的一项重要内容。为了对资源的投入量、投入时间、投入步骤有一个合理的安排,在编制项目资源管理计划时,必须按照项目实施准备计划、项目进度总计划和主要分部(项)工程进度计划以及项目的工作量,套用相关的定额,来确定所需资源的数量、进场时间、进场要求和进场安排,编制出详尽的需用计划表。

资源计划编制过程是确定为完成项目各活动需要什么资源和这些资源的数量的过程,资源计划的编制是为以后成本估计服务的。

(1)资源服务计划编制过程的输入包括工作分解结构、历史资料、范围的陈述、资源库的描述、组织策略和活动历时估计。

(2)资源计划的工具和方法包括专家判断、替代方案的确认和项目管理软件。

(3)资源计划的输出是对 WBS 下的每一项工作需要什么资源以及资源的数量,这些资源可以通过人员引进或采购予以解决。

5.3.3 资源计划

通过提出要求、分析和调整,项目经理获得了对该项目的资源计划结果。资源计划一般关注资源内容和资源在时间上的分配。因此,资源计划是资源和时间的一系列配合表。

在软件项目中,人力资源是最主要和最复杂的资源需求,表 5-12 所示为软件项目各阶段的人力资源需求。

表 5-12 软件项目各阶段的人力资源需求

任务名称	人力资源名称	工作量/人月	资源数量/人	工期/月
项目经理	项目经理	10	1	10
系统需求分析	系统设计师	4	2	2
系统概要设计	系统设计师	2	2	1
系统详细设计	系统设计师	6	3	2
系统架构设计	系统架构师	1	1	1
核心模块编码	高级程序员	12	4	3
业务模块编码	高级程序员	15	5	3
一般模块编码	初级程序员	32	8	4
单元测试	测试工程师	16	2	8
集成测试	高级测试工程师	4	2	2
文档编写	文档编辑	20	2	10
合计		122		

从表 5-12 中可以明确地知道该项目需要的人员、时间以及人力资源在整个项目周期中的分布和累积情况。

5.4 成本预算

成本预算是在确定总体成本后的分解过程。分解主要是做两个方面的工作：按工作分摊成本，按工期时段分摊成本。这些工作分解的结果基于 WBS 分解的结果，所以，WBS、WBS 字典、每个任务的成本估价、进度、资源日历等可以作为成本预算的输入，成本预算的目的是产生成本基线，它可以作为度量项目成本性能的基础。

在软件项目中，两个过程是紧密联系的。首先，没有任务分解，实际上就不可能得到总的项目成本。或者说，软件的项目成本一般是根据工作分解，然后自底向上，根据任务、进度推算出来的。在软件项目中，项目任务编排好了执行的先后关系并分配了资源后，项目中每个任务的成本预算就可以确定，成本预算是根据项目的各项任务以及分配的相应资源进行计算的。成本预算的作用是提供对实际成本的一种控制机制，为项目管理者提供一把有效的尺子。所有任务的预算应该在总成本的控制下。

在项目经理完成项目的估算之后，应提交给组织的相应部门，对估算进行审核和批准，使项目预算成为项目管理和控制、考核的正式文件。项目经理在分配项目成本预算时，主要有以下三种情况。

(1)分配资源成本。这是最常用的一种方式，即根据每个任务的资源分配情况来计算这个任务的成本预算，而资源成本与资源的基本费率紧密相连，所以要设置资源费率，如标准费率、加班费率、每次使用费率等。例如，项目中开发人员的加班费率是 600 元/小时。

(2)分配固定资源成本。当一个项目的资源需要固定数量的资金时，用户向任务分配固定资源成本。例如，项目中小李的人力资源为固定资源成本，固定资源成本是 1 万元，即小李在这个项目中的成本固定为 1 万元，不用计算小李花费的具体工时。

(3)分配固定成本。有些任务是固定成本类型的任务，即某项任务的成本不变，不管任务的工期时间是否变化，或任务使用何种资源。在该情况下，用户对任务直接分配成本。例如，项目中的某项外包任务成本是固定的，即任务为成本固定。假设项目某模块外包的成本是 15 万元，则这个任务的成本为 15 万元。

同时，成本预算过程中应该提供一个成本基线(Cost Baseline)，成本基线是每个时间阶段内的成本，它是项目管理者度量或监控项目的依据。成本预算与变更也相关，当发生需求变更时，需要同时变更成本预算。成本为资金需求提供信息。如果在项目进行过程中通过成本基线发现某个阶段的成本超出预算，需要研究必要时采取的措施。

5.5 成本控制

成本控制是保证成本在预算估计范围内的工作。根据估算对实际成本进行检测，标记实际或潜在偏差，进行预测准备并给出保持成本与目标相符的措施，主要包括：①监督成本执行情况及发现实际成本与计划的偏离；②将一些合理改变包括在基准成本中；③防止不正确、不合理、未经许可的改变包括在基准成本中；④把合理改变通知项目相关方。在成本控制时，还必须与其范围控制、进度控制、质量控制等相结合。

成本控制是成本管理的一部分，致力于满足成本要求。满足成本要求主要是指满足顾客、最高管理者、相关方以及法律法规等对组织的成本要求。成本控制的对象是成本发生的过程，包括设计过程、采购过程、生产和服务提供过程、销售过程、物流过程、售后服务过程、管理过程、后期保障过程等。成本控制的结果应能使被控制的成本达到规定的要求。为使成本控制达到规定的、预期的成本要求,就必须采取适宜的和有效的措施,包括作业、成本工程和成本管理技术和方法,如VE价值工程、IE工业工程、ABC作业成本法、ABM作业成本法、SC标准成本法、目标成本法、质量成本管理、环境成本管理、存货管理、成本预警、动量工程、成本控制方案等。

项目成本控制包括监督成本绩效,确保在修订的成本基线中只包括适当的项目变更,并将对成本有影响的授权变更通知到项目的利益相关者。成本控制过程的输入包括项目管理计划、项目资金需求、工作绩效业绩和组织过程资产等,输出则包括工作绩效测量结果、成本预测、组织过程资产更新、项目管理计划更新和项目文件更新等。

企业成本控制的方法主要包括作业成本法、绝对成本控制法、相对成本控制法、全面成本控制法等。

(1)作业成本法是指企业按照活动性质划分经验活动,将类似的经营活动组合构成经营中心,根据活动的资源消耗,将资源分配给每个活动。

(2)绝对成本控制法是指将企业成本损耗控制在一个绝对的金额范围中,依据金额范围进行成本控制,从而大大降低成本消耗。

(3)相对成本控制法是指企业从商品产量、成本和收入三者的平衡关系着手控制销售成本和相对利润成本率,以确定企业在多大的产品销量下可以实现销售收入和利润成本的平衡,从而达到最大利润收益率。

(4)全面成本控制法是指对企业所有日常生产经营活动中可能发生的活动成本、成本体系形成过程中所有员工参与的活动成本和全体员工积极参与的活动成本进行成本控制。

(5)ERP成本控制法是指基于企业管理学和会计学的基本原理,运用ERP软件对企业生产成本状况进行长期预测、计划、决策、控制、分析和绩效考核。

小 结

成本管理是软件项目管理的核心之一,有效的软件成本估算是软件项目管理乃至软件工程中最为重要和最具挑战的问题。成本按其产生和存在形式的不同可分成固定成本、可变成本、半可变成本、直接成本、间接成本和总成本。成本估算是对完成项目所需费用的估计和计划,它是成本管理的第一步。成本估算的输入包括工作分解结构、资源需求计划、工作的延续时间、资源的基础成本、历史资料、会计科目表。成本估算的输出通常以货币为单位描述。成本估算方法主要包括代码行方法、功能点方法、类比估算法、自下而上估算法、专家估算法和参数估算法。在此基础上,介绍成本估算的过程,主要包括对任务的成本获得成本科目单价,从进度计划获取工作地点和延续时间及进行成本估算,并需在估算过程中尽量避免误差的发生。最后,在成本管理的基础上要对所需要的资源进行计划管理、成本预算和成本控制,从而保证成本满足顾客、最高管理者、相关方以及法律法规等对组织的成本要求。

习 题 5

一、选择题

1. 在成本管理过程中,项目经理确定的每个时间段、各个工作单元的成本是(　　)。

A. 估算　　B. 预算　　C. 直接成本　　D. 间接成本

2. (　　)是用系统的功能数量来测量其规模,与实现产品使用的语言和技术无关。

A. 代码行　　B. 对象点　　C. 功能点　　D. 用例点

3. 在项目初期,进行竞标合同时,一般采用的成本估算方法是(　　)。

A. 参数估算法　　B. 专家估算法

C. 功能点估算法　　D. 类别估算法

二、判断题

1. 软件项目的估算结果是比较精确的。(　　)

2. 进行软件项目估算时,可以按照其他企业的估算模型进行估算。(　　)

3. 间接成本是与一个具体的项目相关的成本。(　　)

4. 项目经理不需要在项目开始前确定完成项目所需要的资源和资源的数量。(　　)

5. COCOMO 模型划分为 3 种软件应用开发模式:组织模式(Organic Model)、嵌入式应用开发模型(Embedded Model)和中间应用开发模型(Semidetached Model)。(　　)

三、计算题

1. 项目经理正在进行一个盒马鲜生信息管理系统项目的估算,他采用 Delphi 成本估算方法,邀请 2 位专家估算,第一个专家给出 4 万、7 万、16 万的估算值,第二个专家给出了 4 万、6 万、8 万的估算值,这个项目成本的估算是多少?

2. 某软件的 5 类功能计数项见表 5-13,假设这个软件项目所有的技术复杂程度都是显著影响(显著对应的调整系数为 4),计算这个软件的功能点。

表 5-13　软件需求的功能计数项

复杂度各类计数项	低	中	高
外部输入	6	5	3
外部输出	3	5	4
内部逻辑文件	2	5	6
外部逻辑文件	3	4	5
外部查询文件	3	2	2

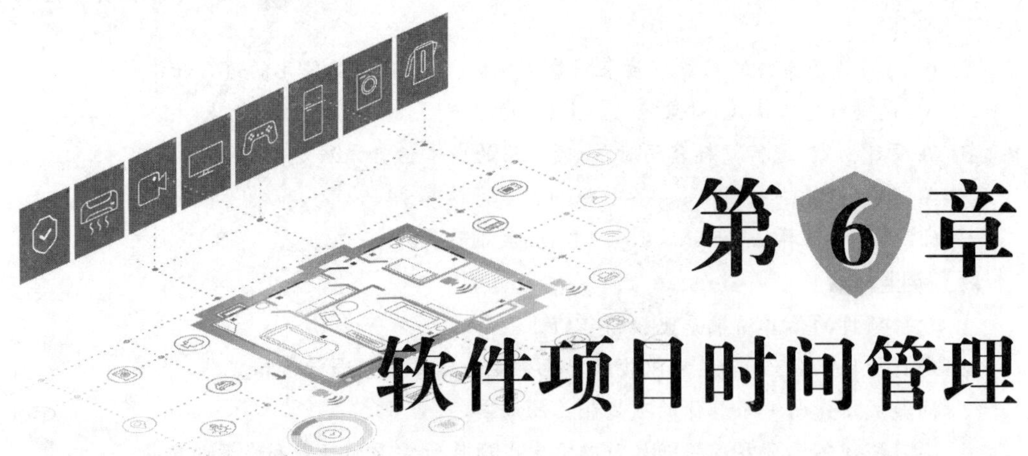

第6章 软件项目时间管理

一般来说,项目的初期要对项目的规模、成本和时间(进度)进行估算,而且基本上是同时进行的,项目的规模与时间(进度)估算有一定的关系,而交付期作为软件开发合同或者软件开发项目中的时间要素,是软件开发能否获得成功的重要判断标准之一,是最为核心的关注范围。软件项目管理的主要目标就是提升质量、降低成本、保证交付期以及追求顾客满意。交付期意味着软件开发在时间上的限制,意味着软件开发的最终速度,也意味着满足交付期的预期收益和捍卫交付期需要付出的代价。交付期在进度计划中表现。目前,软件项目的进度是企业普遍最重视的项目要素,原因有很多,例如,在与客户的协约中或者项目计划中,客户最关心的是进度,最明确的也是进度;进度是项目各要素中最容易度量的,因为容易度量,所以在许多企业中被认为是最理想的管理考核指标。

项目的时间管理是项目管理的另一个核心,是项目计划中最重要的部分,如何有效、合理地安排项目各项工作的时间是项目执行前必须要解决的问题。时间是一种特殊的资源,具有单向性、不可重复性和不可替代性的特点。项目时间管理的目的是保证按时完成项目、合理分配资源、发挥最佳工作效率,即在给定的限制条件下,用最短时间、最少成本、以最小风险完成项目工作,它涉及6个过程:活动定义、活动排序、活动资源估计、活动工期估计、进度安排和进度控制,主要过程是先根据WBS进一步分解出主要的活动,确立活动之间的关联关系,再估算出每个活动需要的资源、历时,最后编制项目进度计划。

6.1 基本概念

6.1.1 活动定义

进度是对执行的活动和里程碑制订的工作计划日期表,它决定是否达到预期目的,是跟踪和沟通项目进展状态的依据,也是跟踪变更对项目影响的依据。按时完成项目是对项目经理最大的挑战,因为时间是项目规划中灵活性最小的因素,进度问题又是项目冲突的主要原因,尤其在项目的后期。为了编制进度,首先需要定义活动。

项目活动定义是确认和描述项目的特定活动,它把项目的组成要素加以细分为可管理的更小部分,以便更好地管理和控制。通过活动定义可使项目目标得以体现。WBS是面向可提交物的,WBS的每个工作包被划分成所需要的任务,活动定义是面向任务的,是对WBS做进一步分解的结果,以便清楚应该完成的每个具体任务或者提交物需要执行的活动。

活动定义的输入包括4部分:工作分层结构图、范围的描述、历史的资料、约束因素和假设因素。一般地,范围的描述包括以下内容。

(1)范围描述:用表格的形式列出项目目标、项目的范围、项目如何执行、项目完成计划等。

(2)目的:对项目的总体要求做一个概要性的说明。

(3)用途:项目范围描述是制作项目计划和绘制工作分解结构图的依据。

(4)依据:项目章程、已经通过的初步设计方案和批准后的可行性报告等。

(5)项目描述表格的主要内容是项目名称、项目目标、交付物定义、交付物完成验收标准、工作描述、工作规范、所需资源的初步估计、重大里程碑事件等。

进行活动定义的成果有活动清单、活动属性、里程碑清单和请求的变更。

(1)活动清单。活动清单包括项目将要进行的所有计划活动,不包括任何不必成为项目范围一部分的计划活动。活动清单应当有活动标志,并对每一计划活动工作范围给予详细的说明,以保证项目团队成员能够理解如何完成该项工作。计划活动的工作范围可有实体数量,如需安装的管道长度、在指定部位浇筑的混凝土、图纸张数、程序语句行数或书籍的章数。活动清单在进度模型中使用,属于项目管理计划的一部分。计划活动时项目进度表的单个组成部分不是工作分解结构的组成部分。

(2)活动属性。活动属性是活动清单中的活动属性的扩展,指出每一计划活动具有的属性。每一计划活动的属性包括活动标志、活动编号、活动名称、先行活动、后继活动、逻辑关系、提前与滞后时间量、资源要求、强制性日期、制约因素和假设。活动属性还可以包括工作执行负责人、实施工作的地区或地点以及计划活动的类型、投入的水平、可分投入与分摊的投入。这些属性用于指定项目进度表,在报告中以各种各样方式选择列入计划的计划活动,确定其顺序并将其分类。属性的数目因应用领域而异。活动属性用于进度模型。

(3)里程碑清单。计划里程碑清单列出了所有的里程碑,并指明里程碑属于强制性(合同要求)还是选择性(根据项目要求或历史信息)。里程碑清单是项目管理计划的一部分,里程碑用于进度模型。

(4)请求的变更。活动定义过程可能提出影响项目范围说明与工作分解结构的变更请求。请求的变更通过整体变更控制过程审查与处置。

6.1.2　活动排序

活动排序是识别与记载计划任务之间的逻辑关系。在按照逻辑关系安排计划活动顺序时,可加入适当的时间提前与滞后量,只有这样,以后才能制定出符合实际和可以实现的项目进度表。活动排序过程包括确认并编制活动间的相关性。

活动之间存在相互联系与相互依赖的关系,根据这些关系来安排各项活动的先后顺序。活动只有被正确排序后才能够方便日后计划的制订。一般的项目中活动之间存在结束→开始、结束→结束、开始→开始、开始→结束等4种关系,如图6-1所示。

在图6-1中,结束→开始(Finish-to-Start,FS)表示A任务(活动)在B任务(活动)开始前结束;结束→结束(Finish-to-Finish,FF)表示A任务(活动)结束,B任务(活动)才可以结束;开始→开始(Start-to-Start,SS)表示A任务(活动)开始,B任务(活动)才可以开始;开始→结束(Start-to-Finish,SF)表示A任务(活动)开始,B任务(活动)才能结束。结束→开始(Finish-to-Start,FS)是最常见的逻辑关系，开始→结束（Start-to-Finish，SF）关系极少使用。

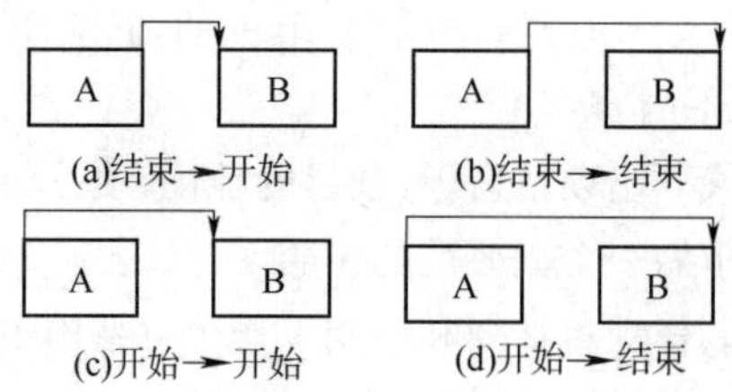

图 6-1　活动关系图

活动之间的关联关系有如下三类。

1. 强制依赖关系

强制依赖关系（mandatory or hard）是活动之间本身存在的、无法改变的逻辑关系，又称硬逻辑关系。项目管理团队在确定活动先后顺序的过程中，要明确哪些依赖关系属于强制性的。强制依赖关系指工作性质所固有的依赖关系。它们往往涉及一些实际的限制。例如，在施工项目中，只有基础完成之后，才能开始上部结构的施工；在电子项目中，必须先制作原型机，然后才能进行测试；在软件项目中，先做完需求分析，才能做总体设计。

2. 自由依赖关系

自由依赖关系（discretionary）是人为组织确定的，两项活动可先可后的组织关系，也称软逻辑关系。项目管理团队在确定活动先后顺序的过程中，要明确哪些依赖关系输入自由逻辑关系。软件逻辑关系要有完整的文字记载，因为它们会造成总时差不确定，失去控制并限制今后进度安排方案的选择。例如，安排计划时，哪个模块先做，哪个模块后做，哪些任务先做好一些，哪些任务同时做好一些，都可以由项目经理确定。自由依赖关系的确定一般比较难，它通常取决于项目管理人员的知识和经验，因此自由依赖关系的确定对于项目的成功实施是至关重要的。

3. 外部依赖关系

外部依赖关系（external）是项目活动与非活动之间的依赖关系。项目管理团队在确定活动先后顺序的过程中，要明确哪些依赖关系属于外部依赖的。例如，系统安装依赖外购产品和服务的提供；软件项目测试活动的进度可能取决于来自外部的硬件是否到货；施工项目的场地平整，可能要在环境听证会之后才能动工。活动之间的这种依据可能要依靠以前性质类似的项目历史信息或者卖方合同或建议。

项目管理团队要确定可能要求加入时间提前与滞后量的依赖关系，以便准确地确定逻辑关系。时间提前与滞后量以及有关的假设要形成文件。利用时间提前量可以提前开始后继活动，例如，技术文件编写小组可以在写完长篇文件初稿（先行活动）整体之前 15 天着手第二稿（后继活动）。利用时间滞后量可以推迟后继活动，例如，为了保证混凝土有 10 天养护期，可以在完成对开始的关系中加入 10 天的滞后时间，这样一来，后继活动就只能在先行活动完成之后开始。

6.2　进度估算方法

项目的初期要对项目的规模、成本和进度进行估算，其中进度估算是从时间的角度对项目进行规划。在项目的不同阶段可以采用不同的估算方法，初期的估算结果误差可能较大，随着项目的进展，会逐步精确。

6.2.1　计划活动资源估算

计划活动资源估算就是确定在实施项目活动时要使用何种资源(人员、设备或物资),每一种使用的数量以及何时用于项目计划活动。活动资源估算过程和成本估算过程紧密结合。

例如,施工团队在不了解当地的建筑法规时,需要支付额外的费用聘请专家,或从当地的专业机构进行获取;汽车设计团队需要熟悉最新的自动装配技术。获取必要知识的途径包括聘请咨询人员,派设计人员出席研讨会,或者把来自生产岗位的人员纳入设计团队等。

资源估计的主要输入包括:①事业环境因素,是指活动资源估算过程利用事业环境因素中包含的有关基础设施资源有无或是否可利用的信息;②组织过程资产,提供了实施组织有关活动资源管理过程所考虑的人员配备以及物质与设备租用或购买的各种方针;③活动清单,是指需要与估算资源对应的计划活动;④活动属性,是指在估算活动清单中每一计划活动所需资源时依靠的基本数据;⑤资源可利用情况,是指在估算资源类型时,相关资源(如人员、设备和物资)可供本项目使用的信息,对于这些信息的了解包括资源来源地的地理位置以及可利用的时间,例如,在工程设计项目的早期阶段,可供使用的资源包括大量的初级与高级工程师,而在同一项目的后期阶段,可供使用的资源可能仅限于因为参与过项目早期阶段而熟悉本项目的个人。专家判断、备选方案分析、出版的估算数据、项目管理软件和自下而上估算方法都是有助于资源估计的可行工具。

资源估计过程的主要输出包括活动资源清单、资源分解结构、变更申请以及必要时对活动属性和资源日历的更新。如果分配给初级员工很多任务,那么项目经理可能会分配额外的时间和资源来帮助培训和指导这些员工。活动资源估计不仅是活动工期估计的基础,而且还为项目成本管理、项目人力资源管理、项目沟通管理及项目采购管理提供了重要的信息。

6.2.2　项目工期历时估计

工期是开展活动的实际时间加上占用时间。例如,尽管可能只花一周或 5 天就能完成一项实际的工作,但估计的工期可能是两周,目的是根据外部信息留出一些额外的时间进行调整。分配给一项任务的资源也会影响该任务的工期估计。

人工量是指完成一项任务所需的工作天数和工作小时。工期是指时间估计,而不是人工量估计。在项目进展过程中进行工期估计或更新工期估计时,项目团队成员必须验证他们的假设。实际上,工作执行者在做活动工期估计时是最有发言权的,因为要根据能否按工期完成活动来评估他们的工作绩效。如果项目的范围发生了变化,应更新工期估计以反映这些变化。回顾类似的项目和寻求专家的建议将有助于做好活动工期估计。

项目工期历时估计是估计任务的持续时间,它是项目计划的基础工作,直接关系到整个项目所需的总时间。项目历时估计首先是对项目中的任务(活动)进行时间估计,之后确定项目的历时估计。任务(活动)时间估计指预计完成各任务(活动)所需时间长短,在项目团队中熟悉该任务(活动)特性的个人和小组可对活动所需时间进行估计。进行活动工期历时估计的输入包括活动清单、活动属性、活动资源需求、资源日历、项目范围说明、企业环境因素和组织过程资产所包含的信息都会影响工期估计。在进行活动工期历时估计时,还应考虑实际的工作时间(如一周工作几天、一天工作几小时等)、生产率(如 LOC/天等)、项目的人员规模(如多少人月、多少人天等)、有效工作时间、连续工作时间和历史项目等。

常用的工期估算方法包括基于规模的进度估算、工程评估评审技术(Program Evaluation and Reviewer Technique,PERT)、专家估算法、类比估算法、关键路径法、三点估算法、参数估算法以及自上而下经验比例法。

1. 基于规模的进度估算

(1)定额估算法:定额估算法是根据项目规模估算的结果来推测进度的方法,是比较基本的估算项目历时的方法。其公式为 $T=Q/(R\times S)$。此方法适用于规模比较小的项目。

其中,T 代表活动的持续时间,可以用小时、日、周等表示。

Q 代表活动的工作量,可以用人天、人月、人年等表示。

R 代表人力或设备的数量,可以用人或设备数表示。

S 代表开发(生产)效率,以单位时间完成的工作量表示。

例 6-1 一个软件项目的规模估算是 6 人月,如果有 2 个开发人员,而每个开发人员的开发效率是 1.5,则该项目工期为多少?

答案:由题意可知,该项目有 2 个开发人员,即 $R=2$ 人;而每个开发人员的开发效率是 1.5,即 $S=1.5$;该项目的规模估算为 6 人月,即 $Q=6$ 人月,则由公式可知,$T=Q/R\times S=6$ 人月$/(2\times 1.5)=$ 2 月。

(2)经验导出模型:经验导出模型是根据大量项目数据统计而得出的模型,经验导出模型为 $D=a\times E^b$。

其中,D 代表活动的持续时间,如月进度。

E 代表活动的工作量,可以用人天、人月、人年等表示。

a 代表 2~4 之间的参数。

b 代表 1/3 左右的参数。

例 6-2 一个项目的规模估算是 27 人月,如果模型中的参数 $a=3$,$b=1/3$,则该项目工期为多少?

答案:$D=a\times E^b=3\times 27^{1/3}=9$ 人月。

2. 工程评估评审技术

工程评审技术(PERT)最初发展于 20 世纪 50 年代,主要适用于大型工程。它主要利用网络顺序图的逻辑关系和加权历时估算来计算项目历时,在估计历时存在不确定性,即估计具有一定的风险时采用。PERT 法采用加权平均的算法$(O+4M+P)/6$,其中,O 代表基于最好情况的最大乐观值(optimistic time),即项目完成的最小估算值;P 代表基于最坏情况的最大悲观值(pessimistic time),即项目完成的最大估算值;M(most likely time),即项目完成的最大可能估算值,最大可能估算值是基于最大可能情况的估计或者是基于最期望的情况的估计。

图 6-2 所示为 ADM 网络图,其中估计 A、B、C 的任务历时存在很大不确定性,因此对任务 A、B、C 的项目历时采用 PERT 方法进行估计。其中任务 A 的最乐观、最大可能和最悲观历时估计分别为 4、6、8;任务 B 的最乐观、最大可能和最悲观历时估计分别为 3、4、6;任务 C 的最乐观、最大可能和最悲观历时估计分别为 2、3、6。根据 PERT 公式$(O+4M+P)/6$ 计算的各任务的历时估计结果见表 6-1。

网络图中路径上的所有任务历时估计之和便是该路径的历时估计结果,叫做路径长度,则图 6-2的项目历时估计值为 13.5。

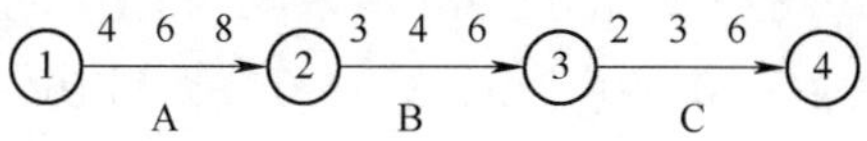

图 6-2　任务的 ADM 网络图

表 6-1　PERT 方法计算的项目历时估计值

任　务	最乐观值	最大可能值	最悲观值	PERT 估计值
A	4	6	8	6
B	3	4	6	4. 17
C	2	3	6	3. 33
项目				13. 5

在使用 PERT 方法的过程中，可能存在一定的风险，因此需要进一步使用基于标准差（standard deviation）和方差（variance）的风险分析，标准差 $\delta=(P-O)/6$，方差 $\delta^2=[(P-O)/6]^2$，其中，O 是最乐观的估计，P 是最悲观的估计。

如果一条路径中每个活动的 PERT 历时估计表示为 E_1、E_2、…、E_n，则该路径的历时、方差以及标准差分别表示为

$$E = E_1 + E_2 + \cdots + E_n$$

$$\delta^2 = (\delta_1)^2 + (\delta_2)^2 + \cdots + (\delta_n)^2$$

$$\delta = \sqrt{(\delta_1)^2 + (\delta_2)^2 + \cdots + (\delta_n)^2}$$

则图 6-2 中的任务 A、B、C 的标准差、方差以及整条路径（项目）的标准差、方差计算结果见表 6-2。

表 6-2　项目标准差、方差结果

任　务	标 准 差	方　差
A	4/6	16/36
B	3/6	9/36
C	4/6	16/36
项目（路径）	1. 07	41/36

设 E 为满足正态概率分布的均值，由概率论知识可知，$E\pm1\delta$ 的概率分布为 68. 3%，$E\pm2\delta$ 的概率分布为 95. 5%，$E\pm3\delta$ 的概率分布为 99. 7%，如图 6-3 所示。

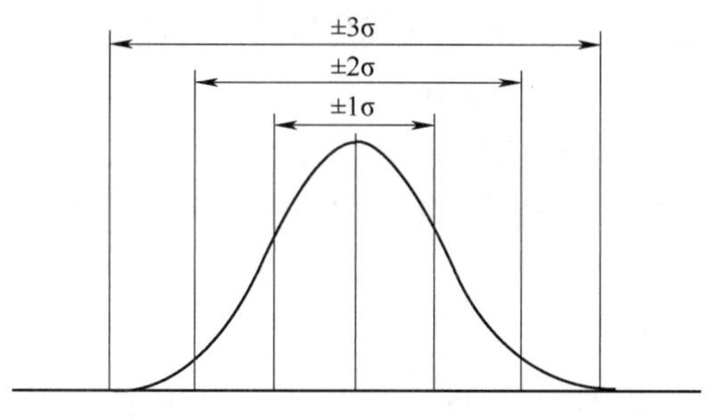

图 6-3　正态分布标准差

由表 6-1 和表 6-2 计算结果可知，图 6-2 中项目的 PERT 总历时估计为 13. 5 天，标准差为 1. 07，因此该项目的总历时估计概率可计算为，项目在 12. 43（13. 5 － 1. 07 = 12. 43）天到 14. 57（13. 5 +

1.07=14.57)天内完成的概率为68.3%;在11.36(13.5-2×1.07=11.36)天到15.64(13.5+2×1.07)天内完成的概率为95.5%;在10.29(13.5-3×1.07)天到16.71(13.5+3×1.07)天内完成的概率为99.7%,见表6-3。

表6-3　完成项目的概率分布

历时估计均值 $E=13.5$,标准差 $\delta=1.07$			
范　围	概　率	下　界	上　界
$\pm 1\delta$	68.3%	12.43	14.57
$\pm 2\delta$	95.5%	11.36	15.64
$\pm 3\delta$	99.7%	10.29	16.71

例6-3　图6-2中的项目在15.64天内完成的概率是多少?

解:由于 $13.5+2\delta=13.5+2\times1.07=15.64$,因此项目在15.64天内完成的概率是50%+95.5/2=97.75%,结果如图6-4所示。

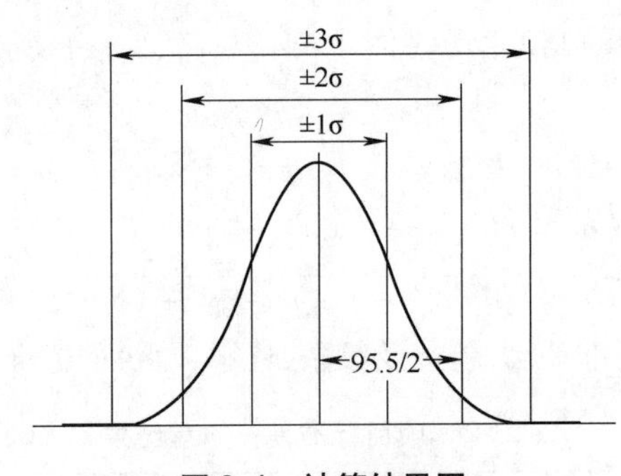

图6-4　计算结果图

3. 专家估算法

由于影响活动持续时间的因素太多,如资源的水平或生产率,所以常常难以估算。专家估算法是通过专家依靠过去资料信息进行判断,以估算进度的方法。在进行估算时,各位专家或项目团队成员也可以提供持续时间估算的信息,或根据以前的类似项目提出有关最长持续时间的建议。如果无法请到合适的专家,估计结果会造成较大的误差及项目会面临巨大的风险。

4. 类推估计方法

类推估计就是以从前类似计划的活动的实际持续时间为依据,估算将来的计划活动的持续时间。当有关项目的详细信息数量有限时,如在项目的早期阶段就经常使用这种办法估算项目的持续时间。类推估计利用历史信息和专家判断。以下情况的类推估计是可靠的:①先前活动和当前活动是本质上类似而不仅仅是表面的相似;②专家有所需专长。对于软件项目,利用企业的历史数据进行历史估计是常见的方法。

5. 关键路径法

关键路径法(Critical Path Method,CPM)是杜邦公司开发的技术,它是根据制定的网络图逻辑关系进行的单一的历时估算,首先计算每一个活动的单一的、最早和最晚开始和完成日期,然后计算网络图中的最长路径,以便确定项目的完成时间估算。一个项目往往是由若干个相对独立的任务链条组成的,各链条之间的协作配合就直接关系到整个项目的进度。关键路径法属于一种数学分析方法,包括理论上计算所有活动各自的最早和最晚开始与结束日期,该方法包含如下基本术语。

(1)最早开始时间(Early Start,ES):表示一项任务(活动)的最早可以开始执行的时间。

(2)最晚开始时间(Late Start,LS):表示一项任务(活动)的最晚可以开始执行的时间。

(3)最早完成时间(Early Finish,EF):表示一项任务(活动)的最早可以完成的时间。

(4)最晚完成时间(Late Finish,LF):表示一项任务(活动)的最晚可以完成的时间。

(5)超前(Lead):表示两个任务(活动)的逻辑关系所允许的提前后置任务(活动)的时间,它是网络图中活动间的固定可提前时间。

(6)滞后(Lag):表示两个任务(活动)的逻辑关系所允许的推迟后置任务(活动)的时间,是网络图中活动间的固定等待时间。例如,在装修房子时,刷油漆的后续活动是刷涂料,它们之间需要至少一段时间(一般是一天)的等待时间,等油漆变干后,再刷涂料,这个等待时间为滞后。

(7)浮动时间(Float):浮动时间是一个任务(活动)的机动性,它是一个活动在不影响项目完成的情况下可以延迟的时间量。

(8)关键路径:项目是由各个任务构成的,每个任务都有一个最早、最迟的开始时间和结束时间,如果一个任务的最早和最迟时间相同,则表示其为关键任务,一系列不同任务链条上的关键任务连接成为项目的关键路径,关键路径是整个项目的主要矛盾,是确保项目按照完成的关键。关键路径是网络图中浮动为0,而且是最长的路径。关键路径上的任何活动延迟,都会导致整个项目完成时间的延迟。它是完成项目的最短时间量。

如图6-5所示,所有任务的历时以天为单位,由图中可知,包含两条路径:A-B-C-E和A-B-D-F。其中A-B-C-E的长度为11(天),有浮动时间;A-B-D-F的长度为15(天),没有浮动时间。因此,最长而且没有浮动的路径A-B-D-F为关键路径,则项目完成的最短时间是15天,即关键路径的长度是15天。

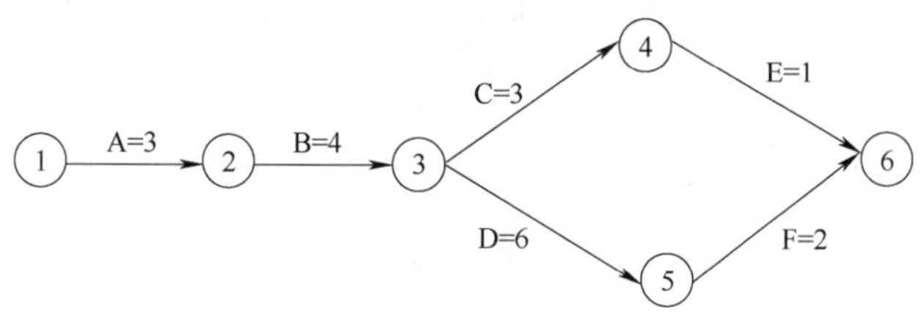

图6-5　项目网络图

关键路径法的计算方法有正推法(Forward Pass)和逆推法(Backward Pass)两种,正推法用于计算活动和节点的最早时间,其主要步骤如下:①设置网络图中的第一个节点时间,如设置为1;②选择一个开始于第一个节点的活动开始进行计算;③令活动最早开始时间等于其开始节点的最早时间;④在选择的活动的最早开始时间上加上工期,即最早结束时间;⑤比较此活动的最早结束时间和此活动结束节点的最早时间。如果结束节点还没有设置时间,则此活动的最早结束时间就是该结束节点的最早时间,如果活动的结束时间比结束节点的最早时间大,则取此活动的最早结束时间作为节点的最早时间,如果此活动的最早结束时间小于其节点的最早时间,则保留此节点时间作为其最早时间;⑥检测是否还有其他活动开始于此节点,如果有,则返回步骤③,如果没有,则进入下一个节点的计算,直到最后一个节点。

逆推法一般从项目的最后一个活动开始计算,直到计算到第一个节点的时间为止,在逆推法的计算中,首先令最后一个节点的最迟时间等于其最早时间,然后开始计算,其主要步骤如下:①设置最后一个节点的最迟时间,令其等于正推法计算出的最早时间;②选择一个以此节点作为节点的活动进行计算;③令此活动的最迟结束时间等于此活动的最迟时间;④从此活动的最迟结束时间汇总减去其工期,得到其最迟开始时间;⑤比较此活动的最迟开始时间和其开始节点的时间,如果开始节点还没有设置最迟时间,则将活动的最迟开始时间设置为此节点的最迟时间,如果活动的最迟开始时间早于节点的最迟时间,则将此活动的最迟开始时间设置为节点的最迟时间,如果活动的最迟开始时间迟于节点的最迟时间,则保留节点的时间作为最迟时间;⑥检查是否还有其他活动以此节点为结束节点,如果有则进入第二步计算,如果没有则进入下一个节点,直至最后一个节点;⑦第一个节点的最迟时间是本项目必须要开始的时间,假设最后一个节点的最迟时间和最早时间相等,则其值应该等于1。

在项目管理中,编制网络计划的基本思想就是在一个庞大的网络图中找出关键路径,并对各关键活动优先安排资源,挖掘潜力,采取相应措施,尽量压缩需要的时间。而对非关键路径的各个活动,在不影响工程完工时间的条件下,抽出适当的人力、物力和财力等资源,用在关键路径上,以达到缩短工程工期,合理利用资源等目的。在执行计划过程中,可以明确工作重点,对各个关键活动加以有效控制的调控。

6. 三点估算法

考虑原有估算中风险的大小,可以提高活动持续时间估算的准确性。三点估算就是在确定三种估算的基础上做出的。估计活动执行的三个时间,即乐观持续时间 a、悲观持续时间 b、最可能持续时间 m,对应于 PERT 网络期望时间公式为 $t=(a+4m+p)/6$。

例 6-4 某一工作正常情况下的活动时间是 15 天,在最有利的情况下其活动时间是 9 天,在最不利的情况下其活动时间是 18 天,那么该工作的最可能完成时间是多少?

解:由题意可知,该工作正常情况下的活动时间为 15 天,即最可能持续时间 $m=15$ 天;在最有利的情况下的活动时间是 9 天,即乐观持续时间 $a=9$ 天;在最不利的情况下的活动时间是 18 天,即悲观持续时间 $b=18$ 天,则由 PERT 网络期望时间公式得

$$t=(a+4m+p)/6=(9+4\times15+18)\text{天}/6=14.5\text{ 天}$$

7. 自上而下经验比例法

如果估算工作量时,项目经理是根据类推法、专家法给出的整个项目的工作量,那么计算出来的都是整个项目的历时,而没有给出项目各个阶段的历时,这种情况下仍然没有制订出进度计划。通常此时需要采用经验比例法,把整个项目的历时按照经验划分到每个阶段上,从而得出每个阶段的历时,例如可以得出需求历时、设计历时、代码历时。有了阶段历时后,再根据识别的任务,进行阶段任务分配和排序,把这些时间根据经验分到各个任务上,对各个任务再进行工作量和开发时间的分配,这种方法可以看成是自上而下的经验比例进度估算法。

阶段历时的经验比例有很多种,各个公司也有自己的不同值,下面给出几种参考的经验比例。

(1)简单比例。为了简化,制订软件项目进度计划时遵循 40-20-40 分布规则,即整个软件开发过程中,软件设计仅占 20%,软件分析工作量占 40%,软件测试工作量占 40%。40-20-40 分布规则只是对软件各阶段的工作量进行粗略分布,而具体项目的实际工作量分配比例必须按照各项目的特点进行详细划分,因此,40-20-40 只能作为设计指南进行参考。

(2)设计和开发详细比例。McConnell 在其书《软件项目生存指南》中提出设计和开发详细比例,见表 6-4。在该表中没有给出需求分析阶段的比例,因为他认为需求分析要另外花费项目的

10%～30% 的时间,而且配置管理和质量管理分别占总项目成本的 3%～5%,因此一个项目应该给出 10%～15% 的比例进行项目管理和支持活动。

表 6-4　设计和开发详细比例

生命周期阶段	小项目/%	大项目/%
架构设计	10	30
详细设计	20	20
代码开发	25	10
单元测试	20	5
集成测试	15	20
系统测试	10	15

(3) Walker Royce 比例表。Walker Royce 在其《软件项目管理》一书中给出表 6-5 所示的 Walker Royce 比例表,该比例表在 McConnell 提出的设计和开发详细比例基础上,还考虑了环境配置和项目实施阶段的比例。

表 6-5　Walker Royce 比例

管理工作	比例
需求分析	5%
设　计	10%
编码和单元测试	30%
集成和系统测试	40%
项目实施	5%
环境配置	5%

以上比例都只能作为参考,项目经理在实际工作中需要根据自己团队成员情况、项目情况、公司历来水平确定合理的比例。

历时估计的数值应该在有效工作时间上加上额外的时间,历时估计的输出是各个活动的时间估计,即关于完成一项活动需多少时间的数量估计,其估计值可以用一个唯一的值,也可以用某一范围表示,例如,任务的历时是 12 天,或者 7 天到 15 天,或者 2 周 ±1 天,表示该活动至少需 13 天或不超过 15 天。

6.3　软件进度安排

6.3.1　软件进度安排概念

在项目执行的过程中,进度问题是项目冲突的主要原因,因为它是项目规划中灵活性最小的因素,尤其在项目的后期,因此好的进度计划是项目能够顺利进行的有力保证。

软件进度安排就是依据项目时间管理前几个过程的结果确定软件项目的开始和结束日期。进度安排的最终目标是编制一份切实可行的项目进度表,从而在时间维度上为监控项目的进展情况提供依据。项目安排在制定项目进度时,主要依据合同书和项目计划。通常的做法是把复杂的整体项目分解成许多可以准确描述、度量、可独立操作的相对简单的任务,然后根据这些任务的执行顺序确定每个任务的完成期限、开始时间和结束时间。在进度安排过程中需要考虑项目可以支配的人力及资源、项目的关键路径、软件生命周期各个阶段工作量的划分、工程进展情况和各个阶段任务完成标志等。

软件进度安排的主要依据是组织过程资产、项目范围说明书、活动清单、活动属性、活动资源要求、资源日历、活动持续时间估算等。

有以下两种进度安排方式。

(1)系统最终交付日期已经确定,软件开发组织在这一约束下将工作量进行分配。

(2)系统最终交付日期只确定了大致的期限,最终发布日期由软件开发组织确定,工作量以一种能够最好地利用资源的方式进行分配。

但是,在实际工作中,第一种方式出现的频率远远高于第二种。显然,如果不能按期完成,将会引起用户不满,甚至导致市场机会的丧失和成本的增加。因此,合理分配工作量,利用进度安排的有效方法监控软件开发的进展,对于大型的复杂的软件开发项目显得尤为重要。

在自下而上经验比例法中提出,制订软件项目进度计划时遵循 40-20-40 分布规则,即整个软件开发过程中,软件设计仅占 20%,软件分析工作量占 40%,软件测试工作量占 40%。但该方案不强调编码工作,在现在大型软件项目开发过程中,编码工作所占的工作量份额还在不断缩小。

该分配方案只能作为工作量分配的指导原则。在计划阶段所需工作量一般很少超出项目总工作量的 2% ~ 3%,除非是具有高风险的巨资项目。需求分析可能占用项目工作量的 10% ~ 25%,用于分析或原型开发的工作量与项目规模和复杂度成正比增长。通常有 20% ~ 25% 的工作量用于软件设计,用于设计评审和迭代修改的时间也必须计算在内。由于设计时完成了相当的工作量,所以编码工作变得相对简单,用 15% ~ 20% 的工作量就可以完成。测试和随后的调试工作约占 30% ~ 40% 的工作量,且测试的工作量取决于软件的质量特性要求。

例 6-5 对 CAD 应用开发软件包的每项功能的每项开发活动进行工作量分配,可得表 6-6 所示的分配方案。

表 6-6 CAD 应用开发软件包工作量分配方案(单位:人月)

名　称	需求分析	设　计	编码与单元测试	集成测试
用户界面	0.5	1.0	0.5	1.0
二维几何分析	3.0	5.0	3.0	6.0
三维几何分析	7.0	10.0	6.0	11.0
数据库管理	1.0	2.0	1.0	2.0
图形显示	3.0	5.0	3.0	6.0
外设控制	2.0	3.5	1.5	4.0
设计分析	5.0	8.0	5.0	9.0

6.3.2 软件进度安排方法

软件进度安排的目的在于合理控制时间和节约时间,而软件项目的主要特点就是有严格的时间期限要求。因此,软件项目的进度安排一般以图形的方式展现。图形表示可以简单直观地看出项目的进度计划和工作的实际进展情况的区别、各项任务之间进度的相互依赖关系和资源的使用状况,从而有利于进度管理。一般的软件进度管理安排有三种图形表示方法:甘特图、网络图和里程碑图。

1. 甘特图

甘特图(Gantt chart)又称为横道图、条状图。其通过条状图来显示项目、进度、与其他时间相关的系统进展的内在关系随着时间进展的情况。甘特图可以显示任务的基本信息,使用甘特图能方便地看到任务的工期、开始和结束时间以及资源的信息,它可以直观表明计划何时进行、进展与要求的对比,便于项目管理者弄清项目的剩余任务,评估工作进度,是小型项目中最常用的工具。即使在大型工程项目中,它也是管理层了解全局、基层安排进度时有用的工具。

甘特图按照内容不同,分为计划图表、负荷图表、机器闲置图表、人员闲置图表和进度表 5 种形式,并有两种表示方法,这两种方法都是将工作分解结构中的任务排在垂直轴,时间安排在水平轴。第一种是棒状图(如图 6-6 所示),即用棒状表示任务的起止时间,空心棒状图代表计划起止时间,实心棒状图代表实际起止时间,棒状图中一个任务要占用两行空间。另一种是三角形图(如图 6-7 所示),即用三角形表示特定日期,方向向上三角形表示开始时间,向下三角形表示结束时间,计划时间和实际时间分别用空心三角形和实心三角形表示,一个任务仅占用一行空间。

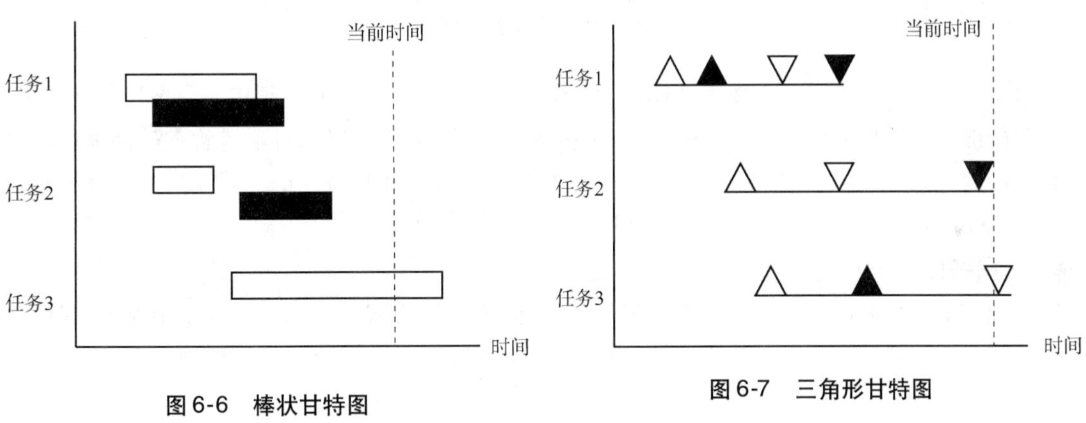

图 6-6　棒状甘特图

图 6-7　三角形甘特图

甘特图以作业排序为目的,将活动与时间进行联系,帮助项目管理者描述工作中心、超时工作等资源的使用。它包含三个含义:①以图表或表格的形式显示活动;②通用的显示进度的方法;③构造时含工作日和持续时间。甘特图的作用表现在计划产量与计划时间的对应关系、每日实际产量与预定计划产量的对比关系、一定时间内实际累计产量与同时期计划累计产量的对比关系。因此,为了合理表示上述关系和含义,绘制甘特图的步骤如下。

(1)明确软件项目涉及的各项活动、项目。其内容包括项目名称(包括顺序)、开始时间、工期、任务类型(依赖和决定性)和依赖于哪一项任务。

(2)创建甘特图草图。将所有的项目按照开始时间、工期标注到甘特图上。

(3)确定项目活动依赖关系及时序进度。使用草图,按照项目的类型将项目联系起来,并安排项目进度。

(4)计算单项活动任务的工时量。

(5)确定活动任务的执行人员及适时按需调整工时。

(6)计算整个项目时间。

如图6-8所示为某管理系统的甘特图示例。

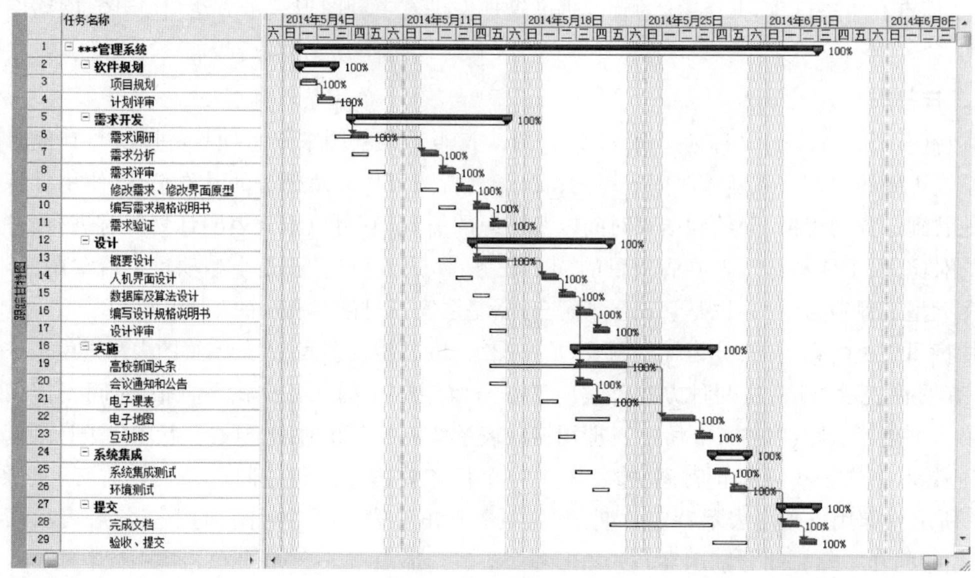

图6-8 甘特图示例

甘特图的优点在于图形化概要,通用技术,易于理解;有软件支持,无须担心复杂计算和分析。但它仅能部分地反映项目管理的时间、成本和范围的关系,虽然可以通过项目管理软件描绘出项目活动的内在关系,但如果关系较多,纷繁芜杂的线图必将增加甘特图的阅读难度。甘特图可以采用Microsoft Office Project、Gantt Project和Excel等进行绘制。

2. 网络图

当把一个工程项目分解成许多子任务,并且它们彼此间的依赖关系又比较复杂时,仅仅用甘特图作为安排进度的工具是不够的,不仅难于做出既节省资源又保证进度的计划,而且还容易发生差错。

网络图能描绘任务分解情况以及每项作业的开始时间和结束时间,此外,它还显式地描绘各个作业彼此间的依赖关系。进行历时估计时可以表示项目将需要多长时间完成,当改变某些任务的历时时可以表明历时将如何变化。网络图是用箭线和节点将项目任务的流程表示出来的图形,根据节点和箭线的不同含义,项目管理中的网络图分为PDM网络图(Precedence Diagramming Method,PDM)、ADM网络图(Arrow Diagramming Method,ADM)和CDM网络图(Conditional Diagramming Methods,CDM)三种类型。

(1)PDM网络图。PDM也称为前导图法(单代号图或活动节点图),它利用节点代表活动,而用节点间箭头表示活动的相关性。因为活动在节点上,所以PDM也称为活动在节点法(Activity-On-Node,AON)或简称节点法,是大多数项目管理软件包所采用的方法。图6-9所示是一个软件项目的PDM网络图示例。

(2)ADM网络图。ADM也称为箭线图(双代号网络图)。图中箭头表示任务,节点表示前一道任务的结束,同时也表示后一道任务的开始。用两个数字或两个字母表示活动起点和终点,用节点连接箭线以示相关性。因为网络中活动是在两点间的箭头上,也称ADM为箭线代表活动

(Activity-On-Arrow,AOA)。图 6-10 所示是一个软件项目的 ADM 网络图示例。

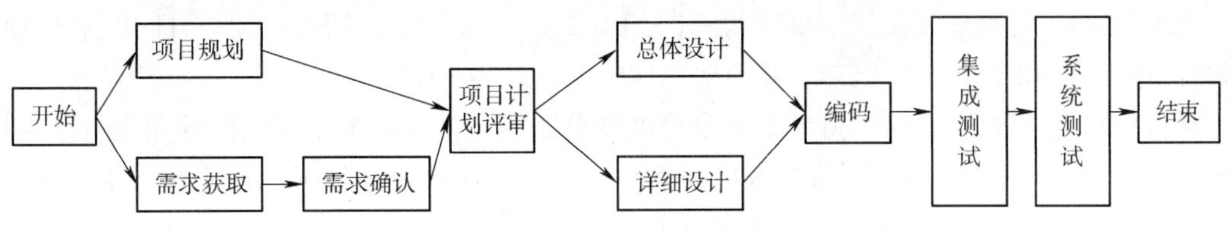

图 6-9　PDM 网络图示例

在 ADM 网络中,有时为了表示逻辑关系,需要设置一个虚活动,虚活动不需要时间和资源,一般用虚箭线表示。在图 6-10 中,为了表示软件开发过程中总体设计和详细设计的逻辑关系,需要引入代号 6,用虚线连接代号 6 到代号 5 的活动就是一个虚活动,它不是一个实际的活动,只是为了表达两者之间的逻辑关系。

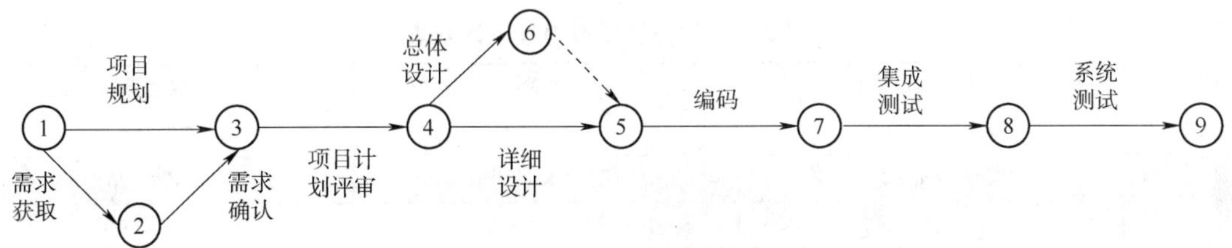

图 6-10　ADM 网络图示例

(3)CDM 网络图。CDM 网络图也称为条件箭头线图法,它允许活动序列相互循环和反馈,诸如一个环(例如,某试验须重复多次)或条件分支(例如,一旦检查中发现错误,就要修改设计),这在系统动力学模型中较常见,但 PDM 和 ADM 都不允许存在回路或有条件分支,因为这种情况下难以计算项目的周期,所以实际项目中很少使用 CDM 网络图。

3. 里程碑图

项目进展中要设置里程碑,里程碑仅表示事件的标记,不消耗资源和时间。里程碑图就是使用图表的方式来直观地表达项目里程碑的一种项目管理表格工具。里程碑图有利于就项目的状态与用户和组织的上级进行沟通。图 6-11 所示是一个软件项目里程碑图示例。

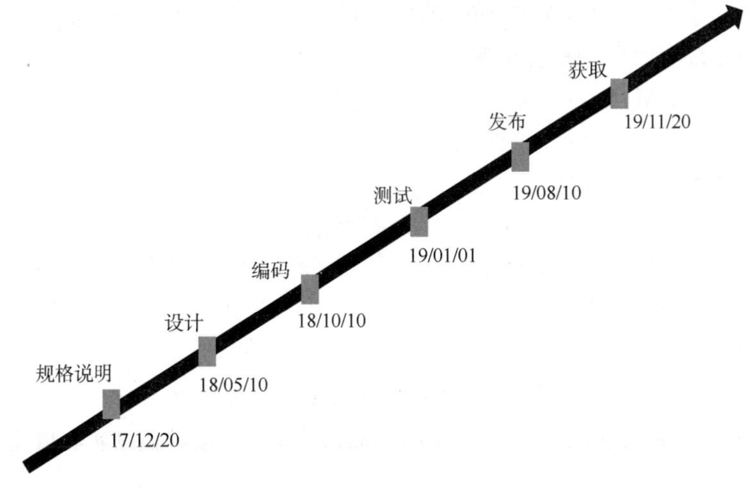

图 6-11　里程碑图

里程碑图显示项目进展中的重大工作完成,里程碑不同于活动,活动是需要消耗资源的并且需要花时间完成,里程碑仅仅表示事件的标记,不消耗资源和时间。例如,在图 6-11 中,软件项目的设计阶段在 2018-05-10 完成,软件项目的测试阶段在 2019-01-01 完成。

项目计划以里程碑为界限,将整个开发周期划分为若干阶段。根据里程碑的完成情况,适当调整每一个较小的阶段的任务量和完成的任务时间。同时,对项目里程碑阶段点的设置必须符合实际,必须有明确的内容并且通过努力能达到,以保证开发人员积极完成所安排的工作和任务。进度管理与控制其实就是确保达到项目里程碑,因此里程碑的设置要尽量符合实际,并且不轻易改变里程碑的时间。

例如,盒马鲜生信息管理系统计划在 2017 年 9 月 1 日开始,2018 年 12 月 31 日结束,共投入 50 万元。项目中设置了 6 个里程碑事件:系统规划完成、需求分析完成、系统设计完成、系统实施完成、系统测试完成、系统提交完成,则该系统的里程碑计划表见表 6-7。

表 6-7 软件开发项目里程碑计划表

序 号	里程碑事件	交付成果	完成时间
1	系统规划完成	规划书	2017 年 9 月 1 日
2	需求分析完成	需求规格说明书	2017 年 12 月 20 日
3	系统设计完成	系统设计方案	2018 年 3 月 9 日
4	系统实施完成	系统软件及编码文档	2018 年 8 月 2 日
5	系统测试完成	测试报告	2018 年 11 月 20 日
6	系统提交完成	验收报告	2018 年 12 月 31 日

该项目主要输出是项目进度表、进度模型数据、进度基线、变更申请以及对资源需求、活动属性、项目日历和项目管理计划的更新。

6.4 进度控制

进度控制管理是采用科学的方法确定进度目标,编制进度计划与资源供应计划,进行进度控制,在质量、费用、安全目标协调的基础上,实现工期目标。由于进度计划实施过程中目标明确,而资源有限,不确定因素多,干扰因素多,而这些因素存在主观因素和客观因素,并且主客观条件不断变化,项目计划也随之改变,因此,在项目进行过程中必须不断掌握计划的实施状况,并将实际情况与计划进行对比分析,必要时采取有效措施,使项目进度按预定的目标进行,确保目标的实现。进度控制管理是动态的、全过程的管理。进度控制的目标就是了解进度的情况,干预导致进度变更的因素,确定进度是否已经发生变更以及进度发生变更时,管理好这些变更。

进度控制的主要输入是项目管理计划、项目进度计划、工作绩效信息、组织过程资产。其所使用的主要工具和技术是进展报告、进度变更控制系统、进度对比条形图(如甘特图)、项目管理软件、偏差分析、假设情景分析、进度压缩、绩效管理等。同时,在进度控制时,要遵循如下原理。

1. 动态原理

项目的进行是一个动态的过程,因此,进度控制随着项目的进展而不断进行。项目管理人员应在项目各阶段制订各种层次的进度计划,需要不断监控项目进度并根据实际情况及时进行调整。

2. 系统原理

项目各实施主体、各阶段、各部分、各层次的计划构成了项目的计划系统,它们之间相互联系、相互影响;每一计划的制订和执行过程也是一个完整的系统。因此必须用系统的理论和方法解决进度控制问题。

3. 封闭循环

项目进度控制的全过程是一种循环性的例行活动,其活动包括编制计划、实施计划、检查、比较与分析、确定调整措施、修改计划,形成一个封闭的循环系统。进度控制过程就是这种封闭的循环系统不断运行的过程。

4. 信息原理

信息是项目进度控制的依据,因此必须建立信息系统,及时有效地进行信息的传递和反馈。

5. 弹性原理

软件工程项目工期长、体系庞大、影响因素多而复杂。因此在进度控制时要对计划留有余地,使计划有一定的弹性。

进度控制的主要输出包括工作绩效测量、组织过程资产的更新、变更请求、项目管理计划(更新)、项目文件(更新)。而在进度控制过程中,要注意:①采用各种控制手段保证项目及各个工程活动按计划及时开始,在项目开发过程中记录工程活动的开始和结束时间及完成程度;②在各控制期末(如月末、季末、一个里程碑事件结束时)将各活动的完成程度与计划对比,确定整个项目的完成程度,并结合工期、生产成果、劳动效率、消耗等指标,评价项目进度情况,分析其中的问题,并找出需要采取纠正措施的地方;③对下期工作进行安排,对一些已开始,但尚未结束的项目单位的剩余时间作估算,提出调整进度的措施,根据已完成状况作新的安排和计划,调整网络(如变更逻辑关系,延长、缩短持续时间,增加新的活动等),重新进行网络分析,预测新的工期状况;④对调整措施和新计划评审,分析调整措施的效果,分析新的工期是否符合目标要求。

小　　结

项目的时间管理是项目计划中最重要的部分,它涉及 6 个过程:活动定义、活动排序、活动资源估计、活动工期估计、进度安排和进度控制。项目进度估算方法包括计划活动资源估算和项目工期历时估计,常用的工期估算方法包括基于规模的进度估算、工程评估评审技术(PERT)、专家估算法、类比估算法、关键路径法(CPM)、三点估算法、参数估算法以及自上而下经验比例法等。软件进度管理安排包括甘特图、网络图和里程碑图等表示方法。其中网络图是关键路径法中最常用的表示方法,它主要有 PDM 图、ADM 图和 CDM 图,其中正推法确定各个活动的最早开始时间和最早完成时间,逆推法确定各个活动的最晚开始时间和最晚结束时间。最后,通过进度控制了解项目进度的情况,干预导致进度变更的因素,确定进度是否已经发生变更以及进度发生变更时,管理好这些变更。

习 题 6

一、选择题

1. “软件编码完成之后,才可以对它进行软件测试。”这句话说明的依赖关系是(　　)。

   A. 软逻辑关系　　B. 里程碑　　C. 外部依赖关系　　D. 强制性依赖关系

2. 关注一个任务时,更应该关注(　　)。

A. 非关键任务　　B. 通过成本最低化加速执行任务

C. 加速执行关键路径上的任务　　D. 尽可能多的任务

3. 对一个任务进行进度估算时,乐观估计 8 天完成,悲观估计 20 天完成,最有可能 11 天完成,则这个任务的历时估计介于 10 天到 14 天的概率是(　　)。

A. 50%　　B. 68.3%　　C. 70%　　D. 99.7%

4. 如果用户提供的环境设备需要 6 月 20 日到位,所以环境测试安排在 6 月 20 日以后,这种活动安排的依赖依据是(　　)。

A. 外部依赖关系　　B. 软逻辑关系　　C. 里程碑　　D. 强制依赖关系

5. 对一个任务进行进度估算时,乐观估计 6 天完成,悲观估计 24 天完成,最有可能 12 天完成,那么这个任务的历时估算在 16 天内完成的概率是(　　)。

A. 68.3%　　B. 99.7%　　C. 15.8%　　D. 84.2%

6. 关于浮动,下面正确的是(　　)。

A. 每个任务都有浮动

B. 只有复杂的项目有浮动

C. 浮动是在不影响项目完成时间的前提下,一个活动延迟的时间量

D. 浮动是在不增加项目成本的条件下,一个活动可以延迟的时间量

二、名词解释

1. 进度
2. 软件进度安排
3. 进度控制管理
4. 甘特图
5. 项目活动定义

三、应用题

1. 设存在任务 A 和任务 B,它们的最乐观值分别为 8 和 2,最悲观值分别为 22 和 10,最可能值分别为 11 和 6,试说明包含此两个任务的项目在 20 天内完成的概率近似值。

2. 一个软件项目的规模估算是 12 人月,如果有 4 个开发人员,而每个开发人员的开发效率是 1.5,则该项目工期为多少?

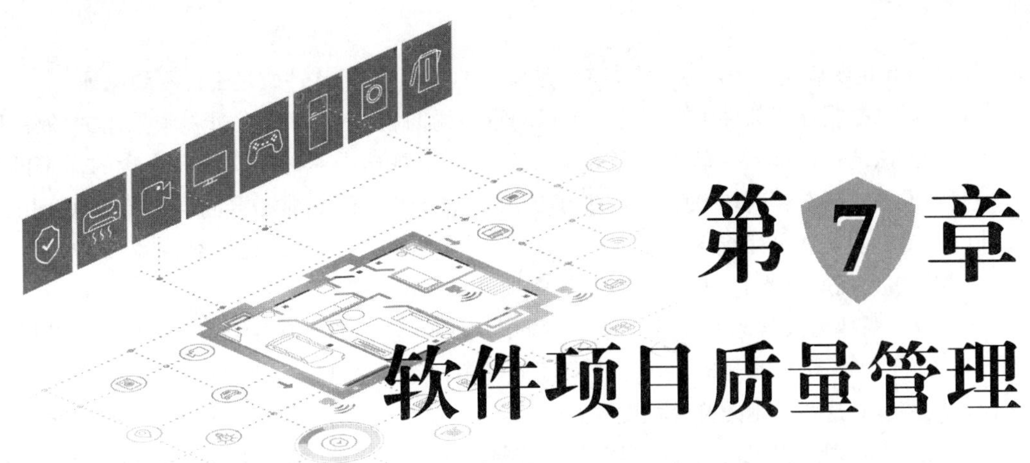

第7章 软件项目质量管理

7.1 基本概念

7.1.1 软件质量定义

软件已经成为人们日常生活中必不可少的一部分。在电话等家用小电器中、乘坐的轿车中、交通控制系统中、银行的自动提款机(Automated Teller Machine,ATM)中,软件无处不在。在这些系统中的任何一个缺陷都会对人们的生活甚至一生产生影响。

随着时间的推移,人们逐渐将自己的一切托付给了软件,但同时人们的生活也受到软件中缺陷与bug的制约。客户总是希望软件中没有任何缺陷与bug,这一点就像他们期望开车时不会遇到红灯一样。目前整个经济正在向电子商务方向发展,而政府也在向电子化政府转变,所以,软件的无缺陷特性越来越重要了。

对于软件行业来说,它的一个特点就是人们总是处于压力之下工作,并且常常要在不合理的期限之内完成给定的工作。在如此大的压力之下,软件出错的可能性也就变得很高。随着软件使用的深入,对于修改错误而言,事实上是不会有第二次机会的。如果是在一个很关键的系统中发生了错误,那么在弄出了人命之后再去修改问题已经于事无补了。即使缺陷没有直接造成什么影响,但在一个分布式环境中修改缺陷,所需的费用实在是太高了,根本无法接受。由于软件行业自身的一些问题,在产品中存在缺陷已经成为一种传统了。让开发人员找出产品中的所有缺陷并加以修改不是一件容易的事情,通常他们更愿意去进行有趣的设计工作,而不是从事维护工作。

质量是产品或服务满足明确或隐含需求能力的特性和特征的总和。ISO定义:“质量是产品或者服务满足明确和隐含需要能力的性能特性的总体”。明确或隐含的需求是项目需求开发的依据。就项目而言,质量管理的一个关键就是通过相关方分析,将相关方需求、需要转化为项目范围管理中的要求。

软件质量是与软件产品满足规定的和隐含的需求能力有关的特征或特性的全体。ANSI/IEEE 729:1983对软件质量的定义为“与软件产品满足规定的和隐含的需求能力有关的特征或特性的全体”。软件质量反映了以下三方面的问题。

(1)软件需求是度量软件质量的基础,不满足需求的软件就不具备质量。

(2)不遵循各种标准中定义的开发规则,软件质量就得不到保证。

(3)只满足明确定义的需求,而没有满足应有的隐含需求,软件质量也得不到保证。

软件质量是贯穿于软件生存期的一个极为重要的问题,是软件开发过程中采用的各种开发技术和检验方法的最终体现。软件质量是满足软件需求规格中明确说明以及隐含的需求的程度。其中明确说明是指在合同环境中,用户明确提出的需求或需要,通常是合同、标准、规范、图纸、技术文件中作出的明确规定,隐含的需求则应加以识别和确定,具体来说是顾客或者社会对实体的期望,或者是指人们所公认的、不言而喻的、不需要作出规定的需求。

例 7-1 需要为大学选用最好的商用工资单软件包,应该如何以系统的方法来着手进行选择?

系统方法的一个要素是标识用于评判工资单软件包的准则。这些准则应该是什么?应该如何检查软件包和这些准则的符合程度呢?

项目质量管理过程包括保证项目满足原先规定的各项要求所需的实施组织的活动,即决定质量方针、目标与责任的所有活动,并通过诸如质量规划、质量保证、质量控制、质量持续改进等方针、程序和过程来实施质量体系。质量管理过程包括质量规划、实施质量保证和实施质量控制。

7.1.2 软件质量模型

从软件质量的定义得知软件质量是通过一定的属性集来表示其满足使用要求的程度,那么这些属性集包含的内容就显得非常重要。计算机对软件质量的属性进行了较多的研究,得到了一些有效的质量模型,包括 McCall 质量模型、Boehm 质量模型、ISO/IEC 9126 质量模型。

1. McCall 质量模型

早期的 McCall 质量模型是 1977 年 McCall 和他的同事建立的,他们在这个模型中提出了影响质量因素的分类,把软件质量分为三组质量因素。

(1)产品操作质量,包括 5 个方面。

①正确性:程序满足其规格说明以及实现用户目的的程度。

②可靠性:程序能够在规定的精度下执行预期功能的程度。

③有效性:软件所需要的计算机资源的数量。

④完整性:控制未经授权的用户访问软件或数据的程度。

⑤可用性:学习、操作、准备输入数据和解释输出所需要的工作量。

(2)产品修订质量,包括 3 个方面。

①可维护性:定位和修改运行程序中的错误所需要的工作量。

②可测试性:测试程序确保程序实现预期功能所需要的工作量。

③灵活性:修改运行程序所需要的工作量。

(3)产品转变质量,包括 3 个方面。

①可移植性:把程序从一种硬件配置或软件系统环境转移到另一种环境所需要的工作量。

②可重用性:程序能用在其他应用程序中的程度。

③互操作性:把系统与另一个系统相互耦合需要的工作量。

2. Boehm 质量模型

1978 年 Boehm 和他的同事提出了分层结构的软件质量模型,除包含了与 McCall 模型相同的用户期望和需要的概念外,还包括 McCall 模型中没有的硬件特性。Boehm 质量模型如图 7-1 所示。

Boehm 质量模型始于软件的整体效用,从系统交付后设计不同类型的用户角度考虑。第一种用户是初始顾客,系统做了顾客期望的事,顾客对系统非常满意;第二种用户是将软件移植到其他软硬件系统下使用的客户;第三种用户是维护系统的程序员。因此,Boehm 模型反映了对软件质量的全过程理解,即软件做了用户要它做的、有效地使用系统资源、易于用户学习和使用、易于测试和维护。

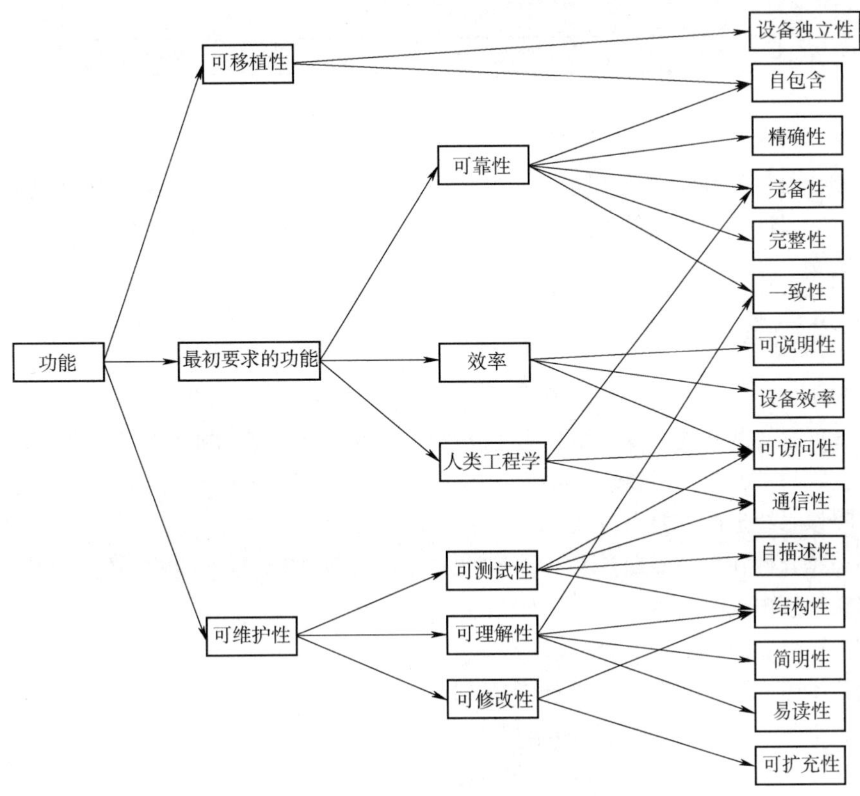

图 7-1　Boehm 质量模型

3. ISO/IEC 9126 质量模型

20 世纪 90 年代早期,软件工程界试图将诸多的软件质量模型统一到一个模型中,并把这个模型作为度量软件的一个国际标准。国际标准化组织和国际电工委员会共同成立的联合技术委员会(JTC1)于 1991 年颁布了 ISO/IEC 9126:1991《软件产品评价—质量模型》,将质量模型分为 3 个:内部质量模型、外部质量模型、使用中质量模型。外部和内部质量模型如图 7-2 所示,使用中质量模型如图 7-3 所示。

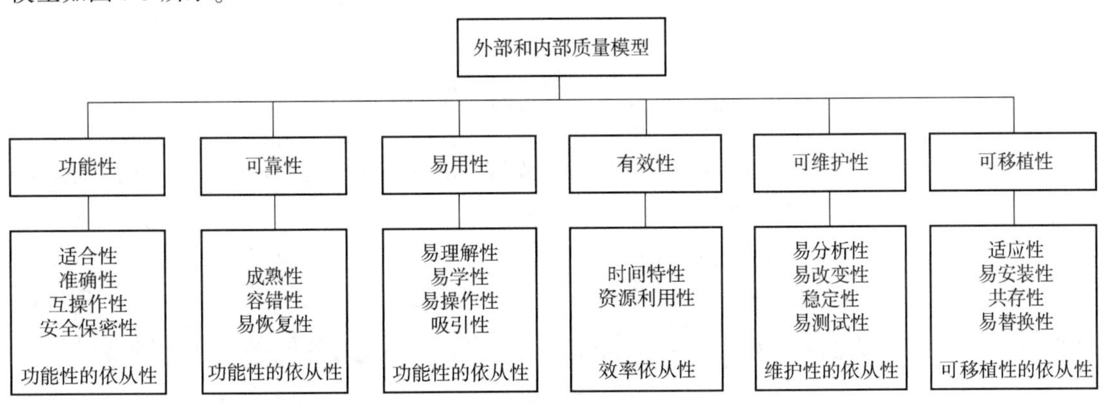

图 7-2　外部和内部质量模型

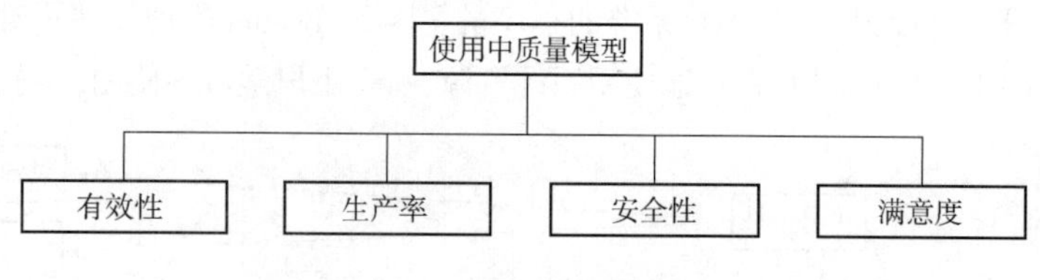

图 7-3　使用中质量模型

各个模型包括的属性集大致相同，但也有不同的地方，这说明，软件质量的属性是依赖于人们的意志，不同的时期、不同的软件类型、不同的应用领域，软件质量的属性是不同的，这也是软件质量主观性的表现。

7.1.3　软件缺陷

某公司为学校开发一套完整的教务管理系统，在软件系统交付使用的过程中，学校发现一些软件说明书上所描述的功能并没有在系统内得到实现，在一些教务功能上出现了混乱和说明书中明确表明不会出现的错误，并且教师和学生经过试用后发现该系统运行速度慢且不易于使用。因此学校决定将该系统退回并要求对该系统进行修改。

软件缺陷是软件在生命周期各个阶段存在的一种不满足给定需求性的问题。通常，可以从以下 5 个规则来判别出现的问题是否是软件缺陷。

(1)软件未实现说明书要求的功能。

(2)软件出现了说明书指明不应该出现的错误。

(3)软件实现了说明书未提到的功能。

(4)软件未实现说明书虽未明确提及但应该实现的目标。

(5)软件难以理解、不易使用、运行速度缓慢或者最终用户认为不好。

软件缺陷一旦被发现，就要设法找出引起这个缺陷的原因，分析对产品质量的影响，由于资源是稀缺的，确定软件缺陷修复优先级是节约资源的最佳手段。因此，要对软件缺陷进行分类研究。有多种分类标准可以对缺陷进行分类，下面列举常见的缺陷分类。

(1)根据软件缺陷所造成危害的恶劣程度来划分，一般分为致命的、严重的、一般的和微小的缺陷。

(2)根据软件缺陷产生的技术类型一般分为 5 种类型：输入/输出缺陷、逻辑缺陷、计算错误、接口缺陷和数据缺陷。

7.2　质 量 计 划

现代质量管理强调：质量是计划出来的，不是检查出来的。只有制订了切实可行的质量计划，严格地按照规范流程实施，才能达到规定的质量标准。质量计划是判断哪些质量标准与本项目有关，并决定应如何达到这些质量标准。质量计划的依据是质量政策、范围描述、产品说明、标准和规则以及其他过程的输出。质量计划要明确质量管理组织的职务和义务。质量保证人员应该有特殊的问题上报渠道，以保证问题顺利解决，但是质量保证人员应该慎用该渠道。

7.2.1　质量计划的工具和技术

1. 成本效益分析

质量计划过程必须考虑成本与效益两者间的取舍平衡。符合质量要求所带来的主要效益是减少返工,它意味着劳动生产率的提高,成本降低,相关方更加满意。为达到质量要求所付出的主要成本是开展项目质量管理活动的开支。

2. 基准比较分析

基准比较分析包括将实际的或计划中的项目实施情况与其他项目的实施情况相比较,从而得出提高水平的思路,并提供检测项目绩效的标准。其他项目可能在执行组织的工作范围之内,也可能在执行组织的工作范围之外;可能属于同一领域,也可能属于别的领域。

3. 流程图

流程图是表示系统中各要素之间相互关系的图表。在质量管理中常用的流程图包括因果图(也称为鱼骨图)和系统流程图。流程图能够帮助项目团队预测可能发生哪些质量问题,在哪个环节发生,因而有助于使解决问题的手段更为高明。

4. 实验设计

实验设计是帮助确定在产品开发和生产中,哪些因素会影响产品或过程特定变量的一种统计方法,而且在产品或过程优化中也起到一定作用。例如,组织可以通过实验设计降低产品性能对环境或制造变动因素的灵敏度。该项技术最重要的特征是,它提供了一个统计框架,可以系统地改变所有重要因素,而不是每次只改变一个重要因素。通过对实验数据的分析,可以得出产品或过程的最优状态、着重指明结果的影响因素并揭示各要素之间的交互作用和协同作用关系。

5. 质量成本

质量成本指为避免评估产品或服务是否符合要求及产品或服务不符合要求(返工)发生的所有费用。失败费用也称为质量低劣费用,通常分为内部和外部费用。

7.2.2　质量计划的输出

1. 质量管理计划

质量管理计划应说明项目管理团队如何具体执行它的质量政策。质量管理计划是整个项目计划的输入,它提出项目的质量控制、质量保证和质量改进的具体措施。质量管理计划可以是正式的或非正式的,高度细节化的或框架型的,应视项目的需要而定。

2. 操作性定义

操作性定义描述各项操作规程的含义以及如何通过质量控制程序对它们进行检测。例如,仅仅把满足进度计划时间作为管理质量的检测标准是不够的,项目管理团队还应指出是否每项工作都应准时开始,或者只要准时结束即可;是否要检测单个的活动,或者仅仅对特定的可交付成果进行检测。如果是后者,那么哪些可交付成果需要检测。在一些应用领域,操作性定义又称为度量标准。

3. 检查单

检查单是一种结构化的管理手段,常用以核实需要执行的一系列步骤是否已经得到贯彻实施。检查单可以简单,也可以复杂。许多组织提供标准化的检查单,以确保对常规工作的要求保持前后一致。

4. 过程改进计划

过程改进计划是项目管理计划的从属内容。过程改进计划应详细说明过程分析的具体步骤，以便于确定浪费和非增值活动，进而提高客户价值。

7.3 质量保证

7.3.1 软件质量保证的目标和任务

质量保证(Quality Assurance,QA),是"为了提供信用,证明项目会达到有关质量标准,而开展有计划、有组织的工作活动"。它是贯穿整个项目生命周期的系统性活动,经常性地针对整个项目质量计划的执行情况,进行评估、检查与改进等工作,向管理者、顾客或其他相关方提供信任,确保项目质量与计划保持一致。

软件质量保证(Software Quality Assurance,SQA)的目的是验证在软件开发过程中是否遵循了合适的过程和标准。其主要作用是保证软件透明开发的主要环节。它贯穿于整个项目的始终。软件质量保证是一种有计划的、系统化的行动模式,它是为项目或产品符合已有技术需求提供充分信任所必需的。质量保证是一种预防性、提高性和保证性的质量管理活动。实施质量保证是开展规划确定的系统的质量活动,确保项目实施满足要求所需的所有过程。

全面质量管理(Total Quality Management,TQM)是一个组织以质量为中心,以全员参与为基础,目的在于通过让顾客满意和本组织所有成员及社会受益而达到长期成功的一种质量管理模式。

软件质量保证和全面质量管理的思想是一致的,都指出了不应该只在一个环节上,如测试环节来保证软件质量,而应该全面地去改进、控制软件流程来保证软件质量。

质量保证的关注点集中在一开始就避免缺陷的产生。质量保证要做到以下几点。

(1)事前预防工作,例如,着重于缺陷预防而不是缺陷检查。

(2)尽量在刚刚引入缺陷时即将其捕获,而不是让缺陷扩散到下一个阶段。

(3)作用于过程而不是最终产品,因此它有可能会带来广泛的影响与巨大的收益。

(4)贯穿于所有的活动之中,而不是只集中于一点。

软件质量保证的目标是以独立审查的方式,从第三方的角度监控软件开发任务的执行,就软件项目是否正确遵循已制订的计划、标准和规程给开发人员和管理层提供反映产品和过程质量的信息和数据,提高项目透明度,同时辅助软件工程取得高质量的软件产品。

软件质量保证的主要作用是给管理者提供预定义的软件过程的保证,因此 SQA 组织要保证如下内容的实现:选定的开发方法被采用,选定的标准和规程得到采用和遵循,进行独立的审查,偏离标准和规程的问题得到及时的反映和处理、项目定义的每个软件任务得到实际的执行。

软件质量保证的主要任务包括以下三个方面。

1. SQA 审计与评审

SQA 审计包括对软件工作产品、软件工具和设备的审计,评价这几项内容是否符合组织规定的标准。SQA 评审的主要任务是保证软件工作组的活动与预定的软件过程一致,确保软件过程在软件产品的生产中得到遵循。

2. SQA 报告

SQA 人员应记录工作的结果,并写入到报告之中,发布给相关的人员。SQA 报告的发布应遵循三条原则:SQA 和高级管理者之间应有直接沟通的渠道;SQA 报告必须发布给软件工程组,但不必发布给项目管理人员;在可能的情况下向关心软件质量的人发布 SQA 报告。

3. 处理不符合问题

这是 SQA 的一个重要的任务,SQA 人员要对工作过程中发现的不符合问题进行处理,及时向有关人员及高级管理者反映。

软件质量保证实施的 5 个步骤如下。

(1)目标,以用户需求和开发任务为依据,对质量需求准则、质量设计准则的质量特性设定质量目标进行评价。

(2)计划,设定适合于待开发软件的评测检查项目,一般设定 20~30 个。

(3)执行,在开发标准和质量评价准则的指导下,制作高质量的规格说明书和程序。

(4)检查,以计划阶段设定的质量评价准则进行评价,算出得分,以质量图的形式表示出来,比较评价结果的质量得分和质量目标,确定是否合格。

(5)改进,对评价发现的问题进行改进活动,重复计划到改进的过程直到开发项目完成。

7.3.2　软件质量保证过程

SQA 人员类似于软件开发过程中的过程警察,其主要职责是检查开发和管理活动是否与制定的过程策略、标准和流程一致,检查工作产品是否遵循模板规定的内容和格式。

1. 计划阶段

(1)目的和范围:项目计划过程的目的是计划并执行一系列必要的活动,以便在不超过项目预算和日程安排的前提下,将优质的产品交付给客户。项目计划过程适用于组织中的所有项目,但每个项目可以根据各自的不同情况对该过程进行裁剪。

(2)进入标准:项目启动会议已经结束;在项目周期中,根据项目的跟踪结果,需要对项目计划进行修改和完善。

(3)输入:项目启动报告、项目提案书、项目相关材料、组织财富库中以往类似的经验文档。

(4)输出:评审后的文档包括软件开发质量计划、软件项目质量管理计划、软件配置管理计划。

(5)过程描述:制订软件管理计划,制订软件质量管理计划,制订软件配置管理计划。

(6)验证:同级评审人员和软件质量保证人员必须对项目计划进行评审,批准后项目才能付诸实施。

(7)QA 检查清单:软件开发质量计划、软件配置管理计划。

该阶段确保制订了软件开发质量计划和软件配置管理计划。

2. 需求分析阶段

(1)目的和范围:需求说明和需求管理的目的是为了保证开发组在开发期间对项目目标和生产出最后产品的目的有一个清晰的理解。软件需求规格说明书将作为产品测试和验证是否符合需要的基础。对于需求的变更,它可能在开发项目期间的任何时间点发生,需求的变更将影响日程和承诺的变化,这些变化需求和客户多提出的要求相一致。

(2)进入标准:计划已经被批准,并且项目整体要求的基础设施是可用的;软件的需求已经被需求收集小组捕获;对已经形成了基线的软件规格说明书有变更的请求。

(3)输入:软件需求说明书、变更需求的请求。

(4)退出标准:软件需求规格说明书已经经过评审并形成了基线;对已经形成基线的软件需求的变更进行了处理;形成基线的软件说明书已经经过客户批准;验收标准已经完成;所有评审的问题都已经解决。

(5)输出:经过批准并形成基线的软件需求规格说明书、对受影响组件的重新估算文档、验收测试标准和测试计划。

(6)过程描述:主要处理需求说明和需求管理。

(7)验证:项目经理定期检查需求规格说明书和项目需求管理的各个方面;软件质量保证人员要定期对需求分析过程执行独立的评估。

(8)质量保证检查清单:软件需求规格说明书、变更需求跟踪记录、验收测试标准与测试计划。

该阶段要确保客户提出的需求是可行的,确保客户了解自己提出的需求的含义,并且这个需求能够真正达到他们的目的,确保开发人员和客户对于需求没有误解或者误会,确保按照需求实现的软件系统能够满足客户提出的要求。

3. 设计阶段

(1)目的与范围:本阶段关注的是把需求转变成如何实现这些需求的描述,主要包括概要设计和详细设计。软件设计过程主要包括体系结构设计、运算方法设计、类/函数/数据结构设计和制定测试标准。

(2)进入标准:产品需求已经形成了基线;需要设计解决方案;新的或修改的需求需要改变当前的设计。

(3)输入:形成基线的需求。

(4)退出标准:设计文档已经评审并形成基线;测试标准、测试计划可行。

(5)输出:概要设计文档、详细设计文档、测试计划、项目标准和选择的工具。

(6)过程描述:设计过程包括概要设计和详细设计两个阶段。

(7)验证:项目管理者分析概要设计满足需求的程度;项目管理者不定时监督详细设计说明书的创建工作;项目管理者通过定期分析在设计阶段收集的数据来验证设计过程中执行的有效性;质量保证人员通过验证产生的工作产品和做独立的抽样检查来验证产品的有效性;质量保证人员通过分析项目的度量数据和对过程的走查来验证设计过程的有效性。

(8)质量保证检查清单:概要设计文档、详细设计文档、测试计划(系统/集成/单元)和项目标准。

在概要设计阶段,要确保规格定义能够完全符合、支持和覆盖前面描述的系统需求;可以采用建立需求跟踪文档和需求实现矩阵的方式,确保规格定义满足系统需求的性能、可维护性、灵活性的要求;确保规格定义是可以测试的,并且建立了测试策略;确保建立了可行的、包含评审活动的开发进度表;确保建立了正式的变更控制流程。

在详细设计阶段,要确保建立了设计标准,并且按照标准进行设计;确保设计变更被正确地跟踪、控制、文档化;确保按照计划进行设计评审;确保设计按照评审准则评审通过并被正式批准之前,没有开始正式编码。

4. 编码阶段

(1)目的和范围:编码过程的目的是为了实现详细设计中各个模块的功能,能够使用户要求的实际业务流程通过代码的方式被计算机识别并转化为计算机程序。

编码过程就是用具体的数据结构来定义对象的属性,用具体的语言来实现业务流程所表示的算法。在对象设计阶段形成的对象类和关系最后被转换成特定的程序设计语言、数据库或者硬件的实现。

(2)进入标准:设计文档已经形成基线;详细设计变更编写完毕并通过评审,并且代码需要变更;对于维护项目,维护需求分析已经形成基线,可进行代码的变更;已经制定编码的测试标准。

(3)输入:详细设计文档、特定项目的编码规范、相关的软件和硬件环境、维护分析文档、测试计划。

(4)退出标准:详细设计中所有模块的功能全部实现,并通过自我代码审查,编译通过。

(5)输出:已完成的、需要进行测试的代码,代码编写规范的更改建议。

(6)过程描述:编码过程是把详细设计中的各个模块功能转化为计算机可识别的代码的过程,因此程序员在进行编码时,一定要仔细认真,切勿有半点疏忽。编码过程通常情况下占整个项目开发时间的 20% 左右,为了使代码达到高质量、高标准,代码编写过程一定要合理、规范。编码过程主要包括制订编码计划;认真阅读开发规范;编码准备;专家指导,并填写疑问或问题表;理解详细设计书;编写代码;自我审查;提交代码和更改代码。

(7)验证:验证编码的规范化;验证是否进行了自我审查;验证代码的一致性和可跟踪性;通过测试验证代码的正确、合理性;验证每个编码人员的工作能力。

(8)质量保证检查清单:编码计划、开发规范建议书、详细设计疑问列表、代码审查检查列表、代码审查记录、代码测试记录。

该阶段要确保建立了编码规范、文档格式标准,并且按照该标准进行编码;确保代码被正确地测试和集成,代码的修改符合变更控制和版本控制流程;确保按照进度计划编写代码;确保按照进度计划进行代码审查。

5. 测试阶段

(1)目的和范围:软件测试过程的目的是为了保证软件产品的正确性、完整性和一致性,保证提供实现用户需求的高质量、高性能的软件产品,从而提高用户对软件产品的满意程度。

在软件投入运行前,要对软件需求分析、设计和编码各阶段的产品进行最终检查和检测,软件测试是对软件产品内容和程序执行状况的检测以及调整、修正的过程。这种以检查软件产品内容和功能特性为核心的测试,是软件质量保证的关键步骤,也是成功实现软件开发目标的重要保障。

(2)进入标准:经过自我检查的程序代码需要进行测试,测试环境搭建完成,测试计划完成。

(3)输入:需要测试的程序代码、测试工具、测试环境、测试计划、测试用例、测试数据、测试检查列表、以往的经验与教训。

(4)退出标准:按照测试计划,所有的测试用例都成功地被执行了;测试过的代码形成基线。

(5)输出:测试记录、缺陷统计表、已经测试过的代码。

(6)过程描述:软件测试包括单元测试、集成测试、系统测试和确认/验收测试。

(7)验证:验证测试人员是否按测试计划执行测试,验证测试人员的测试能力,验证各个阶段缺陷的严重程度。

(8)质量保证检查清单:软件测试计划、测试记录和缺陷统计表。

该阶段要确保建立了测试计划,并按照测试计划覆盖了所有的系统规格定义和系统需求;确保经过测试和调试,软件仍旧符合系统规格和需求定义。

6. 系统交付和安装阶段

(1)目的和范围:在系统交付阶段,要将开发并且通过测试的软件应用系统和相关文档交付给用户。本过程的目的是确保正确的元素/组件被交付给用户,并对每个交付产品做适当的记录。

(2)进入标准:软件已经经过了系统测试,达到了用户的要求;各种手册已经编制完毕,准备交付。

(3)输入:测试通过的、需要被安装的应用系统,软件用户使用手册,软件维护技术手册。

(4)退出标准:用户接受了被交付的系统。

(5)输出:被批准的软件交付及培训计划、安装后的软件、用户签字后的用户验收确认单。

(6)过程描述:制订软件交付及培训计划,制订软件维护计划,交付给用户所有的文档,交付、安装软件系统,评审批准软件维护计划,用户验收确认。

(7)验证:项目经理定期或按计划评审交付产品的配置管理活动;质量保证组评审和审计交付产品的配置管理过程。

(8)质量保证检查清单:说明书检查、程序检查。

(9)该阶段要确保按照软件交付计划交付、安装软件系统,并按照培训计划对用户进行培训;确保交付给用户所有的文档;制订并评审、批准了软件维护计划;用户进行了验收确认。

软件质量保证工具的用途是预防软件故障,降低软件故障率,提高生产效率,为软件质量保证活动服务,主要包括规程与工作条例、模板、检查表、配置管理、受控文档和质量记录。

规程是为了完成一个任务,根据给定方法所执行的详细活动或过程。软件质量规程是一种确保质量结果有效实现的方式,提供了活动实施的宏观定义,规程是普遍适用的,并且服务于整个组织。工作条例是适用于独特实例,为由特定小组使用的方法提供了详细的使用指示。

(1)模板。模板是小组或组织创建的用于编辑报告和其他形式文档的格式。

(2)检查表。检查表指的是为每种文档专门构造的条目清单,或者是需要在进行某项活动(如在用户现场安装软件包)之前完成的准备工作清单。

(3)配置管理。配置管理提供了一个可视的、跟踪和控制软件进展的方法。

(4)受控文档与质量记录。受控文档是那些对软件系统的开发、维护以及顾客关系的管理来说,当前或未来会很重要的文档。因此,这些文档的准备、存储、检索和处理受控于文档编制规程。质量记录是一种特殊类型的受控文档。它是面向顾客的文档,用于证实对顾客需求的全面符合性以及贯穿于开发和维护全过程的软件质量保证系统的有效运行。

7.4 质量控制

质量控制(Quality Control,QC)是确定项目结果与质量标准是否相符合,同时确定消除不符合的原因和方法,控制产品的质量,及时纠正缺陷的过程。质量控制是监控项目的具体结果,判断它们是否符合相关质量标准,并找出消除不符合绩效要求的方法。质量控制贯穿于项目的始终。质量控制是一种过程性、纠偏性和把关性的质量管理活动。质量标准涵盖项目过程和产品目标。项目结果包括可交付成果和项目管理结果,如成本和进度绩效。质量控制通常由质量控制部门或名称相似的部门实施。

质量控制的关注点在于事后的缺陷检查与改正,质量控制的特点如下。

(1)质量控制在产品构造完成之后才进行的,因此它通常都属于事后检测活动。

(2)有时质量控制的代价是十分昂贵的,因此在某些情况下是无法实施的。例如,对于抢救生命的有关设备或者大批量生产的设备而言,无法在发现了有关问题之后再进行修改。

(3)质量控制偏重于检测缺陷而不是避免缺陷。软件质量控制的任务是策划可行的质量管理活动,然后正确地执行和控制这些活动以保证绝大多数的缺陷可以在开发过程中发现。

一般来说,软件质量控制的过程包括技术评审、代码走查、代码评审、单元测试、集成测试、系统测试和缺陷追踪等。

1. 技术评审

技术评审的目的是尽早地发现工作成果中的缺陷,并帮助开发人员及时消除缺陷,从而有效地提高产品的质量。

技术评审最初是由 IBM 公司为了提高软件质量和提高程序员生产率而倡导的。进行技术评审的根本原因在于它能够在任何开发阶段执行,它可以比测试更早地发现并消除工作成果中的缺陷,从而提高产品的质量。越早消除缺陷就越能降低开发成本。此外,通过技术评审,开发人员能够及时地得到专家的帮助和指导,加深对工作成果的理解,更好地预防缺陷,在一定程度上能提高开发效率。缺乏技术评审或未严格进行技术评审的后果往往会导致测试阶段缺陷的“井喷”现象,使得开发人员不得不拼命加班“救火”,生产率下降。

从理论上讲,为了确保产品的质量,产品的所有工作成果都应当接受技术评审。现实中为了节约时间,允许有选择地对工作成果进行技术评审。技术评审方式也视工作成果的重要性和复杂性而定。一般的,主要评审对象是软件需求规格说明书、软件设计规格、测试计划、用户手册、维护手册、系统开发规程、安装规程、产品发布说明等。

软件技术评审涉及的角色有项目经理、作者、评审组织者、评审专家、质量保证人员、记录员、客户和用户代表、相关领导和部门管理人员。技术评审一般都遵循一定的流程,这在企业质量体系或者项目计划中都有相应的规定。

2. 代码走查

一般来说,代码走查是一种非正式的代码评审技术,正规的做法是把代码打印出来,邀请别的同行开会检查代码的缺陷,但是这种方法太消耗时间,所以实际中常常是在编码完成之后将项目开发人员集中在一起,用投影仪将各自的代码浏览一遍,由代码的作者向同事来讲解他自己编写的代码的逻辑和写法,然后同事给出意见,分析和找出程序问题。当开发人员对代码进行讨论时,应该集中到一些重要的话题上,如算法、类设计等。

在编码阶段代码走查的会议要多开,从而有助于大家了解整个项目情况,也有助于各开发人员及早发现问题。而且代码走查时间应尽早,不一定要在编程完全结束后进行,可以在编码的一两周之后就走查一次,尽早发现问题和避免问题。甚至每天都可以进行简单的代码走查,采用 XP 中提倡的“结对编程”的思想,两个开发人员互相检查代码,在下班前半小时对当天改动的模块进行评审。此外,代码走查发现的问题要尽量解决,要有人跟踪。

为了提高代码走查的效率,在系统设计阶段,需要明确系统架构、编码规范等技术要求,来制定代码走查活动需要的检查列表,以此为依据进行代码走查。

3. 代码评审

代码评审是代码编写者讲解自己的代码,由专家或项目组其他成员及项目经理来做评审,其间有不了解之处可随时提问,并提出意见。主要采用关键代码检查、部分代码抽查的原则。

要想让代码评审真正发挥到应有的效果,建议评审要有计划、要分层次和分重点,对问题进行确认和追踪。代码评审活动组织安排得是否合理对评审效果有直接的影响,项目经理对评审活动负有重要责任。

4. 软件测试

软件测试是软件项目中最基本的质量控制手段。软件测试的目的是尽可能地发现软件的缺陷,而不是证明软件的正确。好的软件测试也是需要计划的,一般软件测试过程包括测试计划、测试的组织、测试用例的开发、测试的执行和报告。软件测试的方法主要有白盒和黑盒两种。软件测试一般包括如下测试类型:单元测试、集成测试、系统测试、验收测试、安装测试、易用性测试、性能测试、安全性测试、配置测试、兼容性测试、ALFA 测试、BETA 测试、软件国际化测试和软件本地化测试。

5. 软件缺陷跟踪

从发现缺陷开始,一直到缺陷改正为止的全过程称为缺陷跟踪。缺陷跟踪要一个缺陷、一个缺陷地加以追踪,也要在统计的水平上进行,包括统计未改正的缺陷总数、已经改正的缺陷百分比、改正一个缺陷的平均时间等指标。

缺陷的来源可以是多方面的,如软件评审、测试或其他,因此在软件项目管理中应该引入缺陷跟踪管理机制,从而及早清除缺陷且不遗漏项目缺陷。缺陷跟踪管理机制中需要对缺陷进行描述,既要描述缺陷的基本信息,如缺陷内容,也要包含缺陷的追踪信息,如缺陷状态。

缺陷跟踪管理的意义在于确保每个被发现的缺陷都能被解决,可能是指缺陷被修正,也可能是指项目组成员达成一致的处理意见。软件缺陷跟踪管理过程中所收集到的缺陷数据对评估软件系统的质量、测试人员的业绩、开发人员的业绩等提供了量化的参考指标,也为软件企业进行软件过程改进提供了必要的案例积累。另外,有些软件企业还根据缺陷跟踪管理过程中所获得的缺陷数目分布趋势来决定软件产品的最佳发布时机。

质量控制的输入包括项目成果、质量管理计划、操作性定义和审验单。质量控制包括如下 8 种工具。

(1)检验。检验有各种不同的名称,如审查、产品审查、审计和实地检查等。检验是指检查产品,确定是否符合标准。检验可以在任何管理层次中展开(如一个单项活动的结果和整个项目的最后成果都可以检验)。

(2)因果图。因果图又叫鱼骨图,它直观地显示出各项因素如何与各种潜在问题或结果联系起来。

(3)控制图。控制图是根据时间推移对过程结果的一种图表展示,常用于判断过程是否在控制中进行。当一个过程在控制之中时,不应对它进行调整。为了提供改进,过程可以有所变动,但只要它在控制范围之中,就不应人为地调整它。控制图可以用来监控各种类型的输出变量,常被用于跟踪重复性的活动,诸如批量加工,它还可以用于监控成本和进度的变动、范围变化的幅度和频度、项目文件中的错误或者其他管理成果,以便判断项目管理的过程是否在控制之中。

(4)帕累托图。帕累托图是按照发生频率大小顺序绘制的直方图,表示有多少结果是由已确认类型或范畴的原因造成的。

按等级排序的目的是指导如何采取纠正措施。项目团队应首先采取措施纠正造成最多数量缺陷的问题。从概念上说,帕累托图与帕累托法则一脉相承,该法则认为,相对来说数量较少的原因往往造成绝大多数的问题或者缺陷。

(5)流程图。流程图用于帮助分析问题发生的缘由。它以图形的形式展示一个过程,可以使用多种格式,但所有过程流程图都具有几项基本要素,即活动、决策点和过程顺序。它表明一个系统的各种要素之间的交互关系。

(6)散点图。散点图显示两个变量之间的关系和规律。通过该工具,质量团队可以研究两个变量之间可能存在的潜在关系。将独立变量和非独立变量以圆点绘制成图形。两个点越接近对角线,两者的关系就越紧密。

(7)趋势分析。趋势分析可反映偏差的历史和规律。它是一种线性图,按照数据发生的先后顺序将数据以圆点形式绘制成图形。趋势图可反映一个过程在一定时间段的趋势、一定时间段的偏差情况以及过程的改进和恶化。趋势分析是借助趋势图来进行的。趋势分析指根据过去的结果用数学工具预测未来的成果。趋势分析往往用来监测技术绩效、费用与进度绩效。

(8)抽样统计。抽样统计是抽取总体中的一个部分进行检验,如从80张设计图样中随机抽取10张。适当地采样往往能降低质量控制成本。

质量控制的输出包括质量改进、验收决定、返工、完成后的检查表和过程调整。

7.5　ISO 9000质量标准和CMMI

7.5.1　ISO 9000质量标准

ISO 9000族标准是指由国际标准化组织(International Organization for Standardization,ISO)中的质量管理和保证技术委员会发布的所有标准,该标准是适用于世界上各种行业对各种质量活动进行控制的国际通用准则。

ISO负责除电工、电子以外的所有领域的标准化活动,而电工、电子领域的标准化活动由国际电工委员会(International Electrotechnical Commission,IEC)负责。ISO与IEC有密切的联系,ISO和IEC作为一个整体担负着制定全球协商一致的国际标准的任务。

ISO 9000族标准是ISO于1987年制定,后经不断修改完善而成的系列标准。现已有90多个国家和地区将此标准等同转化为国家标准,我国对应的是GB/T 19000族标准。1987年制定的ISO 9000族标准已经经过4次演化:1994版、2000版、2008版到2015版。

2015版ISO 9000族标准的核心标准有如下3个:

(1)ISO 9000/GB/T 19000《质量管理体系　基础和术语》:为正确理解和实施ISO 9001标准提供必要的基础。该标准详细描述了质量管理原则。在ISO 9001标准制定过程中考虑了质量管理原则,这些原则本身不作为要求,但构成了ISO 9001标准所规定要求的基础。ISO 9000还定义了应用于ISO 9001标准的术语、定义和概念。

(2)ISO 9001/GB/T 19001《质量管理体系　要求》:规定的要求旨在为组织的产品和服务提供信任,从而增强顾客满意。正确实施本标准也能为组织带来其他预期利益,例如,改进内部沟通、更好地理解和控制组织的过程。

(3)ISO 9004/GB/T 19004《追求组织的持续成功　质量管理方法》:为组织选择超出ISO 9001《质量管理体系　要求》标准要求提供指南。该标准关注能够改进组织整体绩效的更加广泛的议题。ISO 9004包括自我评价方法指南,以便组织能够对其质量管理体系的成熟度进行评价。

一般来说,组织活动由三方面组成:经营、管理和开发。在管理上又表现为行政管理、财务管理、质量管理等。ISO 9000族标准主要针对质量管理,同时涵盖了部分行政管理和财务管理的范畴。

ISO 9000族标准并不是产品的技术标准,而是针对企业的组织管理结构、人员和技术能力、各项规章制度和技术文件、内部监督机制等一系列体现企业保证产品及服务质量的管理措施的标准。具体来说,ISO 9000 族标准是在如下 4 个方面规范质量管理。

(1)机构:标准明确规定了为保证产品质量而必须建立的管理机构及其职责权限。

(2)程序:企业组织产品生产必须制定规章制度、技术标准、质量手册、质量体系操作检查程序,并使之文件化、档案化。

(3)过程:质量控制是对生产的全部过程加以控制,是对面的控制,而不是点的控制。从根据市场调研确定产品、设计产品、采购原料、生产检验、包装、储运,其全过程按程序要求控制质量,并要求过程具有标识性、监督性、可追溯性。

(4)总结:不断总结、评价质量体系,不断地改进质量体系,使质量管理呈螺旋式上升。

通俗地讲,就是把企业的管理标准化,而标准化管理的产品及其服务的质量是可以信赖的。

ISO 9000 质量体系提出了 8 项质量管理原则。

1. 以顾客为关注焦点

组织依赖于顾客,因此组织应该理解顾客当前的和未来的需求,从而满足顾客要求并超越其期望。

2. 领导作用

领导者将本组织的宗旨、方向和内部环境统一起来,并创造使员工能够充分参与实现组织目标的环境。80% 的质量问题与管理有关,20% 的质量问题与员工有关。

3. 全员参与

各级员工是组织的生存和发展之本,只有他们的充分参与,才能使其为组织利益发挥才干。

4. 过程方法

将活动和相关的过程以及资源进行有效的积累,更有可能得到期望的结果。

5. 管理的系统方法

针对设定的目标,识别、理解并管理一个由相互关联的过程所组成的体系,有助于提高组织的效率。

6. 持续改进

持续改进是组织的一个永恒发展的目标,是一个 PDCA 循环。要增强满足要求的能力的循环活动。

7. 基于事实的决策方法

针对数据和信息的逻辑分析或判断是有效决策的基础,用数据和事实说话。

8. 互利的供方关系

通过互利的关系,增强组织及其供方创造价值的能力。

以上 8 项原则是一个组织在质量管理方面的总体原则,这些原则需要通过具体的活动得到体现,其应用可分为质量保证和质量管理。

7.5.2 能力成熟度集成模型 CMMI

能力成熟度模型(Capability Maturity Model,CMM)是美国卡内基梅隆大学的软件工程研究所(SEI)首先提出的,其基本思想是基于已有 60 多年历史的产品质量原理。最初,CMM 是 SEI 受美国国防部自主开发用于评估软件供应商的能力的。CMM 模型自 20 世纪 80 年代末推出,并于

20 世纪90 年代广泛应用于软件过程改进以来，极大地促进了软件生产率的提高和软件质量的提高，为软件产业的发展和壮大做出了巨大的贡献。在软件领域，SEI 于 1991 年正式推出了软件能力成熟度模型(Capability Maturity Model For Software，SW-CMM)，并发布了最早的 SW-CMM 1.0 版。

为了适应软件过程改进的发展需要，美国国防部和美国国防工业协会联合发起了"能力成熟模型集成"项目，由 SEI 负责实施。来自政府、工业界、SEI 等不同组织、拥有不同背景的100 多名专家一同致力于建立一个能够适应当前和未来过程改进的模型框架——能力成熟模型集成模型(Capability Maturity Model Integration，CMMI)。CMMI 是在 CMM 的基础上发展而来，并在全世界推广实施的一种软件能力成熟度评估标准，主要用于指导软件开发过程和进行软件开发能力的评估。

CMMI 是以下三个基本成熟度模型为基础综合形成的。

(1)SW-CMM：软件工程的对象是软件系统的开发活动，要求实现软件开发、运行、维护活动系统化、制度化、量化。

(2)系统工程能力成熟度模型(Systems Engineering Capability Maturity Model，SE-CMM)：系统工程的对象是全套系统的开发活动，可能包括也可能不包括软件。系统工程的核心是将客户的需求、期望和约束条件转化为产品解决方案，并对解决方案的实现提供全程的支持。

(3)整合产品能力成熟度模型(Integrated Product Development Capability Maturity Model，IPD-CMM)：集成的产品和过程开发是指在产品生命周期中，通过所有相关人员的通力合作，采用系统化的进程来更好地满足客户的需求、期望和要求。如果项目或企业选择 IPD 进程，则需要选用模型中所有与 IPD 相关的实践。

7.5.3　CMMI 的表示

1. CMMI 的连续型表示

连续性表示没有对组织整体的能力分级定义，但是对任何一个过程定义了不同的能力水平。

软件过程能力水平显示了一个组织在实施和控制其过程以及改善其过程性能等方面所具备或设计的能力，其着眼点在于使组织走向成熟，以便增强实施和控制软件过程的能力并改善过程本身的性能。这些能力水平有助于软件组织在改进各个相关过程时跟踪、评价和验证各项改进过程。CMMI 模型中固定的 4 个能力水平依次编号为 0 ~ 3，分别是，CL0 不完备级(Incomplete)，过程域的一个或多个目标没有被满足；CL1 已执行级(Performed)，过程通过转换可识别的输入工作产品，产生可识别的输出工作产品，能实现过程域的特定目标；CL2 管理级(Managed)，过程作为已管理的过程被制度化；CL3 已定义级(Defined)，过程作为已定义的过程被制度化。

2. CMMI 的阶段式表示

CMMI 的阶段式表示使用成熟度水平(Maturity Level，ML)来表征一个组织所有过程作为一个整体相对于模型的整体状态水平，从而便于进行软件组织的软件能力成熟度的评估，以便在软件组织之间进行能力成熟度的比较，为项目客户方选择项目承包商提供依据。

成熟度水平提供了组织整体过程改进之路，每个能力成熟度水平包含组织过程的一个重要子集，达到子集中相关的特殊和通用实践，则达到此能力成熟度水平，从而可以朝下一个成熟度水平前进。

CMMI 模型中规定的 5 个成熟度水平依次从 1 ~ 5 编号，分别为，ML1 初始级(Initial)，遵循的规程是随意的，有些项目可能会成功，仅仅是因为某个人的技能，包括项目经理在内，因为没有 0 级，所以组织默认都属于这个等级；ML2 已管理级(Managed)，这个等级的组织有基本的项目管理规程,然而,单个任务的完成情况完全取决于做这项任务的人;ML3 已定义级(Defined),组织已经定义了软件开发生命周期中每个任务应该完成的方法;ML4 已量化管理级(Quantitatively Managed),软件开发中涉及的产品和过程都必须进行度量和控制;ML5 优化级(Optimizing),能使用从度量过程中获得的数据来设计和实现对规程的改进。

小　结

质量是产品或服务满足明确或隐含需求能力的特性和特征的总和,软件质量是与软件产品满足规定的和隐含的需求能力有关的特征或特性的全体。保证软件质量非常重要,低质量的软件可以导致后期成本的增加。项目质量管理过程包括质量规划、实施质量保证和实施质量控制。质量计划的工具和技术包括成本效益分析、基准比较分析、流程图、实验设计和质量成本。质量计划的输出包括质量管理计划、操作性定义、检查单和过程改进计划。软件质量保证是一种有计划的、系统化的行动模式,它是为项目或产品符合已有技术需求提供充分信任所必需的,它的主要任务包括 SQA 审计与评审、SQA 报告和处理不符合问题。软件质量控制的过程包括技术评审、代码走查、代码评审、单元测试、集成测试、系统测试和缺陷追踪等。所有的质量标准和质量活动都需要质量计划来进行规划,它说明软件项目中的质量活动任务,采用的相应方法、对策以及出现问题时的处理方式。

习题 7

一、选择题

1. 增加有益的活动过程,减少没有价值的活动过程所属的质量活动为(　　)。

A. 质量控制　　B. 持续的过程改进
C. 质量改进　　D. 质量保证

2. “质量成本”是一个项目管理概念,它说明了(　　)成本。

A. 固定成本　　B. 确保符合需求的成本
C. 需求变更的成本　　D. 额外需求的成本

3. 质量控制是(　　)。

A. 对每个工作包增加工作时间
B. 只有大的项目才需要
C. 项目生存期的各个阶段都需要实施
D. 仅做一次

4. 项目质量管理的最终责任由(　　)承担。

A. 质量经理　　B. 项目开发人员
C. 项目经理　　D. 采购经理

5. 项目质量管理的目标是必须满足(　　)的需要。

A. 项目相关方　　B. 项目　　C. 组织机构　　D. 老板

6. 下列不是软件质量模型的是(　　)。

A. Boehm 质量模型　　B. McCall 质量模型
C. ISO/IEC 9216 质量模型　　D. 关键路径模型

二、判断题

1. 质量计划未必要在前期编写，可以在项目进行的任何过程编写。（　　）
2. 质量保证是确定项目结果与质量标准是否相符，同时确定消除不符的原因和方法的过程。（　　）
3. 质量是满足要求的程度，包括符合规定的要求和客户隐含的内容。（　　）
4. 软件质量是代码的正确程度。（　　）
5. 质量计划可以确定质量保证人员的特殊汇报渠道。（　　）

三、填空题

1. ________是对过程或产品的一次独立质量评估。
2. ________是软件满足明确说明或者隐含的需求的程度。
3. 质量管理总是围绕着质量保证和________过程两个方面进行。
4. 软件质量保证的目的是验证在软件开发过程中是否遵循合适的________和________。

四、简答题

1. 简述判别软件缺陷的规则的方法以及常见的缺陷分类。
2. 简述质量计划中可以采用的方法。
3. 简述软件质量保证的主要任务以及实施的步骤。
4. 简述软件质量保证与质量控制的关系。

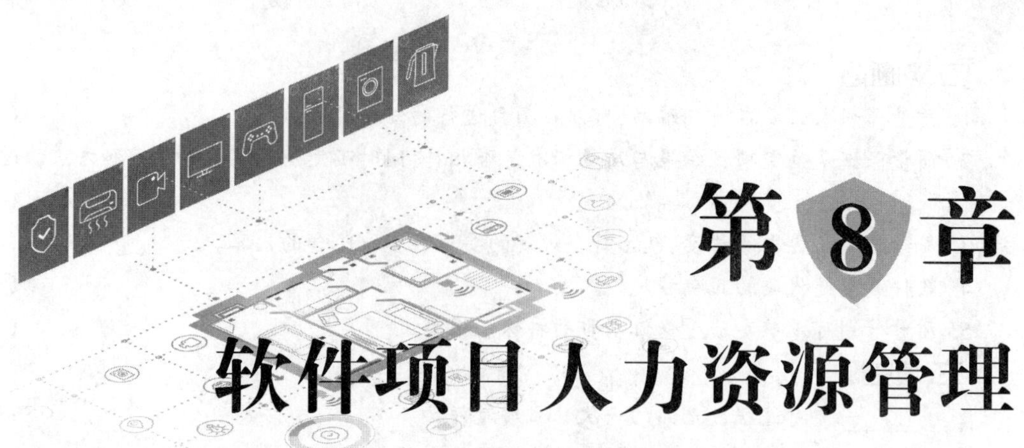

第8章 软件项目人力资源管理

软件开发活动是以人为本的智力活动的集合,“人”是软件项目中最为重要的因素,因为项目中所有活动都是由“人”来完成的。建设高效、团结的项目开发团队,充分发挥“人”的作用,对项目的成功实施起着至关重要的作用。

Standish Group 2013 年报告表明,80% 以上的项目都是不成功的,其中 30% 的软件项目执行得十分糟糕以至于在完成之前就被取消了。很多项目失败的主要原因是项目团队人力资源获取和建设等:没能完整识别人力资源需求,项目的组织结构不合理,责任分工不明确,没有建立有效的项目团队,没能充分发挥项目相关方的能力等。人力资源可能会决定项目的成败,如何有效地进行项目人力资源管理是项目管理者面临的一项重大挑战。

本章首先简单介绍项目人力资源管理的定义及几种主要的项目组织结构类型,其次对项目人力资源计划编制、团队组建、团队建设及团队管理等进行介绍。

8.1 项目人力资源管理概述

8.1.1 项目人力资源管理的定义

软件项目人力资源管理是项目管理中一项根本的管理。人力资源管理是保证参加项目的人员能够被最有效地使用的过程,是对项目组织所储备的人力资源开展的一系列科学规划、开发培训、合理调配、适当激励等方面的管理工作,使项目组织各方面人员的主观能动性得到充分发挥,项目人力资源管理即根据项目的目标、项目活动进展情况和外部环境的变化,采取科学的方法,对项目团队成员的行为、思想和心理进行有效的管理,充分发挥他们的主观能动性,做到人尽其才、事得其人,同时又保证项目团队以高度的凝聚力和战斗力实现项目的既定目标。

项目中的人力资源一般是以团队的形式存在的,团队是由一定数量的个体组成的集合,这个团队包含企业内部的人、供应商、承包商、客户等。通过将具有不同潜质的人组合在一起,形成一个具有高效团队精神的队伍来进行软件项目的开发。团队开发是发掘作为个体的个人能力,然后是发掘作为团队的集体能力。当一组人称为团队时,他们应该承诺为一个共同的目标合作,每个人的努力必须协调一致,而且能够愉快地在一起合作,从而开发出高质量的软件产品。

项目人力资源管理过程主要包括项目人力资源计划编制、项目团队组建、项目团队建设及项目团队管理。

8.1.2　项目组织结构

编制项目人力资源计划前，首先应确定项目的组织结构，项目组织结构应当可以增强团队的工作效率，避免不必要的摩擦。组织结构表现了项目团队与整个公司及项目相关的所有涉众之间的关系，往往对项目能否获得所需资源，和以何种条件获取资源起着制约作用。项目组织结构主要有 3 种类型：职能型组织结构、项目型组织结构和矩阵型组织结构。

1. 职能型组织结构

传统的职能型(Functional Type)组织结构如图 8-1 所示，这种组织形式中的每个员工都有一个明确的上级，员工按照其专业职能分组，如设计、生产、检测部门等。项目以职能部门为主体来承担，每个职能部门内部仍然可以进一步划分职能组织，如设计部可进一步划分为机械、电气部门等，并独立承担项目，但项目范围一般仍限定在所属部门内。职能型组织结构里一般没有项目经理，项目工作都是在本职能部门内部实现后再递交给下一个部门，如果在实施期间涉及其他部门，只能由部门经理协调和沟通。例如，当一个职能型组织进行产品开发时，生产阶段工作的完成常常被称为生产项目，仅仅包括制造人员，交由生产部门完成。当在生产过程中发现设计方面问题时，这些问题只能逐级提交给本部门经理，由本部门经理与其他部门经理协调和沟通，问题得到答复后再由本部门职能经理逐级下传给制造人员。

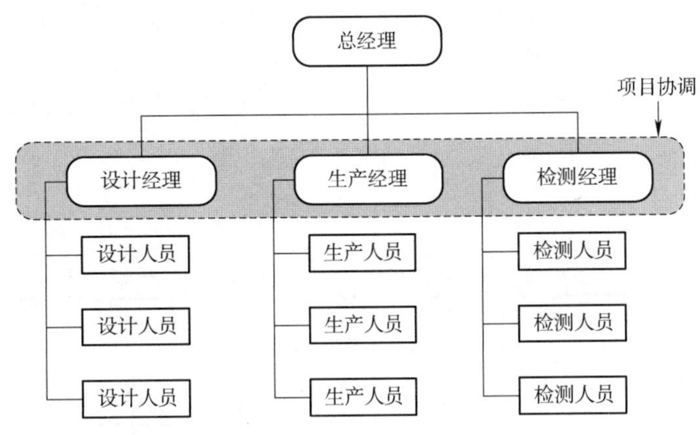

图 8-1　职能型组织

这种组织结构适合传统产品的生产项目，项目规模小，部门间工作独立，工作专业面单一，以技术为重点。

对于职能型项目组织结构而言，其优点如下。

(1) 以职能部门作为承担项目任务的主体，可以充分发挥职能部门的资源集中优势，有利于保障项目需要资源的供给和项目可交付成果的质量。在人员的使用上具有较大的灵活性。

(2) 职能部门内部的技术专家可以被该部门承担的不同项目共享，节约人力，减少资源的浪费。

(3) 同一职能部门内部的专业人员便于相互交流、相互支援，对创造性地解决技术问题很有帮助。同部门的专业人员易于交流知识和经验，项目成员事业上具有连续性和保障性。

(4) 当有项目成员调离项目或者离开公司，所属职能部门可以增派人员，保持项目的技术连续性。

(5)项目成员可以将完成项目和完成本部门的职能工作融为一体,可以减少因项目的临时性而给项目成员带来的不确定性。

职能型项目组织结构的缺点如下。

(1)客户利益和职能部门的利益时常会发生冲突,职能部门会为本部门的利益而选择忽略客户的需求,只集中于本职能部门的活动,项目及客户的利益往往得不到优先考虑。

(2)当项目需要多个职能部门共同完成,或者一个职能部门的内部有多个项目需要完成时,资源的平衡就会出现问题。

(3)当项目需要由多个部门共同完成时,权利分割不利于各职能部门之间的沟通交流、团结协作。

(4)项目成员在行政执行上仍隶属于各职能部门的领导,项目经理对项目成员没有完全的权利,项目经理需要不断同职能部门经理进行有效沟通以消除项目成员的顾虑。当小组成员对部门经理和项目经理都要负责时,项目团队的管理常常是复杂的。对这种双重报告关系的有效管理常常是项目最重要的成功因素,而且通常是项目经理的责任。

2. 项目型组织结构

项目型(Projectized Type)组织结构如图 8-2 所示,项目型组织结构中的部门完全是按照项目进行设置的,这种组织形式以项目为中心构造一个完整的项目组,项目经理拥有足够大的权力,可以根据项目需要调动项目组织的各种资源。项目团队的所有成员只需直接向唯一的领导即项目经理汇报,但是当项目完成之后,团队的人员就被解散了,人员的去向就是一个问题了。在项目型组织中,每个项目就像一个独立自主的子公司那样运行,完成每个项目目标所需的资源直接配置到项目中(如人员,包括技术人员、财务人员、行政人员等;设备,包括软件设备、硬件设备等),专门为这个项目服务。

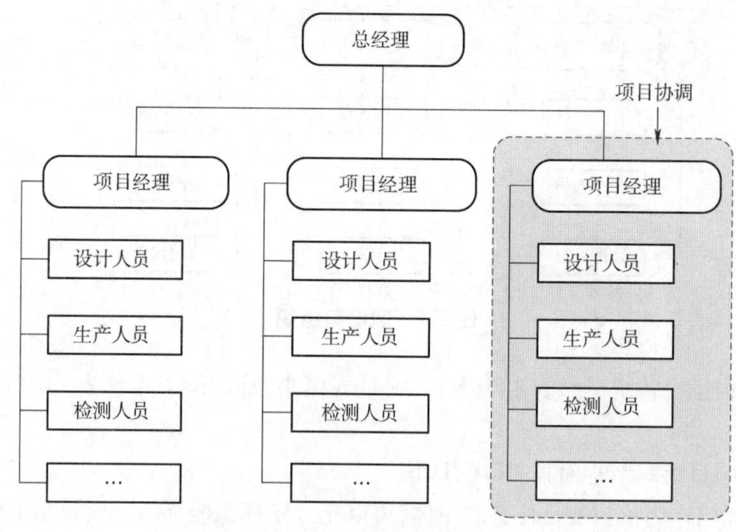

图 8-2 项目型组织

这种组织结构适合于开拓型等风险较大的,或者对项目的时间、成本、质量等各项指标要求比较严格的,或者一些大型、复杂、紧急的项目。

项目型组织结构的优点如下。

(1)项目经理对项目可以全权负责,可以根据项目需要随意调动项目组织的内部资源或者外部资源。

（2）项目型组织的目标单一，完全以项目为中心安排工作，决策的速度得以加快，能够对客户的要求做出及时响应，项目组的团队精神得以充分发挥，有利于项目的顺利完成。

（3）项目经理对项目成员有全部权利，项目成员只对项目经理负责，避免了职能型项目组织下项目成员处于多重领导、无所适从的局面，项目经理是项目真正、唯一的领导者。

（4）组织结构简单，易于操作。项目成员直接属于同一个部门，彼此之间的沟通交流简捷、快速，提高了沟通效率，同时也加快了决策速度。

项目型组织结构的缺点如下。

（1）每一个项目型组织的资源不能共享，即使某个项目的专用资源闲置，也无法应用于另外一个一同进行的类似项目，人员、设施、设备重复配置，会造成一定程度的资源浪费。

（2）公司里各个独立的项目型组织处于相对封闭的环境之中，公司的宏观政策、方针很难做到完全、真正的贯彻实施，可能会影响公司的长远发展。

（3）在项目完成以后，项目型组织中的项目成员或者被派到另一个项目中去，或者被解雇，对项目成员来说，缺乏一种事业上的连续性和安全感。

（4）项目之间处于一种条块分割状态，项目之间缺乏信息交流，不同的项目组难以共享知识和经验，项目成员的工作会出现忙闲不均的现象。

3. 矩阵型组织结构

矩阵型（Matrix Type）组织结构如图 8-3 所示，矩阵型组织结构是职能型与项目型组织结构的结合体，既具有职能型组织的特征又具有项目型组织结构的特征。它根据项目需要，从不同职能部门选择合适的项目成员，组成临时的项目组，在项目结束之后，该项目组也就解散了，各个成员再回到原来的职能部门。由于项目内的团队成员来自不同的部门，所以受到职能经理和项目经理的双重领导，因此项目经理要具备良好的谈判和沟通技能，并与经理和职能经理建立好工作关系。

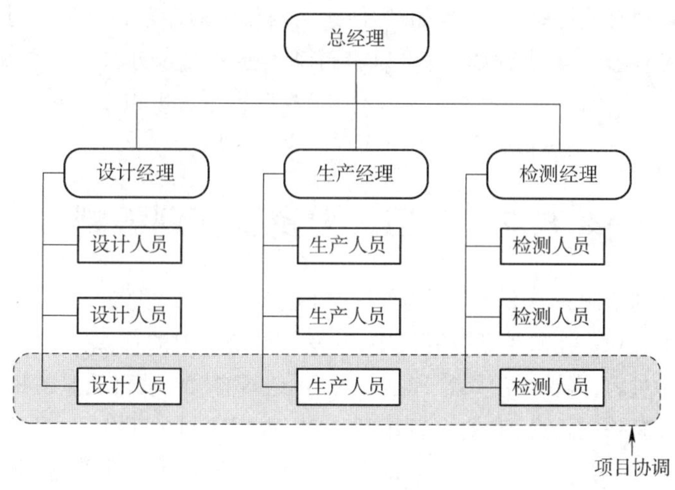

图 8-3　矩阵型组织

矩阵型组织结构中项目组织与职能部门同时存在，既发挥职能部门纵向优势，又发挥项目组织横向优势。专业职能部门是永久性的，项目组织是临时性的。职能部门负责人对参与项目组织的人员有组织调配和业务指导的责任，项目经理在横向上将参与项目组织的职能人员有效地组织在一起。职能经理则负责为项目的成功提供所需资源，而项目经理对项目的结果负责。

这种组织结构适合于管理规范,分工、责任明确的公司,或者是需要跨职能部门协同工作的项目。

矩阵型组织结构的优点如下。

(1)专职的项目经理负责整个项目,以项目为中心,能迅速解决问题。在最短的时间内调配人才,组成一个团队,把不同职能的人才集中在一起。

(2)多个项目可以共享各个职能部门的资源。在矩阵管理中,人力资源得到了更有效的利用,减少了人员冗余。

(3)既有利于项目目标的实现,也有利于公司目标方针的贯彻。

(4)项目成员的顾虑减少了,因为项目在完成之后,他们仍然可以回到原来的职能部门,不用担心被解雇,而且他们能有更多的机会接触自己企业的不同部门。

矩阵型组织结构的缺点如下。

(1)容易引起职能经理和项目经理的权利冲突。

(2)资源共享也能引起项目之间的冲突。

(3)项目成员有多位领导,即员工必须要接受双重领导,因此经常能体会到焦虑和压力,当两个经理发生意见冲突时,他必须能够面对不同的指令形成一个综合决策来确定如何分配他的时间,同时员工必须和他的两个领导保持良好的关系,应该显示出对这两个主管的双重忠诚。

以上3种组织结构类型是最基本的类型,多数现代企业的组织结构都不同程度地具有以上各种组织类型的结构特点。例如,一个职能型的组织可能会组建一个专门的项目团队来实施一个非常重要的项目,这样的项目团队可能具有很多项目型组织的特点。无论什么情况,作为项目管理者应根据项目具体情况,制定一套合适的工作程序,以利于成员间的信息交流和各项任务的协调。如今项目全球化推动了虚拟团队与分布式团队的需求的增长,这些成员虽分布在世界各地,但致力于同一个项目的开发。例如,电子邮件、网络会议、视频会议等沟通技术的使用,令虚拟团队变得可行。虚拟团队的管理有独特的优势,例如,即使团队内相应的专家不在同一地理区域,但还是可以利用项目的团队专业技术解决问题,也可以将行动不便和居家办公的人员纳入团队。另一方面,团队可能产生孤立感,团队成员间难以分享经验、难以跟进进度以及可能会存在时间差和文化差异等沟通方面的问题,这是虚拟团队管理所面临的主要挑战。

8.2 项目人力资源计划编制

项目人力资源计划编制一方面决定了项目的角色、职责以及报告关系;另一方面也会创建一个项目人员配备管理计划。在软件项目开发中,开发人员是最大的资源,因此对人员的配置、调度安排贯穿于整个软件过程,人员的组织管理是否得当,是影响软件项目质量的决定性因素。

在安排人力资源时一定要合理,要合理配置人员,根据项目的工作量、所需要的专业技能,再参考各个人员的能力、性格、经验,组织一个高效、和谐的开发小组。例如,某项目经理在一个项目中配置了如下人员:技术组长1名,负责技术难题攻关,进行沟通协调;需求人员4名,负责将用户需求转换成项目内的功能需求和非功能需求,编制项目需求规格说明书,针对每个集成版本与用户交流获取需求的细化;设计人员2名,负责根据需求规格说明书进行系统设计;开发人员6名,实现设计,完成用户功能;集成人员1名,负责整套系统的编译集成,督促小组提交系统功能,及时发现各模块集成问题,是各小组之间的沟通纽带;测试人员2名,对于集成人员集成的版本进行测试,尽可能地发现程序的错误以及未满足需求的设计;文档整理人员1名,负责对小组内产生的文档进行整合、统一。

项目人力资源计划编制的依据主要有以下几个方面。

(1)活动资源估计,项目经理将任务分解之后,可根据各项任务定义活动,然后根据活动估计所需人力资源,初步确定人力资源的类型、数量和质量要求等。

(2)项目组织结构,通过组织结构,项目经理能了解该项目涉及哪些组织或部门、他们的工作安排,当前项目是否能从其他组织或部门获取所需的人力资源等。

(3)人员关系,理顺项目"候选"团队中存在怎样的关系,这能帮助项目经理识别项目的职责及报告关系。例如,团队成员的工作职责是什么?团队中存在哪些上下级关系?存在哪些正式或非正式的汇报关系?是否存在某些不同的文化或语言会影响到团队成员间的工作关系等。

(4)组织过程资产,已经存在的类似项目的资源数据、模板、工具等对资源估算会有很好的参考和辅助作用。

(5)其他项目管理计划,项目的范围计划、质量计划、风险计划等,可以帮助项目经理识别项目必需的角色和职责。

编制项目人力资源管理计划主要完成以下工作。

1. 软件项目组织结构图

公司的组织结构图是设计软件项目组织结构图的第一步,在此基础上还要清晰地设计出结构中的各种资源间的报告关系,如图 8-4 所示,表 8-1 进一步描述了软件项目中的主要角色和职责。

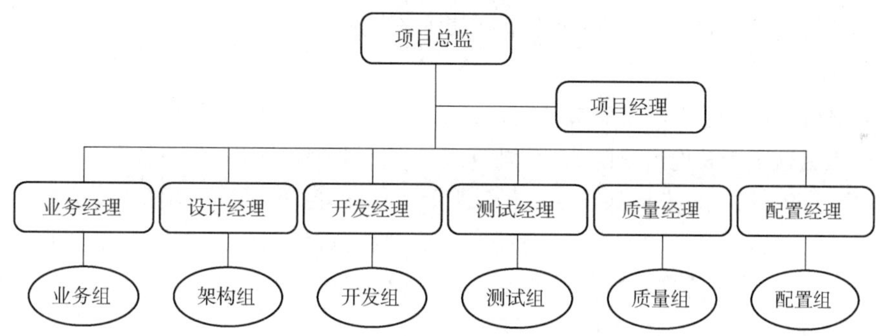

图 8-4　软件项目组织结构图

表 8-1　软件项目主要角色和角色间的关系

角　色	角色描述	主要职责
项目总监	项目管理最高决策人,对项目总体方向进行决策和跟踪	任命项目经理。 对立项、撤销项目及项目中的重大事件决策。 审批项目计划及对项目实施宏观调控
项目经理	直接向项目总监汇报,是客户方和公司内部交流的纽带,对项目过程进行监控,对项目的进度、质量等负责	计划:对项目制订单项及整体计划。 组织:分配资源,确定优先级,协调与客户之间的沟通,鼓舞团队士气,为团队创造良好的开发环境,使项目团队一直集中于正确的目标,按预期的计划执行。 控制:保证项目在预算成本、进度、范围等要求下工作,定期跟踪、检查项目组成员的工作质量,定期向上层领导汇报工作进展
业 务 组	负责完成团队的需求分析任务	收集需求、分析需求,对需求建模。 参与需求评审和需求变更控制。 协助验收测试的实施和完成(因为该小组成员最了解客户的需求)

续表

角　色	角色描述	主要职责
架构组	负责建立和设计系统的总体架构、详细设计	负责在整个项目中对技术活动进行领导和协调。 为各构架视图确立整体结构:视图的详细组织结构、元素的分组以及这些主要元素组之间的接口、最终的部署等。 完成系统的总体设计、详细设计。 配合集成测试的实施和完成
开发组	负责完成系统的编码任务	编写代码,完成对应的单元测试。 提交完成的软件包供集成、验收测试。 修复代码中的错误
测试组	负责计划和实施对软件的测试,及时发现软件中的错误	负责对测试进行计划、设计、实施和评估。 提交发现的软件错误并跟踪,直到错误解决。 提交测试结果和完整的测试报告
质量组	负责计划和实施项目质量保证活动,确保软件开发活动遵循相关标准	编写质量计划,实施并控制。 提交质量执行结果与计划的差异报告,找出原因和改进方法。 定期召开质量会议讨论质量提高方案
配置组	负责项目中的配置管理活动	负责版本控制、变更控制。 建立基线并维护。 定义各种配置项。 搭建和维护开发和测试环境

以上所描述的都是软件项目中典型的角色,具体实施时可根据项目的实际情况来定义所需的角色,一个角色可由多个人来担任,一个人也可兼任多个角色。

2. RACI 矩阵

在项目团队内部,可能会经常出现类似的现象:项目经理为团队几个成员分配了一项重要的任务,大家都以为这是为其他人分配的,结果没有一个人去做;或者一项任务分配下来,团队里的成员都觉得是自己的工作,于是都着手去做,结果太多的人去做了同一项工作,造成了资源的浪费;或者团队成员经常对自己的工作感到困惑,不清楚自己该发挥什么作用,不清楚自己到底该做什么……这些现象都会造成项目组内部资源的损耗,影响项目的进度,项目经理应该让团队成员明确团队工作分配及团队中每个人的角色及职责。

RACI 矩阵就是一种明确角色与职责的有效工具。RACI 是负责(Responsible)、批准(Accountable)、咨询(Consulted)、告知(Informed)的首字母缩写,RACI 矩阵是一个二维的表格,横向为角色或人员,纵向为具体的活动或职责,纵向和横向交叉处表示角色或人员与各个活动或职责的关系,见表 8-2。

表 8-2　项目 RACI 矩阵

RACI 矩阵		人　员			
		项目经理	设计人员	开发人员	项目总监
工 作 包	项目管理	R	I	I	A
	设计	A	R	C	C
	开发	C	C	R	I
	测试	C	C	R	I
R = 负责(Responsible)　A = 批准(Accountable) C = 咨询(Consulted)　I = 告知(Informed)					

表 8-2 中具体的关系应通过解决以下问题来明确。

谁负责(R = Responsible),负责执行任务的角色,具体负责操控项目、解决问题。

谁批准(A = Accountable),对任务负全责的角色,只有经其同意或签署之后,项目才能得以进行。

咨询谁(C = Consulted),在最终形成决定或采取行动前需要咨询、征求意见/建议的人,这里包含双向的沟通,即咨询和反馈。

告知谁(I = Informed),及时被通知结果的人员,这是一个单向的沟通,不必向其咨询、征求意见。

RACI 矩阵通常是由团队集体决定、认可的,具有高度的参与性,这有助于团队中每个人了解整个项目中的工作内容、由谁去做;明确每个人在团队中的角色和职责;同时也避免了由于对角色理解的偏差而带来沟通不畅等问题,减少了无谓的工作,团队协作得以加强。

3. 人员配备管理计划

项目中人力的投入、人员的配比不是固定的,随任务内容和时间的变化而变化。项目初期人数比较少,为了确定项目的范围,投入的主要人力资源是业务分析人员;到了细化阶段,为了确定系统的体系结构,制订项目计划,投入的主要人力资源是系统架构师、用户界面设计师等设计人员;随着项目的推进,项目中的人数越来越多,到了构造阶段,为了完成客户需要的产品,投入的主要是开发人员、测试人员;当项目的产品提交给客户时,项目中的绝大部分工作都已完成,有些人员会离开项目去接受新的任务,当前项目的人数会逐渐减少。所以应明确什么人,什么时间,如何进入到项目中来。

人员配备管理计划描述的就是人力资源需求何时以及怎样被满足的,一般包括资源-时间表(如图 8-5 所示)、人员的培训需求、认可和奖励以及撤出原则。

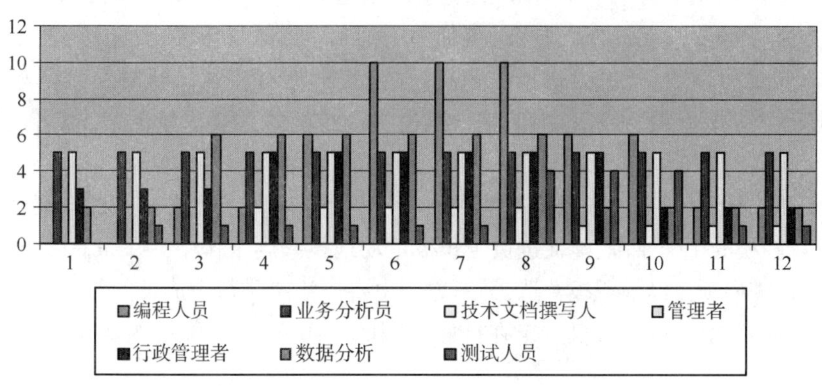

图 8-5　人力资源柱状图

培训需求:为提高项目团队的工作技能和技术水平,同时增加团队凝聚力,增强团队成员对团队的归属感和责任感,需要为团队成员制订长期或短期的培训计划,例如,“每个团队成员都会有一周岗前培训,在项目执行过程中,项目经理会对每个成员进行技能评测,来确定是否有其他的培训需求”。

认可和奖励:团队的士气也是项目成功的一个因素,项目经理可通过一定的物质奖励、精神奖励去激励项目成员,激发他们的工作积极性、主动性和创造性。例如,“如果项目按时完成,每个团队成员会有 1 000 元的项目完成奖金,如果能满足所有的质量控制标准,每个成员还会再得到 500 元奖金”。

撤出原则：在人员撤出团队前，应规定团队成员撤出项目的时间和方法，例如，“每个团队成员必须根据时间表从项目撤出，当团队成员的可交付成果经过检查并通过所有质量控制流程之后才能撤出”。这对项目和团队成员都有好处，当已经完成任务的人员适时离开团队时，就不会再消耗项目的成本，该成员也会在新的项目中发挥技能，得到更多锻炼提升。

8.3 项目团队组建

虽然项目人力资源管理计划已经完成，但将合适的人员招募到项目中来，并为其分配合适的角色，仍然是件很复杂的事。组建项目团队，要考虑进度资源的平衡，要考虑项目的工作量及所需的技能，要考虑人员如何获取，人员的性格、经验及团队工作的能力等多种因素，进而选择合适的人员加入项目团队。

招募人力资源的方法很多：有谈判，事先分派，建立虚拟团队，采购等。某些项目会需要公司内部的一些资源（但是他们并不需要向项目经理做汇报），此时项目经理需要就这些人员的使用时间与职能经理（或者其他项目经理）进行“谈判”获取。有些情况下，不需要谈判，项目成员可能会“事先分派”到项目上，例如，项目启动时，公司就已经保证会将某些有经验的专家或有特殊技能的人员分配到项目中，这样的成员在人员配备管理计划中可直接进行具体任务分配。有些项目中可能会存在一些不在同一个地方工作、很少有时间或没有时间能面对面开会的成员，如项目依赖承包商和顾问完成外购工作，此时可构建“虚拟团队”，使用电话、E-mail、即时通信和在线协作工具来完成合作。当公司缺少足够的内部资源完成项目时，就必须从外部资源获得必要的服务，即“采购”，这包括雇佣独立咨询人或向其他组织签订转包合同。

团队成员的选择关系到整个团队未来的业绩，在选拔人员前应明确项目需要的人员技能并验证需要的技能。必要时在选择人员前，就通过心理评测、专业考察、技能考试、档案查询等方式获取有关人员的可靠数据，作为选择的依据。当然，即使有些人员暂时不具备相应的岗位技能要求，但出于学习能力强、可经过岗前培训迅速提高技能达到要求等因素，也可能将其纳入到项目中来。

在选择团队成员上，除了要求具有基本的专业素质外，还要求具有较强的全局意识和团队合作精神。良好、轻松的工作氛围，能促进员工积极主动地投入到工作中并获得高效的工作成果，这样的氛围一方面需要项目经理积极营造，另一方面也要依赖团队每个成员的努力。“人”积极的塑造良好的环境，成就优秀的团队，反过来在良好氛围的熏陶下，“人”也会变得更加优秀，这是一种良性循环。

工作任务确定、人员招募齐全后，就要安排人员来完成，这就要求项目经理充分了解项目组每个成员的能力所在、适合做什么事、性格如何、适合和什么样的人配合，安排“合适的人，做合适的事”。在对项目成员配置工作时，可参考以下原则：人员的配备必须要为项目目标服务；要以岗定人，不能以人定岗；要根据不同实施阶段对人力资源的需求（如种类、数量、质量等），动态调配人员。

项目经理在为人员分配工作时，一定要当心“光环效应”，即当一个人对某一项工作很擅长时，会顺理成章地认为他也具备相应的技术能力来完成另一项难度相当的工作，但实际上新的工作他完全驾驭不了。

8.4 项目团队建设

项目建设是实现项目目标的前提,项目团队建设主要是管理整个项目团队,使整个项目团队协调一致,有一个共同的奋斗目标,使项目团队中的每一个成员都充分发挥他们在项目中的作用。

成功的项目团队具有一些共同的特点:团队目标明确,成员清楚自己的工作对目标的贡献;团队的组织结构清晰,岗位明确;有规范的工作流程和方法;项目经理对团队成员有明确的考核和评价标准,工作结果公正公开、赏罚分明;有较强的组织纪律性;相互信任,善于总结和学习。

为了建设一个成功的项目团队,项目经理要做的一项最重要的事,就是在保证目标一致的前提下,保证团队得到激励并妥善管理。

8.4.1 制度的建立与执行

1. 目标一致

项目团队一个突出的特点就是团队成员有着共同的工作目标,无论团队规模大小、人员多少,必须有效地设计目标体系,达成团队共识,合理目标的设定可以成为团队发展的动力。

目标体系包括两个方面,其一,设置团队短期和长期的目标,其二,设定团队成员的个人目标。项目的短期目标会给整个团队带来真实的动力,长期目标会给团队带来无形的激励,团队目标通过合理的手段进行分解,制订详细的计划,执行,评估和反馈,可以尽快地把目标标准化、清晰化,加快目标的实现。

团队中存在不同角色、不同性格的个体,由于个体的差异,导致其分析问题、解决问题的视角不同,对项目目标的理解和期望值都会有很大的差别,这就要求项目经理要善于捕捉成员间不同的心态,理解他们的需求,帮助他们树立和项目同方向的不同阶段的目标,得到他们的反馈,在项目实施过程中监督、修正,直到项目完成,这样就能使大家劲往一处使,发挥出团队应有的战斗力。

2. 制度的建立与执行

正所谓"没有规矩,不成方圆",项目中如果缺乏明确的规章、制度、流程,工作中就非常容易产生混乱,如果有令不行、有章不循,按个人意愿行事造成无序浪费,则更是非常糟糕的事。建立团队中每个人都能适应的工作制度并保证有效执行,可以避免团队人员之间的很多问题。

健全的项目开发规范和流程、考勤制度、会议制度和奖惩制度等是软件项目开发团队中必须建立的基础制度。

健全的项目开发规范和流程是项目成功实施的保障。例如,建立统一格式的项目模板,有利于整体管理和后期分析;建立不同项目阶段的任务检查清单,可提高产品的质量;建立编码规范,能提高软件的可读性和可维护性等。项目团队成员在按照规范和流程实施的过程中,也能站在全局的角度理解项目,能学到更多的知识,建立对团队的认同感和信心。

考勤制度是约束员工时间观念的一种方法,没有考勤制度,员工的正常工作时间没法保证,容易养成自由散漫的作风,这是团队建设中最不愿看到的,只是在制度建立上需要充分考虑软件行业的特殊性。

会议制度是加强团队整体沟通和控制的一种机制。会议制度规定了会议时间、会议内容、参加人、列席人员等,项目经理通过会议能了解员工的工作情况、项目的整体进展及当前存在的问题,团队成员通过会议交流,能够了解项目全局、避免重复工作,并获得团队对自身工作的认可,鼓舞士气。

奖惩制度是提高项目组成员积极性和责任心的一个有效机制。但这也是一把双刃剑,用不好会起到相反的作用,所以项目经理要把握好使用的分寸。

建立制度时也要充分吸收骨干成员的意见,一方面使得制度更符合实际,另一方面通过参与的形式达成共识,增加了他们的归属感和使命感,也降低了执行的难度。制度一旦建立,项目团队成员就必须按照规定严格执行。

8.4.2 团队成员的激励

一个项目团队能否充分发挥成员各自的积极性和创造性,很大程度上取决于项目经理如何对团队进行激励。作为项目经理,具备“软技能”十分重要,应真正了解什么能让团队成员努力工作,并帮助解决他们的问题,即通过激励调动员工的工作热情。管理学发展到现在,很多科学家都对激励提出了自己的理论,对如何激励员工提出了很好的指导思想。

1. 马斯洛需求层次理论(Maslow's Hierarchy of Needs)

不同的人激励措施不同,例如你破产了,那么金钱则是一种有力的促进因素;然而若是对金钱的基本需要得到了满足,则有可能出现其他的促进因素。马斯洛需求层次理论指出,人们都有需求,在满足较低需求之前他们甚至不会考虑更高层次的需求。马斯洛需求层次理论认为人类的需求是以层次形式出现的,共分5层,自下而上依次由较低层次到较高层次排列,如图8-6所示。其中生理需求、安全需求、社会需求、自尊需求被认为是基本的需求,而自我实现需求是最高层次的需求,只有满足了基本需求之后,人们才能去追求更高层次的需求。

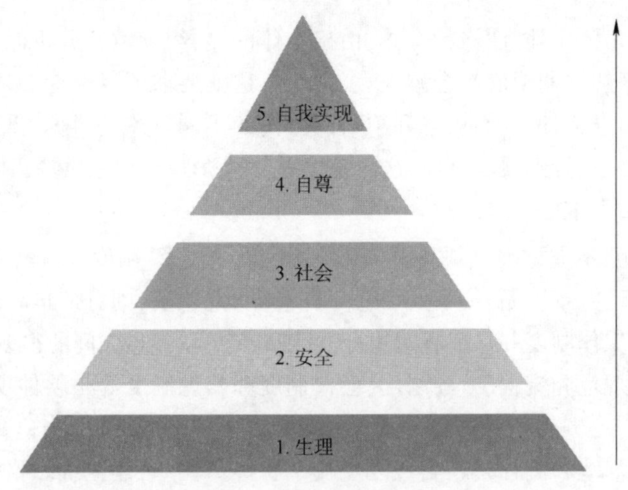

图8-6 马斯洛需求层次

激励来自于为没有满足的需求而努力奋斗,某一层次的需求相对满足了,就会向高一层次发展,追求更高一层次的需求就成为驱使行为的动力。在团队建设过程中,项目经理需要理解项目团队的每一个成员的生理、安全、社会、自尊和自我实现等需求,并实施相关的激励。生理需求和安全需求是人们生活的最低需求,一般项目团队成员都已经满足,因此团队成员就会有更高层次的需求。

实际上,在人生的不同阶段,人们还可能因不同的事而受到刺激。例如,工资的增加尽管总是很受欢迎,但对于一些已经有很高工资的员工来说,就没有像对低收入的新手那样有那么大的影响力。年纪大的员工更加注重工作的品质,他们更欣赏能够给予他们自主权,以示对他们的判断力和责任感的尊重。

但是也要知道,5 种需求虽然按层次逐级递升,但这样的次序不是完全固定的,可以变化,也可能有种种例外情况;同一时期,一个人可能有几种需求,但每一时期总有一种需求占支配地位,对行为起决定作用。任何一种需求都不会因为更高层次需求的发展而消失。各层次的需求相互依赖和重叠,高层次的需求发展后,低层次的需求仍然存在,只是对行为影响的程度大大减小。

2. 赫茨伯格的双因素理论(Herzberg's Two-factor Theory)

与马斯洛需求层次理论对应的还有赫茨伯格的双因素理论,如图 8-7 所示。赫茨伯格指出人的激励因素有两种:一种是保健因素,包括新近福利、工作环境以及与老板和同事的关系,他们并不激励你,但是在得到激励之前首先需要有这些东西,类似于马斯洛的三个最低层次需求,即生理、安全和社会需求,当这些因素恶化到人们认为可以接受的底线以下时,人们就会对工作产生不满。但当人们认为这些因素很好时,人们不会不满意,也不会形成一个积极的态度,便形成了一种模棱两可的中间状态;另一种是激励因素,类似于马斯洛的自尊和自我实现需求,是那些可以实现个人自我价值的因素,包括成就、赏识、提升以及发展等机会。若具备这些因素,能够对人们产生更大的激励。赫茨伯格认为如加薪、人际关系改善、提供良好的工作环境等传统的激励假设不会产生更大的激励;这能消除不满意,防止产生问题,但这些传统的激励因素即使达到最佳,也不会产生积极的激励。只有激励因素才可以使人们有更好的工作成绩。赫茨伯格指出,物质需求是必要的,没有它会导致不满,但即便获得了满足,它的作用也是有限的、暂时的。要调动人的积极性,更重要的是要注意工作的安排,人尽其才,各得其所,注重对人员在精神上的鼓励和认可,注意给人以成长、发展、晋升的机会。

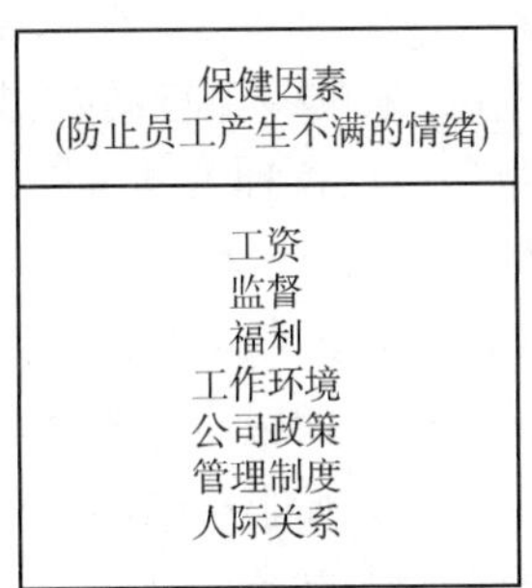

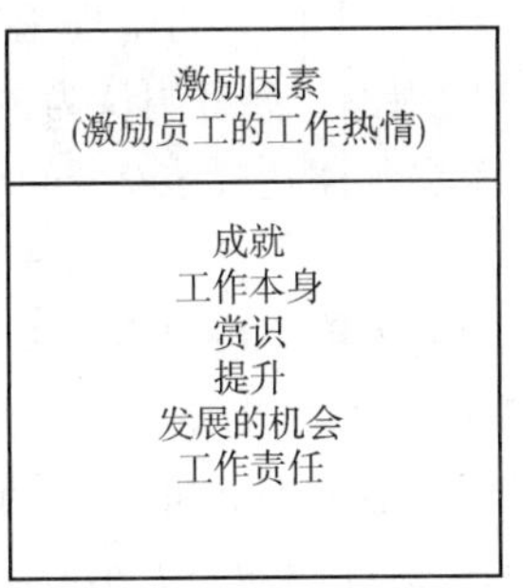

图 8-7　赫茨伯格的双因素理论

除了马斯洛和赫茨伯格的需求理论以外,还有一个重要的理论——McGregor 理论,即 X 理论和 Y 理论。

3. McGregor 的 X 理论(McGregor's X Theory)

McGregor 的 X 理论认为,通常来说,只要员工有机会在工作时间内不工作,那么他们就不工作,只要有可能他们就会逃避为公司付出努力去工作,所有的活动都是基于他们自己的意愿,宁愿懒散也不想为其他人做出一点付出。

X 理论认为员工是懒散、消极的、不愿意为公司付出劳动,必须要清晰地为每个员工分配好任务,并且需要更多的督促、更多的指导以及更多的控制来使他们投入更多的工作;为了使员工更加努力地工作,会给员工提供奖励,可还是会有一些员工不愿为此努力,很多接受了奖励的员工还会抱怨他们需要更多的奖励,且还是不会全身心地工作,所以不得不采取更多的检查、指导和批评,有时甚至需要惩罚,否则管理者稍有松懈,就可能有情况发生。

持X理论的管理者,往往时刻监督着团队中的每个人,不信任团队,也让团队成员感觉自己不被信任。根据员工的特点,他们一般会对员工采取两种措施:一是软措施,即给员工给予奖励、激励和指导等;二是硬措施,即给员工予以惩罚和严格的管理,给员工强压迫使其努力工作。

4. McGregor 的 Y 理论(McGregor's Y Theory)

McGregor 的 Y 理论认为,员工是积极的、喜欢挑战的,要求工作是人的本能;人们愿意为集体的目标而努力,在适当的条件下,人们不仅愿意接受工作上的责任,还会寻求更大的责任,即使没有外界的压力和处罚的威胁,他们一样会努力工作。

Y 理论的思想认为,员工是积极、主动地在工作中发挥自己的特长、释放自己的能量,因此应该在项目过程中给予员工以宽松的工作环境,并提供促其发展的自主空间,使其展现自己的才华。

持 Y 理论的管理者主张用人性激发的管理,使个人目标和组织目标一致,会趋向于对员工授予更大的权力,以激发员工对工作的积极性。

McGregor 的 X 理论和 Y 理论各有自己的长处和不足:X 理论虽然可以加强管理,当团队成员通常比较被动地工作;Y 理论虽然可以激发主动性,但对团队成员工作的把握又似乎欠缺原则。因此在一个项目团队中,应因人而异,因团队发展阶段而异,灵活使用这两种原则。例如,在团队刚刚组建阶段,大家对项目都不是很了解,这时需要项目经理应用 X 理论,建立必要的规范,尽快让团队进入正轨;当项目团队成员对项目的目标达成了一致,都有意愿为项目努力工作时,可以应用 Y 理论,授权团队完成所负责的工作,并提供机会和环境。

5. 期望理论

期望理论又称为"效价—手段—期望理论",是心理学家和行为学家维克托·弗鲁姆(Victor H. Vroom)所提出来的激励理论。弗鲁姆认为,人们在采取某一项行动时,其动力或激励力取决于其对行动结果的价值评价和预期达成该结果可能性的估计,这种需要与目标之间的关系公式如下:

$$激励力 = 期望值 \times 效价$$

这种需要与目标之间的关系用过程模式表示,即"个人努力→个人成绩(绩效)→组织奖励(报酬)→个人需要"。在这个公式中,机动力量是指调动个人的积极性,激发人内部潜力的强度;期望值是根据个人的经验判断达到目标的把握程度;效价则是所能达到的目标对满足个人需要的价值。这个公式说明,人的积极性调动的大小取决于期望值与效价的乘积。也可以说,一个人对目标的把握越大,估计达到目标的效率越高,激发起的动力越强烈,积极性也就越大,在领导与管理工作中,运用期望理论调动积极性是有一定意义。

期望理论是以三个因素反映需要与目标之间的关系,要激励员工,就必须要让员工明确,工作能提供给他们真正需要的东西;他们欲求的东西是和绩效联系在一起的;只要努力工作就会提高他们的绩效。期望理论如图 8-8 所示。

(1)期望值。期望值是人们判断自己达到某种目标或满足需要的可能性的主观概率。目标价值直接反映人的需要动机的强弱,期望概率反映人实现需要和动机的信息强弱。弗鲁姆认为,人总是渴求满足一定的需要并设法达到一定的目标。这个目标在尚未实现之时,表现为一种期望,期望的概念就是指一个人根据以往的能力和经验,在一定的时间里希望达到目标或满足需要的一种心理活动。

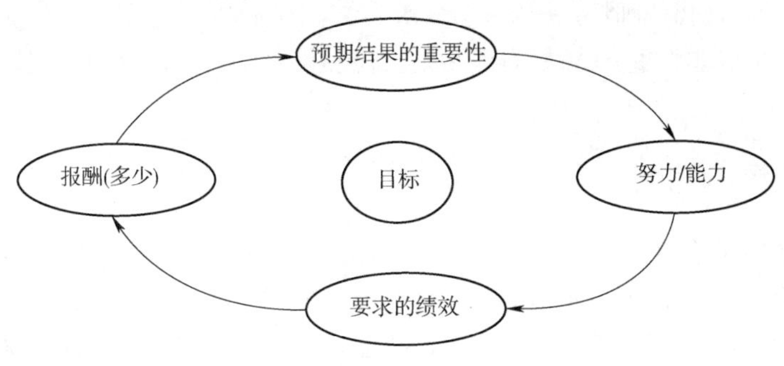

图 8-8　期望理论

弗鲁姆认为期望的东西不等于现实,期望与现实之间有三种可能性,即期望小于现实、期望等于现实以及期望大于现实。期望小于现实,即实际结果大于期望值,一般来说出现在正强化的情况下,如奖励、提职、提薪等,当现实大于期望时,有助于提高人们的积极性,在这种情况下,能够增强信心,增加激发力量。而在负强化的情况下,如惩罚、灾害、祸患等,期望值大于现实,就会使人感到失望,产生消极情绪。期望大于现实,即实际结果小于期望值,一般来说,在正强化的情况下,便会产生挫折感,对激发力量产生削弱作用。如果在负强化的情况下,期望值大于现实,则会有利于调动人的积极性,因为这时人们做了最坏的打算和准备,而结果却比预期要好很多,这自然对人的积极性是一个很大的激发。期望等于现实,即人们的期望变为现实,所谓期望的结果,是人们预料之中的事。在这种情况下,一般来说,也有助于提高人的积极性。如果此后没有继续给予激励,则积极性只能维持在期望值的水平上。

(2)效价。效价是指达到目标对于满足个人需要的价值。同一目标,因个人所处的环境、需求的不同,其需要的目标价值也不相同。同一个目标对每一个人可能有 3 种结果,即正效价、零效价、负效价。如果个人喜欢其可得的结果,则为正效价;如果个人漠视其结果,则效价为零;若不喜欢其可得的结果,则为负效价。效价越高,那么它的激励力量就越大。例如,3 000 元的奖金,对于生活困难的人来说可能会很有价值,但对于百万富翁来说其意义不大。

(3)效价与期望值之间的关系。在实际生活中,每个目标的效价与期望常呈现负相关。难度大、成功率低的目标往往既有重大的社会意义,又能满足个体的成就需要,具有高效价;而成功率很高的目标则会因为实现起来容易而缺乏挑战性,做起来索然无味,导致总效价降低。因此,设计和选择适当的目标,让人感觉有希望成功,而且值得为此奋斗,便是激励过程中的关键问题。

在实际项目管理过程中,项目经理可以根据不同员工的需求,采取各种合适的措施,调动员工的积极性、主动性,提高工作效率,实现项目目标。可以适当参考以下技巧。

(1)薪酬激励,将薪酬与绩效挂钩,为员工提供物质鼓励。

(2)目标激励,给下属设定适合自己的目标,并为之创造实现条件。

(3)机会激励,为每一位员工提供平等的参与学习、培训和获得挑战性工作的机会。

(4)环境激励,为员工营造舒适的工作环境,对成绩突出的员工表彰、强调公司对其工作的认可。

(5)情感激励,对员工信任,发掘优点,适时的赞许、鼓励,合理的授权都是有效的情感激励手段。

(6)认可激励,上司认可是对员工工作成绩的最大肯定,但认可要及时,可以是公众面前口头的表扬,也可以是一封广播的邮件。

对于激励还有一点非常重要,就是自我激励,自我激励可以使自己以积极的心态、满怀信心地面对问题。

8.4.3 团队成员的培训

项目成员的培养和开发是项目团队建设的基础,项目组织必须重视员工的培训以及开发工作,培训是指提高项目成员能力的全部活动。培训可以提高项目成员的本领、工作满意度,也可以提高项目团队的综合素质,提高项目团队的工作技能。对员工的培训包括提高员工技能的岗位培训,和有利于员工职业生涯的个人发展培训。

针对员工的岗位培训主要有两种:一种是岗前培训,主要对项目成员进行一些常识性的岗位培训和项目管理方式等培训。另一种是岗上培训,主要根据开发人员的特点,针对开发中可能出现的实际问题而进行的特别培训,大多偏重于专门技术和特殊技能。

针对员工的个人发展培训,指在适应项目特点及目标的前提下,根据成员个人的条件和背景,由成员和项目经理共同协商,规划出一套切实可行的、符合自己特长及发展方向的个人职业生涯发展体系,为成员提供实现个人专长的契机。这样一来,团队成员在培训中既提高了个人技能,又促进了团队的发展;既增强成员对团队的归属感和责任感,又降低了团队成员的流动率和流动倾向。培训可以是正式的或者非正式的,可以是线上的也可以是线下的,可以是集中时间的也可以是分散的。但计划好的培训一定要如期开展起来。如果经过培训项目团队成员仍缺乏必要的管理或者技术技能,那么有必要采取一定措施重新安排项目的人员。项目经理也可以安排其他一些活动,诸如团队野外拓展等,多方面促进团队建设。

8.5 项目团队管理

在团队管理过程中,项目经理可行使5种权力来管理和要求项目团队的成员来完成工作。

(1)合法的权力,公司对项目经理正式授予的让员工工作的权力,例如,公司赋予项目经理预算分配的权利,则项目经理就可以在指定的情况下,使用合法的权力对项目的预算进行分配。

(2)强制力,指用惩罚、威胁等消极手段强迫员工工作。例如,一个项目经理可以用解雇员工的威胁来改变他们的行为方式。然而,一般情况下,强制力对项目团队的建设不是一个很好的方法,建议不要经常使用,如果必须使用,尽量保证是一对一的,私下进行,否则会适得其反。

(3)奖励权力,使用一些激励措施来引导员工去工作。奖励包括薪金、机会、情感等手段,当奖励与具体的目标或项目优先级挂钩时会最有效果。一定要保证奖励是公平的,每个人都有得到奖励的机会。

(4)专家权力,用个人知识和技能让员工改变他们的行为。如果项目经理是某个特定领域的专家,那么员工可能会因此遵照项目经理的意见工作,并信任项目经理。

(5)潜示权力,暗示某项事务得到了高于自己级别(或权威)的领导重视、关注。例如,每个人都会按照这个项目经理的安排去做,因为他深得高级经理的喜爱。

以上5种权力,建议项目经理最好常用奖励权力和专家权力来影响团队成员去做事,尽量避免强制力。管理中具体涉及的内容如下。

8.5.1　过程管理

团队的过程管理就是通过熟悉和了解团队在不同时期的特点来对团队进行管理。

团队的发展一般都要经过形成期(Forming)、震荡期(Storming)、规范期(Norming)和执行期(Performing)这 4 个阶段。

形成期:项目组成员刚刚开始在一起工作,总体上有积极的愿望,急于开始工作,但各成员间都不是十分清晰各自的责任和目标,会有很多疑问。虽然表面上都很礼貌,但彼此都缺乏信任。

震荡期:组员之间已经基本熟悉,对各自的任务也比较了解。但是随着工作的开展,各方面问题会逐渐暴露,互相之间也容易产生冲突。

规范期:组员之间已经认同团队的目标,在做法和意识上基本达成了共识,团队开始表现出凝聚力。彼此之间也有了相互的信任,开始表现出相互之间的理解、关爱,亲密的团队关系开始形成。

执行期:这是规范阶段的提升。团队成员一方面积极工作,为实现项目目标而努力;另一方面成员之间能够互相帮助,共同解决工作中遇到的困难和问题,创造出高质量的工作效率。

在团队“形成期”,要发挥“领”的作用,即项目经理应该引领团队成员尽快适应环境、融入团队氛围,让成员尽快进入状态。明确每个项目团队成员的角色、主要任务和要求,帮助他们更好地理解所承担的任务。在项目实施的过程中,项目经理要时刻走在前面,起到榜样和示范的作用。

在团队“震荡期”,要发挥“导”的作用。由于团队人际关系的不稳定,矛盾冲突的不断涌现,项目经理要做好导向工作,及时解决冲突、化解矛盾,允许成员表达不满或他们所关注的问题,利用这一时机,创造一个理解和支持的环境。

在团队“规范期”,项目经理尽量减少指导性工作,给予团队成员更多的支持和帮助,在确立团队规范的同时,要鼓励成员发挥个性,注重培育团队文化,培养成员对团队的认同感、归属感,努力营造出相互协作、互相帮助、互相关爱、努力奉献的精神氛围。

在团队“执行期”,项目经理要为团队设立更高的目标,授予团队成员更大的权力,尽可能地发挥成员的潜力,帮助团队执行项目计划,集中精力了解掌握有关成本、进度、工作范围的具体完成情况,以保证项目目标得以实现。

团队发展的不同阶段,其特点也各不相同,必须因时制宜,正确、及时地化解团队发展中的各类矛盾和问题,促进团队不断发展。

8.5.2　冲突管理

没有人喜欢冲突,但有人的地方就有冲突,尤其是项目处在“震荡期”时。在正确的管理下,不同的意见是有益的,可以增加团队的创造力,做出更好的决策。当不同的意见变成负面的因素时,项目团队应解决这种冲突。

根据美国项目管理协会(PMI)的统计,项目中存在 7 种主要冲突:项目优先级、进度、成本、资源、技术、管理过程、个人冲突。按照项目的执行过程,各种冲突排序如下:初始阶段(项目优先级、管理过程、进度)、计划阶段(项目优先级、进度管理过程)、执行阶段(进度、技术、资源)以及收尾阶段(进度、资源、个人冲突)。

冲突产生的原因有很多,如责任模糊,多个上级的存在,项目始终处于紧张、高压的环境,新技术的流行等。但无论是什么冲突、什么原因产生的,项目经理都有责任处理好它,避免或减少冲突对项目的不利影响,增强冲突对项目的积极影响。常用的处理冲突的方法有 5 种。

(1)面对问题,找到冲突的根本原因,并与所有人合力找出方案来解决冲突,这是冲突管理中最有效的一种方法,问题得到解决,大家都受益,所以这种方法是"双赢"。

(2)妥协,寻找一种能够使大家一定程度上都较为满意的方法,这意味着每个人都有所取舍,没有任何一方完全满意,所以很多人把种方法称为"双输"的解决方案。

(3)求同存异,是指与他人合作,大家都关注他们一致的观点,避免不同的观点,这种方法要求保持一种友好的气氛,先把工作做完,但是往往不能解决冲突的根源。

(4)强制,表示一人独断做出决定,一方全赢,则另一方全输,但这样一般会导致新的冲突产生。

(5)退出,退出对所有人都没有好处,这表示人们将眼前的问题搁置起来,等待以后再解决,也就是大家以后再处理这个问题,这样问题不会消失,始终在项目中。当团队之间的冲突对组织目标的实现影响不大而又难以解决时,组织管理者不妨采取回避的方法。

8.5.3 团队绩效评估

当项目开始执行,一些培训、激励等措施被实施后,根据目前项目收集到的数据,正式或非正式的团队绩效评估就可以展开了。其结果可以用来帮助我们做出关于评价、奖励和纠正措施的决策,这也是促进团队发展所需的一部分工作。

团队效率的评估影响包含以下3方面:提高个人技能,可以使专业人员更高效地完成所分配的活动;提高团队能力,可以帮助团队更好地共同工作;较低的员工流动频率。

正式和非正式的项目绩效评估依赖于项目的持续时间、复杂度、组织原则、员工的合约要求和定期沟通的数量和质量等。绩效报告中应包含来自任何和项目成员有接触的人员(如上级领导、同级同事、下级同事、客户、外部评审员等)的相关信息(如进度、成本、质量和过程审计的结果)。绩效评估详见第9章9.4节。

小　　结

项目人力资源管理是根据项目的目标、项目活动进展情况和外部环境的变化,采取科学的方法对项目团队进行管理,主要包括项目人力资源计划编制、项目团队组建、项目团队建设及项目团队管理。项目组织结构主要包括职能型、项目型和矩阵型等三种类型。编制项目人力资源管理计划主要完成软件项目组织结构图、RACI矩阵和人员配备管理计划这三项工作。在项目团队建设上,项目经理要在保证目标一致的前提下,使团队得到激励并妥善管理,在团队成员激励上,可以依据马斯洛需求层次理论、赫茨伯格的双因素理论、McGregor理论和不同员工的需求,采取适当的措施调动员工的积极性和主动性,实现项目目标。项目团队的发展一般经历形成期、振荡期、规范期和执行期这4个阶段,在不同阶段特点各不相同,及时化解团队的冲突和矛盾,可以促进团队的发展。

习题8

一、选择题

1. 人员管理计划描述了(　　)。

A. 如何解决冲突

B. 项目经理的团队建设总结

C. 项目团队成员什么时候加入到团队,什么时候离开团队

D. 如何获取项目成员

2. 在下列组织结构中,项目成员没有安全感的是(　　)。

A. 项目型　　B. 职能型　　C. 矩阵型　　D. 弱矩阵型

3. 假如某一项目会涉及很多领域,则适合选择(　　)组织结构。

A. 项目型　　B. 职能型　　C. 矩阵型　　D. 组织型

4. 在项目管理的组织机构中,适用于主要由一个部门完成的项目或技术比较成熟的项目的组织结构是(　　)。

A. 项目型组织结构　　B. 职能型组织结构

C. 矩阵型组织结构　　D. 组织型组织结构

5. 项目经理为一个新的项目正在选择合适的组织机构,这个项目涉及很多的领域和特性,那么他应该选择(　　)组织结构。

A. 项目型　　B. 职能型　　C. 矩阵型　　D. 组织型

6. 以下说法错误的是(　　)。

A. 团队是一定数量的个体成员的集合

B. 团队包括自己组织的人、供应商、分包商、客户

C. 团队应注重个人发挥,应该将某项任务分工给擅长该技术的职员

D. 团队的目的是开发出高质量的产品

7. 在 3 种组织结构中,(　　)组织结构是目前最普遍的项目组织形式,它是一个标准的金字塔型组织形式。

A. 矩阵型　　B. 项目型　　C. 职能型　　D. 都一样

二、判断题

1. 职能型组织结构中项目经理的权利最大。(　　)

2. 组织分解结构是一种特殊的 WBS。(　　)

3. 创建组织结构图时,项目管理者需要首先明确项目人员类型。(　　)

4. 项目型组织结构的优点是可以资源共享。(　　)

5. 一个项目团队成员能否充分发挥各自的积极性和创造性,很大程度上取决于项目经理如何对团队进行激励。(　　)

三、简答题

1. 职能型组织结构的优点是什么？适用于什么样的项目？

2. 简述常用的处理冲突的方法。

3. 在团队管理过程中,项目经理可以行使哪些权利来管理和要求项目团队成员来完成工作？

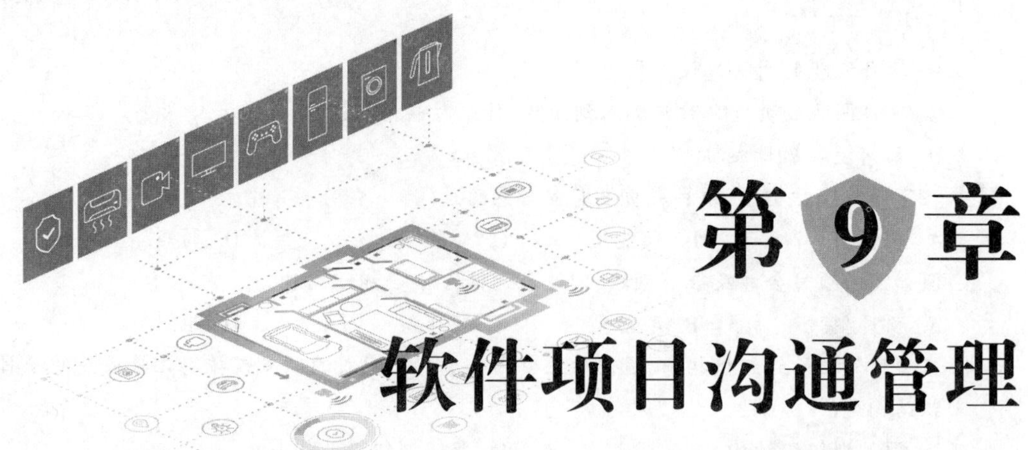

第9章 软件项目沟通管理

软件项目不同于传统的项目，软件开发的原料是信息，中间过程传递的是信息，提交的产品也是信息，所以信息的产生、收集、分发、存储和处理，即沟通管理显得尤为重要。为了完成所下达的软件项目任务，既要有统一的项目计划，又要有一套合适的监控执行方法，但同时又不能扼杀整个项目开发过程中的创造性和自主性。因此，必须要有一个灵活且容易使用的沟通方法，从而使一些重要的项目信息做到实时同步，为此项目管理过程中需要沟通计划。若在制订计划以及实施的过程中缺乏有效且充分的沟通，不但会影响软件项目的进度，还会降低项目团队的积极性，使供需双方产生不信任感，阻碍软件项目的开发进度。

9.1 沟通的重要性

2001 年 Standish Group 研究表明软件项目成功的 4 个主要因素分别为管理层的大力支持，用户的积极参与，有经验的项目管理者，明确的需求表达。而这 4 个要素全部依赖于良好的沟通技巧。软件开发中需要大量的沟通，项目经理大约 80% 以上的工作是沟通，畅通、有效的沟通是获取足够信息、发现潜在问题、控制好项目的基础。

所谓沟通(Communication)是人们分享信息、思想和情感，建立共同看法的过程。沟通主要使互动的双方建立彼此相互了解的关系，相互回应，并且期待能通过沟通相互接纳和达成共识。沟通是一个过程，在这个过程中，信息通过一定的符号、标志或者行为系统在人员之间交换，人们之间可以通过身体的直接接触、口头或者符号的描述等方式沟通。在软件项目开发中，对于涉及项目进度和人力资源调度等一些问题而言，充分的沟通是一个非常重要的管理手段。尽管项目评估能够在一定程度上解决一些问题，但需要注意的是，如果在计划制订及实行过程中缺乏沟通，不但会从进度上影响项目的进行，也会对项目团队人员的积极性产生不良影响，令供需双方产生彼此的不信任感，从而严重干扰项目开发进度。

在软件项目中，沟通贯穿项目始终：开发团队成员和各级领导间(项目汇报、项目评审、规范发布)、开发团队内部(技术交流、计划沟通、方案制定)、开发商和供应商间(采购沟通、供货、验货)……

许多专家认为，对于成功，威胁最大的就是沟通的失败。事实上也是如此，项目中的成员有不同的背景和性格，沟通能力也不尽相同，在沟通中特别容易出现问题。图 9-1 描述了一个项目在不同阶段，项目中不同角色成员对软件实现功能的理解和描述，在需求的传递过程中，在各个阶段误差被不断放大，最后的结果让人啼笑皆非。

图 9-1　关于软件功能在沟通中的误差

(1)客户没能清晰、准确地描述自己的需求,导致沟通的最开始就有问题。

(2)项目经理没有对客户的需求确认反馈,与客户的需求产生了不一致。

(3)分析人员进一步误解了客户的需求,设计的内容发生了更大的偏差。

(4)程序员实现的软件功能与最初的需求更是大相径庭。

(5)业务咨询师又将需求描述成了另一番模样。

(6)项目各阶段的内容完全没有记录,文档几乎一片空白,沟通无据可依……

沟通管理可以确保按时和准确地产生项目信息、收集项目信息、发布项目信息、传递项目信息、存储项目信息、部署项目信息、处理项目信息。项目沟通管理为成功所必需的因素——人(people)、想法(idea)和信息(information)之间提供了一个关键连接。涉及项目的任何人都应该准备以项目“语言”(the project language)发送和接收信息,并且必须理解他们以个人身份参与的沟通怎样影响整个项目。

沟通管理就是确保及时、正确地产生、收集、分发、存储和最终处理项目信息,规避或减少类似错误的发生。做好沟通管理的第一步就是创建一个项目沟通管理计划。

9.2　沟通管理计划编制

沟通管理计划包括确定项目相关方的信息和沟通需求:谁需要什么样的信息,什么时候需要,以什么形式,依靠什么工具获得信息,信息又是如何被定义的。详细来说应包括沟通内容及结果的处理、收集、分发、保存的程序和方式以及报告、数据、技术资料等信息的流向。

项目沟通计划在项目初始阶段完成,但计划过程的结果却在整个项目周期中被实践、审查和调整。

9.2.1 相关方的识别和分析

一个软件项目想要成功,那么必须要有好的项目管理。虽然每一个项目的每一个阶段都需要进行项目信息沟通,但需要的信息和发布的方法相差甚远,识别项目相关方的信息需求,并确定合适的需求分发手段,保证他们成功地获取信息,这对于项目成功相当重要。

所谓相关方(Stakeholder)是指那些积极参与项目的个人和组织,或者是那些由于项目的实施或完成其利益受到消极或积极影响的个人或组织(当然他们也会对项目的目标和结果施加影响),如出资人、客户、项目团队成员、供应商等。一个软件项目的相关方很多,他们参与项目时的责任、权限以及对项目的影响以及沟通需求也随着项目生命周期的不同阶段而发生变化。

例如,项目经理可以依据项目章程、项目的合同、采购文档、已有的历史项目经验等,找到所有可能的相关方会谈,了解他们的职责、目标、期望和担心,并得出这个项目对于他们的价值,形成相关方登记表,见表9-1。与相关方会谈过程中,可能会识别更多相关方。

表9-1 项目相关方登记

相关方登记表

姓名:宁涛　　　　分组:出资人

职责:

1. 负责提高项目实施的资金;
2. 确定项目的主题目标;
3. 确定项目完成时间。

目标:

1. 在100万元内完成本项目;
2. 提升目前工作效率的40%。

期望:

改变整个组织的管理机制,盘活整个企业的活力。

担心:

目前员工素质是否能适应这个系统。

识别以上信息的同时,可以根据相关方的参与程度和对沟通的需求将相关方分组,同一组的相关方往往有类似的需求和项目利益,理解所有相关方的意图后,可以提出一个策略,确保已经告知他们认为重要的信息,而且还要确保他们不会因多余的细节而感到厌烦,而后形成相关方管理策略表,见表9-2。

表9-2 项目相关方管理策略

相关方	相关方分组	当前投入级别	投入动机	期望投入级别
宁涛	出资人	理解	获取更大利润	接受
聂宇晨	项目组成员	全力以赴	获得更高技能	全力以赴
苟涛	客户代表	理解	解决当前系统问题	接受
王子	主管副总裁	理解	解决更多成本	接受

相关方识别是要识别出相关方、分析和记录他们相关的信息,例如联络信息、彼此之间的利益、参与度、影响力以及对项目成功的潜在影响。每个项目都会有许多项目相关方,每个项目相关方会不同程度地顾及项目对自己所产生的利害影响,因此项目经理必须要识别出全部的项目相关方,还要分析相关方之间的关系和渊源,切实处理好他们之间的关系,若不做进一步的分析,会在之后的项目过程中遭遇不小的麻烦。

在识别相关方之后,要对相关方的需求和期望做出相应的分析。例如,在开发一个应用软件时,用户的目标是要开发一个简单实用的软件,这个软件就应该结构设计简单、可靠性高,而不需要很多无用的功能。在相关方分析方法中,主要有影响力/利益矩阵和 SWOT 分析方法。

(1)影响力/利益矩阵。在该矩阵中,首先要对相关方正确识别,分别进行管理。对于权力大且利益高的相关方要重点管理;对于权力大且利益低的相关方应使其满意;对于权力小且利益高的相关方要随时告知;对于权利小且利益低的相关方应对其进行监督。相关方影响力/利益矩阵如图 9-2 所示。

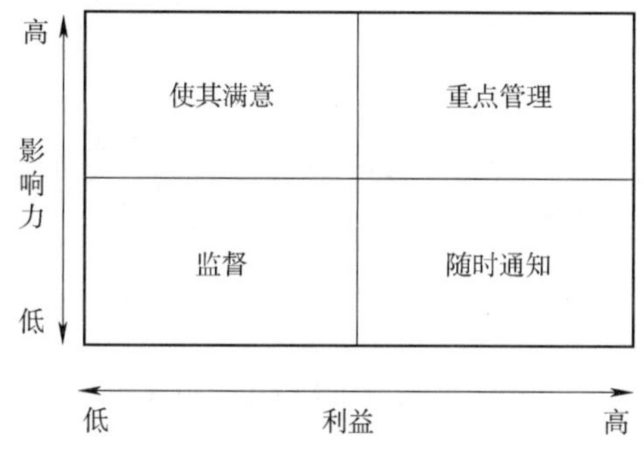

图 9-2　影响力/利益矩阵

(2)SWOT 分析法。就是把所有掌握的因素根据轻重缓急进行排序并构成矩阵,从而进行对比分析。由于该矩阵有 4 种因素,S 代表优势(Strength),W 代表劣势(Weakness),O 代表机会(Opportunity),T 代表威胁(Threat),因此该矩阵被称为 SWOT 矩阵,见表 9-3。在该矩阵中,共有 4 种策略,分别是最小最小对策(WT 对策),重点考虑劣势因素和威胁因素,竭力使这两种因素的影响降到最小;最小最大对策(WO 对策),重点考虑劣势因素和机会因素,竭力使劣势因素的影响降低到最小,使机会因素提高至最大;最大最小对策(ST 对策),重点考虑优势因素和威胁因素,竭力使优势因素的影响升至最大,而威胁因素降至最小;最大最大对策(SO 对策),重点考虑优势因素和机会因素,竭力使优势因素和机会因素的影响升至最大。

表 9-3　SWOT 分析

S(优势)	W(劣势)
项目建设资金充足 项目开发周期短 客户要求较容易实现 团队开发经验丰富	缺乏风险管理计划 系统体系结构设计不充分 研发落后 经营不善
O(机会)	**T(威胁)**
相关政府企业大力支持 消费者购买力增强 一些新兴技术可以融合进当前系统中	客户可能不会接受产品 新的工作流程需要项目组人员进行适应 新的工作流程可能会影响软件产品质量

9.2.2 沟通需求分析和计划

沟通需求分析是项目相关方信息需求的汇总。这一步应明确界定谁,在什么时间,需要什么信息,怎么能更有效地获得及提供信息。

一个项目组中如果只有 2 个人,则沟通的渠道是 1 条;有 3 个人,沟通的渠道是 3 条;有 5 个人,沟通的渠道就有 10 条;如图 9-3 所示,沟通的渠道不是呈线性增长,而是非线性的[其计算公式为 $N(N-1)/2$,其中 N 为团队成员总数]。如此复杂的沟通渠道,如果信息发错了,沟通没有意义;如果所有的沟通渠道都是双向的,管理成本又会增加。所以必须界定沟通的双方谁发送信息,谁接收信息。项目中角色、沟通渠道众多,项目本身会产生大量的信息,但谁也不希望将精力耗在无用的信息上(例如,高层项目经理肯定关心合同项目的成本,但他不需要与软件供货商、硬件供货商以及其他合作公司来讨论这个问题),因此也要明确沟通的双方需要沟通什么。

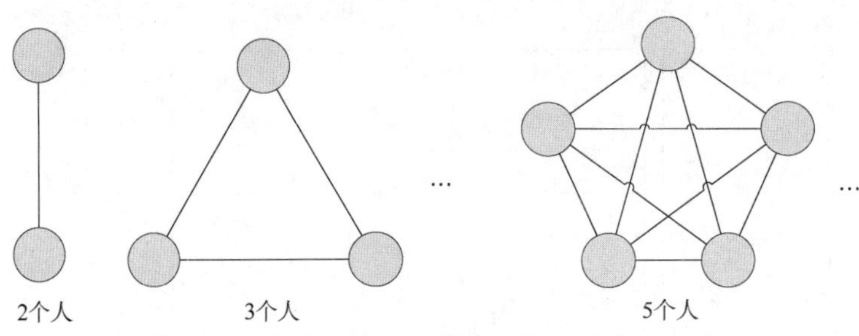

图 9-3　人数和沟通渠道的关系

沟通的内容包括沟通的具体信息、信息的格式、详细程度等,如果可能,可以统一项目文件格式及各种文件模板,并提供编写指南。

沟通方式主要有书面沟通和口头沟通、语言沟通和非语言沟通、正式沟通和非正式沟通、单向沟通和双向沟通以及网络沟通等。将项目管理的信息正确传达给相应的人员,是相当重要并且具有一定困难的,经常发生的是信息发送者认为自己传达的是正确的信息,可是事实却是信息并没有被传达到或者被错误地理解了。许多人并不习惯成堆的文件或者通篇的 E-mail,相比之下,利用非正式的方式或者双方会谈的方式来听取一些重要的信息,更容易让人接受。价值取向不同,沟通的方式也就在使用效果上全然不同。德鲁克提出了 4 个基本法则:沟通是一种感知;沟通是一种期望;沟通产生要求;信息不是沟通。

对于紧急的信息,可以通过口头方式进行沟通;对于重要的信息,可以采用书面的方式进行沟通。项目人员应该熟悉以下内容。

(1)许多非技术专业人员更愿意以非正式的形式和双向的会谈来听取重要的项目信息。

(2)有效地发送信息依赖于项目经理和项目组成员良好的沟通技能。口头沟通还有助于在项目人员和项目相关方之间建立较强的联系。

(3)人们有不愿报告坏消息的倾向,报喜不报忧的状况应当引起足够的重视。

(4)对于重大的事件、与项目变更有关的事件、有关项目和项目成员利益的承诺等要采用正式方式发送和接收。

(5)与合同有关的信息以正式的方式发送和接收。

项目沟通计划的编制过程是根据收集的信息,先确定项目沟通需要实现的目标,然后根据项目沟通目标和沟通需求确定沟通任务，进一步根据项目沟通的时间要求安排这些项目沟通任务，并确定保障目标沟通计划实施的资源和预算。

最终形成的沟通计划中一般包含以下内容：沟通项目（分发给项目相关方的信息）、沟通目的（信息分配的动机）、沟通频率（信息分发的频度）、沟通开始/结束日期（信息分发的日程表，日程表需要项目相关方了解什么时候创建、接受或传送项目信息）、格式/媒介（信息编排与传输方法）、职责（团队成员掌控着信息分发的任务，结合项目管理计划，规定谁负责创建、收集和发送关键项目信息）。项目沟通计划可繁可简，表 9-4 所示是一个简单的沟通计划。

表 9-4　沟通计划

沟通信息	频　率	接 收 人	格式/媒介	交付时间	发 送 人	反　馈
进度报告	每月	主管副总裁	电子邮件	每月 3 日前	项目经理	邮件回执
		项目组成员	内部服务器共享	每月 3 日前	项目组长	备忘录
		客户代表	书面	每月 3 日前	客户	问题反馈
例会	每周	项目组成员	会议	每周	主持： 项目经理	会议签到 会议纪要签收
		客户代表		每周		
		主管副总裁		每周		

9.3　信息分发

沟通计划编制好后，项目管理人员按计划组织相关人员，及时、准确地向项目相关方提供所需信息，当项目中出现计划外的沟通问题时，项目经理也要灵活应对，并在管理过程中逐步积累相应的组织过程资产。

信息分发工具是向团队转达完成工作所需信息所使用的工具，包括纸质文档，如项目会议、技术文档的复印件、手工文档系统；电子沟通，如电子邮件、传真、语音邮件、电话、录像带、网络会议和网上消息发布；电子工具，如项目管理软件、网络会议和虚拟办公支持软件、协作的工作管理工具等。所有这些都是信息收集和获取系统，因为它们产生的信息将用来做出有关项目的决策。

在执行沟通计划过程中，项目管理者可以将项目积累下来的沟通过程、经验、教训进行记录，使其他人也可以从当前的项目中受益，例如：

(1)保留所有发出的相关方通知及相关方反馈，因为以后它们可能很重要。

(2)保留所有项目档案，如备忘录、重要的 E-mail、公告或其他文档，并做相应的维护，便于信息追溯。

(3)记录对项目采取的所有纠正和预防措施以及在项目中学到的东西，并加入到组织资产库以合理利用，为其他项目的项目经理积累可重用的经验教训。

通过分发信息，使项目相关方及时了解到所需要的信息。信息发布者应当满足沟通计划的要求，并对于未列入沟通计划的信息做出相应的应对方式。项目经理必须确定哪些人应当在何时需要何种信息，确定信息传递的最佳方式，保证信息分发的正确性和有效性。

9.4　绩效报告

绩效报告指收集并分发有关项目绩效的信息给项目相关方。项目经理采用多种方法获取项目组各项工作的进展情况,结合项目的范围、进度、成本和质量计划等信息,分析执行与计划的差异,发布绩效报告让所有人都了解项目的进展,并根据项目当前的情况预测未来可能的结果,如有问题,给出相应的解决方案。

项目中存在着大量信息,要由项目经理来掌握所有这些信息。这需要与人们交谈,进行测量,检查可交付成果,通常对每一个细微之处都不放过,才能真正明确项目的实际状况。得到所有这些信息需要进行整理以进行差异分析。

差异分析包括两方面,一方面要分析项目在某一时间点上的状态,即状态报告,状态报告中将计划作为基准,衡量已经完成多少工作,花费了多少时间,是否有延迟,花费了多少成本。可以用挣值分析法来衡量。另一方面要分析项目在一定时间内的状态,即进展报告,进展报告一般是定期进行的,如每月一次,报告中除了需要列出基本的绩效指标,还要分析进度滞后(或提前)和成本超出(或结余)的原因,找出根源并提出解决建议。差异分析结果帮助项目经理确定项目是否在预算和进度控制内执行,如"团队超出预算 5%,且进度滞后 1 天",遇到这种情况要尽快建立变更请求,如果不需变更,则尽快向团队建议纠正措施。

最终的绩效报告应按预期的沟通计划发布给项目相关方,报告中体现了计划中规定的所有必须了解的细节,见表 9-5。

表 9-5　绩效报告示例

工作分解结构要素	预算	挣值	实际成本	成本偏差		进度偏差		绩效指数	
	(¥) PV	(¥) EV	(¥)AC	(¥) EV－AC	(%) CV/AC	(¥) EV－PV	(%) SV/PV	成本 CPI EV/AC	进度 SPI EV/PV
1 计划编制	63 000	58 000	62 500	－4 500	－7.2	－5 000	－7.9	0.93	0.92
2 分析	64 000	48 000	46 800	1 200	2.5	－16 000	－25.0	1.03	0.75
3 设计	23 000	20 000	23 500	－3 500	－14.9	－3 000	－13.0	0.85	0.87
4 中期评估	68 000	68 000	72 500	－4 500	－6.2	0	0.0	0.94	1.00
5 编码	12 000	10 000	10 000	0	0.0	－2 000	－16.7	1.00	0.83
6 测试	7 000	6 200	6 000	200	3.3	－800	－11.4	1.03	0.89
7 实施	20 000	13 500	18 100	－4 600	－25.4	－6 500	－32.5	0.75	0.68
总计	257 000	223 700	239 400	－15 700	－6.5	－33 300	－13.0	0.93	0.87

注意:绩效报告不只是告知项目的进展情况,还要查找问题,即与相关方共同查看绩效报告,预测可能会发生的问题,并给出合理的纠正措施。

9.5 沟通建议

9.5.1 沟通技巧

沟通必须是双向的才有效,在沟通的同时,如果能时刻保持着双赢的理念,双方相互信任,积极配合,协作完成工作,更有利于双方快速达成共识。沟通中一些实用的技巧都有助于双方减少误会、愉快合作。

1. 学会倾听

最有价值的人未必是最能说的人,善于倾听是每一个成年人的基本素质,是有效沟通的前提。“大自然给了人类一张嘴,两个耳朵,就是想让人们多听少说”,可见听的重要性。听懂别人所说并不容易,有时不仅要听别人说什么,还要听出别人没说什么。只有善于倾听才能等对方的意思表达清楚,只有善于倾听,才能理解对方的思维模式和感受。善于倾听是有效沟通的前提。

2. 表达准确

信息的表达要准确无歧义,不能让信息接收方产生误解或者误导。这就要求沟通者使用各种沟通手段,清楚地表达信息。有时还要借助说话的手势,语气和共享的图形、文件等手段来辅助说明。例如,项目经理在和客户确认需求时提前准备了简单的界面设计模型来辅助说明需求,这会让需求表述更清晰、准确。因此要综合使用各类交流方式,克服单一沟通方式的缺点。

3. 双向沟通

双向沟通比单向沟通更有效,有效的沟通一方面取决于信息被有效地传递出去,另一方面取决于信息被有效地接收到,发送方只有得到了接收方的反馈,才能确认消息是否被有效地接收到,否则发送方可能会重复发送,所以在沟通时,即使接收方没有问题或更好的建议,也应及时给对方反馈,以示收到信息,避免麻烦。

4. 换位思考

换位思考是保证沟通无障碍的一种方法。人们往往喜欢从自身的角度去考虑问题,但是当尝试着从别人、与自身位置不同的人的身上来考虑问题时,得出的答案总会不同。在软件开发过程中可以尝试着让团队成员交换角色,明白别人的工作、自己所做的工作在整个系统中处于什么地位。这样,有利于团队协作精神的培养,形成良性的团队开发氛围,发挥团队每个成员的特点和长处,更能使得项目顺利进行。

5. 扫除障碍

目标不明确、职责定义不清晰、文档制度不健全等,都是沟通的障碍,要进行良好的沟通,必须扫除这些障碍。

6. 因人而异

不同的人沟通风格不一样,有的是理想型,有的是理性型,有的是实践型,有的是表现型。了解不同人的行事风格,有益于找出与他人和谐相处的方式,达到更好的沟通效果。

9.5.2　知识传递及共享

萧伯纳说过:“你有一个苹果,我有一个苹果,我们彼此交换,每人还是一个苹果;你有一种思想,我有一种思想,我们彼此交换,每人可拥有两种思想。”知识也是一样,知识的彼此传递,就是知识的共享,思想的共鸣,大家通过不断的沟通,会使不同的知识得到融合,实现个人的成长、项目的成功。

1. 知识传递

知识传递,也是沟通的一种体现。在软件开发过程中,信息和知识传递有两种方式,一种是贯穿项目发展不同阶段的纵向传递,一种是在不同角色和不同团队之间的横向传递。

纵向传递是一个具有很强时间顺序性的接力过程,是任何一个开发团队都必须面对的过程问题。软件开发都要经过从需求分析阶段到设计阶段、从设计阶段到编程阶段、从开发阶段到维护阶段、从产品上一个版本到当前版本的知识传递过程。

软件过程每经历一个阶段，就会发生一次知识转换，知识在传递过程中，失真越早，在后续的过程中知识的失真会放大得越厉害，所以从一开始就要确保知识传递的完整性，这就是为什么大家一直强调"需求分析和获取"是最重要的。

横向传递是一个实时性的过程，是指软件产品和技术知识在不同角色和团队之间的传递过程，包括系统分析人员、产品设计人员、编程人员、测试人员、技术支持人员之间的知识传递，不同产品线的开发团队之间的知识传递，不同领域之间的知识传递等。一个项目的成功需要团队的协作，需要相互之间的理解和支持，这也必然要求有横向的知识传递。

无论是哪种传递都应保证知识传递的有效性、及时性、正确性和完整性。可以通过一些简单易行的方法来帮助实现这些目标。

(1)创造轻松、愉快的团队氛围，可以促进充分、有效的知识传递。

(2)对团队适时、定期的培训，可以促进及时、正确的知识传递。

(3)定期评审、复审，可以保证正确、完整的知识传递。

使用统一建模语言来描述领域模型，能使大家对问题有同样的认识，保证正确的知识传递。

2. 知识共享

软件行业发展到今天，其实是一个漫长的知识和经验分享、积累、发展的过程。员工可以通过查询组织知识获得解决问题的方法和工具。反过来，员工通过共享好的方法和工具，将其扩散到组织知识里，让更多的员工来使用，避免资源浪费，提高组织工作效率。

作为公司应该创立知识共享的文化，为员工营造良好的知识共享氛围，提倡和激励员工将知识和经验共享，例如，惠普公司建立了专家网络，让遍布全球、拥有个别特殊专业知识的员工能在需要时迅速地被找到；IBM 通过建立知识分享和信任的文化，鼓励员工贡献经验和思想；西门子公司通过独立的质量保证和奖励计划，来激励员工共享有价值的知识等。作为员工个人，对知识应该采取开放的态度，让知识快速流动形成知识共享的链接和互动，积极参与知识的分享和讨论，在讨论中不断学习、提高，真正实现从知识到能力的跨越。

公司和个人的共同成长依赖于知识共享，高水平的知识创新以知识共享为前提，只有做好知识共享，公司和员工才能共同进步。

小　　结

沟通是人们分享信息、思想和情感，建立共同看法的过程。沟通管理计划包括确定项目相关方的信息和沟通需求，项目沟通计划在项目初始阶段完成，但计划过程的结果却在整个项目周期中被实践、审查和调整。项目沟通计划编制一般要完成识别相关方、沟通需求分析和形成沟通计划等工作。沟通计划编制好后，项目管理人员根据计划组织相关人员，通过信息分发工具，将信息及时、准确地向项目相关方提供。项目经理必须确定哪些人应当在何时需要何种信息，保证信息分发的正确性和有效性。在信息传递以及知识共享时，时刻保持双方互相信任，积极配合，运用沟通技巧减少双方可能存在的误会。在沟通时，通过不断的沟通，使不同的知识得到共享和融合，提高工作效率，避免浪费资源。

习 题 9

一、选择题

1. 项目中比较重要的通知应该采用(　　)沟通方式。

   A. 口头　　B. 书面　　C. 电话　　D. 网络

2. 项目经理花费在沟通上的时间应该是(　　)。

   A. 30% ~ 60%　　B. 75% ~ 90%　　C. 20% ~ 40%　　D. 60%

3. 董事长突然有紧急通知告知项目经理,并要求其将通知转告项目组,则项目经理应该采取(　　)沟通方式。

   A. 正式　　B. 检索　　C. 书面　　D. 口头

4. 如果项目组原来有4个成员,又增加了5个成员,则沟通渠道增加了(　　)。

   A. 5倍　　B. 6倍　　C. 5.5倍　　D. 24条

5. 编制沟通计划的基础是(　　)。

   A. 沟通需求分析　　B. 项目规范说明书

   C. 项目管理计划　　D. 历史资料

二、判断题

1. 在软件项目中,对成功最大的威胁是沟通的失败。(　　)
2. 口头沟通不是项目沟通的方式之一。(　　)
3. 对于重要的信息,应采用书面的方式进行沟通;对于紧急的信息,应通过口头的方式沟通。(　　)
4. 沟通计划包含确定谁需要信息,何时需要何种信息以及如何接收信息等。(　　)
5. 应该多建立一些沟通的渠道。(　　)
6. 人员管理计划没有明确的具体体现形式,作为项目计划的一部分,其详细程度因项目而异。(　　)

三、简答题

1. 写出5种以上项目沟通方式。
2. 简述沟通技巧有哪些。
3. 写出相关方对项目可能的几种态度。
4. 写出最终形成的沟通计划中所包含的内容。

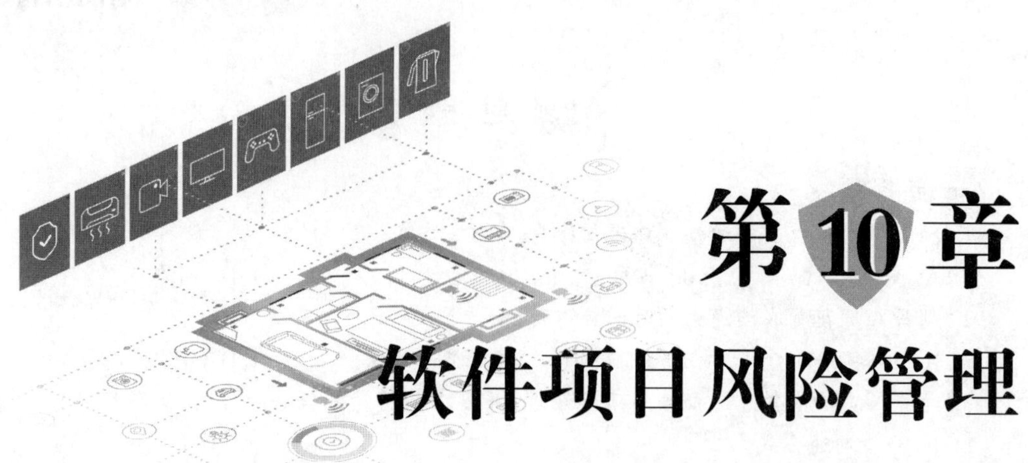

第10章 软件项目风险管理

任何项目的开发都存在一定的不确定性,即任何项目的开发都存在风险,没有风险的项目是不存在的。项目风险会影响项目计划的实现,在项目执行过程中需要对风险进行管理,合理的风险管理可以有效降低项目开发的损失,可以最大限度地减少风险的发生。没有完善的风险管理机制,项目可能会遇到意想不到的困难。

10.1 风险的概念

2008 年秋季,全球金融风暴使世界上许多人遭受了损失。尽管美国国会通过了 7 000 亿美元的援助方案,但仍没有幸免。根据 2008 年 7 月做的一项针对全球 316 家金融服务机构管理人员的调查,70% 的调查对象认为,信贷危机造成的损失很大程度上是因为风险管理的失败。他们指出一些实施风险管理方面的挑战,包括数据和公司文化等。例如,在很多组织中,获取相关、及时且连贯的信息仍然非常困难。很多受访者还表示,培养有利于风险管理的文化也是一个主要难点。管理者和立法者终于开始关注风险管理。59% 的受访者说,信贷危机促使他们更加深入细致地审查风险管理工作。一些研究机构也重新编写了风险管理惯例。目前,金融稳定论坛(Financial Stability Forum,FSF)和国际金融协会(Institute for International Finance,IIF)呼吁对风险管理过程进行更加严格细致的审查。TowerGroup 公司的分析员 Rodney Nelsestuen 认为:"企业风险管理成为一个新的关键问题。因为利益相关方、董事会董事以及监管机构都需要更充分、更及时的风险分析。此外,他们还需要更深入地了解全球金融界不断变化的风险环境是如何影响风险管理制度的。"因此,忽略风险管理的重要性,或缩减这方面的投入,将导致虚假经济。应该把风险管理看成解决方案的主要内容,而不是问题的一部分。

10.1.1 风险定义

风险的定义如下。①现代汉语词典:可能发生的危险;②韦氏字典:遭受损失或伤害的可能性;③软件工程研究所(SEI):损失的可能性;④美国项目管理协会(PMI):与项目相关的若干不确定性事件或条件,一旦发生,将会对项目目标的实现产生正面或负面的影响。风险是介于确定和不确定之间的状态,它涉及思想、观念、行为和地点等因素的改变,所谓风险是指损失发生的不确定性,是对潜在的、未来可能发生损害的一种度量,风险的发生会对项目产生有害的或负面的影响。例如,自然现象下雨不是风险,因为下雨不是可能发生的危险,也不会产生较大的负面影响。投资理财是风险,因为投资理财具有不确定性,可能收益也可能亏损,一旦风险发生,很可能导致本利全无的结果。项目风险是指可能导致项目损失的不确定性,美国项目管理大师马克思·怀德曼将其定义为某一事件发生给项目目标带来不利影响的可能性。软件项目风险是一种特殊形式的风险,软件风险是指软件开发过程中以及软件产品本身可能造成的伤害或损失,例如,软件质量的下降、成本费用的超支以及项目进度的推迟等。当对软件项目有较高的期望值时,一般要进行风险分析。风险管理就是为了管理项目中的风险而应用过程、方法和工具的一种实践,它提供了一种良好的环境来做出以下决策。

(1)连续评估项目中存在什么样的风险。

(2)确定哪些风险是需要重点考虑的。

(3)对重点考虑的风险采取积极的措施来应付。

风险发生的过程中,首先需要有风险因素的存在,风险因素导致风险事件的发生,从而造成损失,而损失又引起了实际和计划之间的差异,从而得到风险的结果,风险发生的过程如图 10-1 所示。

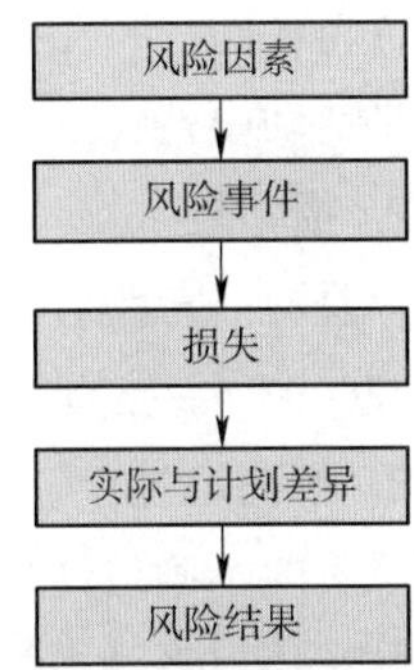

图 10-1 风险发生过程

项目风险的三要素包括风险事件的存在、风险事件发生的概率、风险事件可能带来的损失。风险发生的概率越高,造成的影响越大,就越是高风险,否则就是中等风险或低风险。

1. 风险因素

风险因素是指能够引起风险事件发生或影响损失程度的因素,这是造成损失的直接原因。风险因素应包括所有已识别的条目,而不论频率、发生的可能性、盈利或损失的数量等。在软件项目中,一般风险因素包括需求的变化,设计错误、疏漏和理解错误,狭义定义或理解角色和责任,不充分估计的工作量和不胜任的技术人员、供应商因素、硬件/软件因素、环境因素等。例如,在工程中,负责人员起草错误的招标文件、合同条件,下达错误的指令,这是由项目的行为主体(如项目管理者)产生的风险。

对风险因素的描述应包括由一个因素产生的风险事件发生的可能性、可能的结果范围、预期发生的时间、一个风险因素所产生的风险事件的发生频率。

2. 风险事件

风险事件是指特殊的、不确定的、没有规划或带来损失的事件。潜在的风险事件是指自然灾害或团队特殊人员出走等能影响项目的不连续事件。在发生这种事件或重大损失的可能相对巨大时,除风险因素外还应将潜在风险事件考虑在内。例如世界毁灭,由于环境因素、人为因素的影响,世界毁灭具有不确定性,一旦发生其损失是无法想象的,但是世界毁灭不是风险,因为这个事件发生的概率微乎其微。

3. 风险损失

风险损失是指非故意的、非预期的和非计划的经济价值的减少和灭失,包括直接损失和间接损失。风险损失是由意外事件引起的企业内外多种损失的综合。这实际上是强调风险损失构成的复杂性及与非企业风险损失的区别。诸如正常的停工损失、废品损失等,这些不是这里侧重研究的内容,所谓风险损失是特指出乎意料之外的有关损失。例如获得生日礼物,对于生日礼物的获得者,无论将要获得的生日礼物有多大的不确定性,也不管生日礼物会有多大的期望值偏离度,生日礼物的获得者是不具有任何风险的,因为不会有任何潜在的损失发生。

10.1.2 风险性质

对于风险普遍的观点有,风险是结果的不确定性;风险是损失发生的可能性或可能发生损失;风险是结果与实际期望的偏离;风险是受伤害或损失的危险等。上述对风险的解释从不同的角度揭示了风险的某些性质,因此风险的基本性质可总结如下。

1. 客观性

风险的客观性主要表现在风险的存在不以人的意志为转移,决定风险的各因素对风险主体也是独立存在的,即无论风险主体是否意识到风险的存在,风险都可能转变为现实。风险总是潜伏于各种活动中,项目进行的任何时候、任何地点都可能存在风险。

2. 损害性

风险的损害性是指一旦风险发生,则风险主体将会产生挫败和损失,这对风险主体是有损害的,因此,在项目进行的过程中应该尽量做好计划,尽量避免和降低风险,将其损害性降到最低。

3. 不确定性

风险的不确定性是指风险发生的程度是不确定的,风险发生的时间、地点也是不确定的,由于风险主体对客观世界的认知可能受到各种条件的限制,因此不可能准确地预测出不确定性的风险。

4. 转换性

风险的转换性是指风险不是一成不变的,在一定条件下是可以转换的。风险可能转换为非风险,非风险也可能转换为风险。

5. 相对性

风险的相对性是指相同的风险对于不同的风险主体的影响是不同的。例如,50 万元的风险损失对于资产上亿元的企业和新成立资产仅百万元的公司带来的影响是不同的。

6. 对称性

风险的对称性是相对风险事件可能带来的利益而言的。高利益隐藏着高风险,高风险可能带来高利益。风险是利益的代价,利益是风险的回报,要实现利益必须要承担与之相应的风险。例如,股市有风险,投资需谨慎。

10.2 风险管理

风险管理是在项目进行过程中不断对风险进行识别、评估、制定策略和监控风险的过程,它被认为是控制大型软件项目风险的最佳实践。风险管理是在风险尚未产生或形成之前,对风险进行识别,并且评估风险出现的概率以及可能产生的影响,按风险从高到低排序,有计划地进行管理,旨在识别出风险,然后采取措施使它们对项目的影响最小。风险管理的目标在于提高项目积极事件的概率和影响,降低项目消极事件的概率和影响。

风险管理意味着在风险损失还没有发生之前先对其进行处理。通常来说,在风险实施前需要进行风险规划,即决定采用什么方式方法、如何计划项目风险的活动,指导特定项目如何进行风险管理。

只有进行较好的风险管理,才能有效地控制项目的准备、实施与落地,如项目的成本、进度和产品需求等,同时可以防止意外问题的出现,即使出现,也可以降低风险的程度。风险管理的重要性如下。

(1)对潜在风险的预测会最大程度地降低其对期望结果的影响。

(2)提早做好相应的计划,从而降低风险发生时造成的压力。如果没有事先制定好相应的应急方案,那么到时就会手足无措。宝贵的时间会浪费在寻找替换方案上,而这又会减少最终实施替换方案的时间,从而危及产品的质量。此外,在高度压力下做出的决定通常来说都不如事先制定好的有效。

(3)尽早识别出风险,以便选择具有最低风险的方案。如果存在多种选择,那么就可以仔细分析各种方案潜在的风险大小,最终选出风险最小的一个。

简单归纳软件项目风险管理工作就是在风险成为影响软件项目成功的问题之前,识别并着手处理风险的过程。

风险管理,实际上就是贯穿在项目开发过程中的一系列管理步骤,使得风险管理不再只是纸上谈兵,而有其具体的量化评估体系。风险管理包括 6 个基本过程:风险规划、风险识别、风险定性评估、风险定量评估、风险应对规划、风险监控。

1. 风险规划

风险规划是风险管理的一整套计划,主要包括定义项目组及成员风险管理的行动方案及方式,选择适合的风险管理方法,确定风险判断的依据等,也包括对风险管理活动的计划和实践进行决策,是项目生命周期内风险管理的战略性行动纲领。

2. 风险识别

风险识别包括确定风险的来源、风险产生的条件,描述其风险特征和确定哪些风险事件有可能影响本项目。风险识别在项目的开始时就要进行,并在项目执行中不断进行。也就是说,在项目的整个生命周期内,风险识别是一个连续的过程。风险识别的结果是“项目风险列表”,是项目在整个运行过程中记录风险的总表。在风险识别结束后,需要填入项目风险描述、项目风险产生原因、项目风险分类信息三部分内容。

3. 风险定性评估

风险定性评估是评估已识别风险的影响和可能性的过程。这一过程是利用已识别风险的发生概率、风险发生对项目目标的相应影响以及其他因素,例如时间框架和项目费用、进度、范围和质量等制约条件的承受度,对已识别风险的优先级别进行评价。它在明确特定风险和指导风险应对方面十分重要。表 10-1 所示将风险发生的概率分为 5 个等级,风险概率必须大于 0 且小于 100%。表 10-2 所示将风险后果的影响程度分为 5 个等级。

表 10-1　风险概率等级

等　级	概率范围	等级说明	描　述
5	大于 80%	极高	非常可能,或几乎一定发生
4	61%~80%	高	很有可能发生
3	41%~60%	中等	有可能发生,但不能确定
2	21%~40%	低	发生的可能性很小
1	0~20%	极低	几乎不可能发生

表 10-2　风险影响程度

等　级	影响程度	描　述
5	致命	导致项目失败
4	严重	对项目造成危害
3	中等	对项目造成一些麻烦
2	较小	对项目有一定的影响
1	轻微	对项目几乎没有什么影响

4. 风险定量评估

风险定量评估是对通过风险定性评估排出优先顺序的风险进行量化分析。风险定量评估一般应当在确定风险应对规划时再次进行，以确定项目总风险是否已经减少到满意程度。重复进行风险定量评估反映出来的趋势可以指出需要增加还是减少风险管理措施，它是风险应对规划的一项依据，并作为风险监测和控制的组成部分。

5. 风险应对规划

风险应对规划是针对风险分析的结果，为提高实现项目目标的机会，降低风险的负面影响而制定风险应对策略和应对措施的过程，即通过制定一系列的行动和策略来对付、减少以至于消灭风险事件。

6. 风险监控

风险监控实际上是监视项目的进展和环境等方面的变化，核对风险管理策略和措施的实际效果是否达到了预期目标，寻找机会改善和细化风险规避计划并获取反馈信息，以便使未来的决策更符合实际。

表 10-3 所示为风险管理示例。

表 10-3　某高校学生课堂风险

风险事件	风险识别	风险发生的概率	风险造成的后果	风险控制
上课迟到	平时分减少	中	低	早点起床
点名三次不到	取消考试资格	中	高	提交假条
考试作弊	没有毕业证	高	高	坚决不要作弊

10.3 风险识别

风险识别就是弄清哪些潜在事件会对项目有害或有益的过程。尽早识别出潜在风险是至关重要的。风险识别包括确定风险的来源，确定风险产生的条件，描述风险特征和确定哪些风险事件有可能影响本项目。例如，从项目管理角度讲，风险识别可从合同、项目计划、工作任务分解WBS、各种历史参考资料（类似项目的资料）、项目的各种假设前提条件和约束条件方面进行风险识别。从软件开发的生命周期看，每个阶段的输出（各种文档）都是下一阶段进行风险识别的依据。

风险识别相当于确定风险事件。每类风险都可分为一般性风险和特定性风险。一般性风险对每一个软件项目来说都是潜在的威胁。特定性风险是指只能被非常熟悉和了解当前项目的人识别出的风险。风险识别不应该是一次性的行为，而应该有规律地贯穿整个项目。

风险识别的输入分为三种类型:项目的控制属性、项目不确定性和已知事件。风险识别的方法包括风险检查列表、信息收集技术、核对表分析、假设分析、图解技术等。

1. 风险检查列表

风险检查列表是风险识别的重要工具之一,它能为识别风险提供系统的方法。检查表主要是根据风险的分类和每类包含的要素来进行编写的。各个公司可以根据自己的公司和项目的实际情况来编写自身的风险检查列表,或者参考一些有名的风险检查表来进行裁剪以适应项目的需要。

常见的软件风险如下。

(1)技术风险。技术风险主要体现在影响软件生产率的各种要素上。

①需求识别不完备。

②客户对需求缺乏认同。

③客户不断变化的需求。

④缺少有效的需求变更管理过程。

⑤需求没有优先级。

⑥识别需求中客户参与不够。

⑦设计质量较低,重复性返工。

⑧过高估计了新技术对生产效率的影响。

⑨重用模块的测试工作估计不够。

⑩采用的开发平台不符合企业实际情况。

(2)管理风险。

①项目目标不明确。

②项目计划和任务识别不完善。

③项目组织结构降低生产效率。

④缺乏项目管理规范。

⑤团队沟通不协调。

⑥相关方对项目期望过高。

⑦项目团队和相关组织关系处理不妥当。

(3)过程风险。

①项目开发环境准备工作不够。

②项目模块划分依赖性过高。

③项目规模估计有误。

④项目过程管理不够。

(4)人员风险。

①人员素质低下。

②缺乏足够的培训。

③开发人员和管理人员关系不佳。

④缺乏有效的激励措施。

⑤缺乏具有项目急需技能的人员。

⑥团队成员因为沟通不善导致重复返工。

2. 信息收集技术

信息搜集技术包括头脑风暴法,德尔菲方法,访谈,优势、弱点、机会与威胁分析(SWOT 分析、态势分析)等。

3. 核对表分析

核对表一般根据风险要素编写,包括项目的环境、其他过程的输出、项目产品或技术资料以及内部因素如团队成员的技能。

4. 假设分析

每个项目都是根据一套假定、设想或者假设进行构思与制定的。假设分析是检验假设有效性的一种技术。它辨认不精确、不一致、不完整的假设对项目所造成的风险。

5. 图解技术

图解技术包括因果图、系统流程图和影响图。

表 10-4 所示为风险识别输出的风险管理表示例。

表 10-4 风险管理表

风险类别	风险根源	条　件	结　果	后　果
技术	技术更新	开发人员使用新技术	由于开发人员要学习新技术,所以开发时间延期	产品投入市场晚,损失市场份额
人员	组织结构	按北京和上海划分团队	团队成员之间沟通困难	额外的返工拖延了产品交付时间

10.4 风险分析

风险分析是一种识别和测算风险,开发、选择和管理方案来解决这些风险的有组织的手段,是对潜在问题可能导致的风险及其后果实行量化,并确定其严重程度。所谓的风险分析就是对识别出的风险做进一步分析,对风险发生的概率、风险后果的严重程度、风险影响范围以及风险发生时间进行估计和评价。

风险评估的方法包括定性风险分析和定量风险分析。

10.4.1 定性风险分析

定性风险分析是对风险概率和影响进行评估和汇总,进而对风险进行排序,以便随后进一步分析或行动。

因为风险的概率介于 0 和 1 之间,所以采用定性的方法可以把风险概率归纳为“非常低”“低”“中等”“高”“非常高”5 类,或者更简单地归纳为“高”“中”“低”3 类。

对于风险的影响,也就是风险对项目造成的后果,按照严重性,也可以归纳为“非常低”“低”“中等”“高”“非常高”5 类,或“高”“中”“低”3 类,或者“可忽略的”“轻微的”“严重的”“灾难性的”4 类。

确定了风险的概率和影响后,风险分析的最后一步就是确定风险的综合影响结果,它是根据对风险概率和影响的评估得出的,可以将上述两个因素按照等级编制成矩阵,以形成风险概率影响矩阵。表 10-5 是把风险概率按照 5 个等级来划分,风险影响按照 4 个等级来划分而形成的,从而把风险的综合结果分成了 4 类。表 10-6 是把风险概率按照 3 个等级来划分,风险影响也按照

3 个等级来划分,从而把风险的综合结果分成了 5 类,也定性定义为“很高”“高”“中”“低”和“很低”,分别用字母 A、B、C、D、E 表示。

表 10-5　风险概率影响矩阵 1

影　响	概　率				
	非常高	高	中　等	低	很　低
灾难性的	高	高	中等	中等	低
严重的	高	高	中等	低	无
轻微的	中等	中等	低	无	无
可忽略的	中等	低	低	无	无

表 10-6　风险概率影响矩阵 2

影　响	概　率		
	高	中　等	低
高	A	B	C
中	B	C	D
低	C	D	E

根据风险概率影响矩阵可以进行风险优先级排序。表 10-7 所示为定性分析风险优先级示例。

表 10-7　定性分析风险优先级示例

优先级	风险描述	概　率	损　失	综合结果
1	购买的硬件不能够及时到位	高	高	很高
2	调研的性能需求不完善	高	高	很高
3	团队成员来自不同区域,沟通不畅	高	中	高
4	关键技术人员的流失	中	中	中

表 10-8 所示为定性风险分析示例。

表 10-8　高校学生软件设计风险分析

风险事件	概　率	影　响	说　明
课程设计	低	C	首次课程设计不达标,可进行重修补考,综合成绩受影响不大
本科毕业设计	中等	B	首次毕业设计不达标,需要进行二次答辩,综合成绩受到一定影响
研究生学位答辩	高	A	首次学位答辩不达标,将面临延期毕业的风险

10.4.2　定量风险分析

定量风险分析是就识别的风险对项目总体目标的影响进行定量分析。定量分析也是考虑三个因素:概率、影响和综合结果。定量分析中最常用的方法就是计算风险暴露量。风险暴露量 = 风险的概率 × 风险的损失。该指标是进行风险优先级排序的重要依据。

风险概率就是给出介于 0 和 1 之间准确的概率值。对于风险的影响,可以根据项目的目标采用不同的单位,例如,把风险影响折算成对项目时间的影响,给出确定的对时间影响的数值,也可以把风险折算成对成本的影响,给出确定的损失金额等。表 10-9 所示为风险分析示例。如果一个项目中就包含这 4 种风险,则可以看出项目总体的风险概率是 5% ~ 50%,对项目时间影响最大值可能是推迟 5.95 周。

表 10-9 风险分析示例

风　险	发生的概率	损失的大小/周	风险暴露量
计划过于乐观	50%	5	2.5
增加自动更新的需求	5%	20	1.0
设计欠佳,返工	15%	15	2.25
设备不能及时到位	10%	2	0.2
区间范围,总计	5%~50%		5.95

定量分析方法中,最常用的是决策树分析法。决策树分析法是一种形象化的图表分析方法,它提供项目所有可供选择的行动方案以及行动方案之间的关系、行动方案的后果以及发生的概率,为项目经理提供选择最佳方案的依据。决策树分析采用损益期望值(Expected Monetary Value,EMV)作为决策树的一种计算值,它是根据风险发生的概率计算出的一种期望的损益。

图 10-2 描述了对实施某计划风险分析的典型决策树示例图。从图中可知,实施计划后有 70% 概率取得成功和 30% 概率遭到失败。成功后有 30% 的概率是项目有高性能的回报 outcome = 550 000,同时有 70% 的概率是项目亏本的回报 outcome = −100 000,EMV = $\sum$ (outcome × P),项目成功的 EMV = (550 000 × 30% − 100 000 × 70%) × 70% = 66 500,项目失败的 EMV = −60 000,则实施项目后的 EMV = 66 500 − 60 000 = 6 500,而不实施该计划的 EMV = 0。得到结论是,可以实施该项目计划。

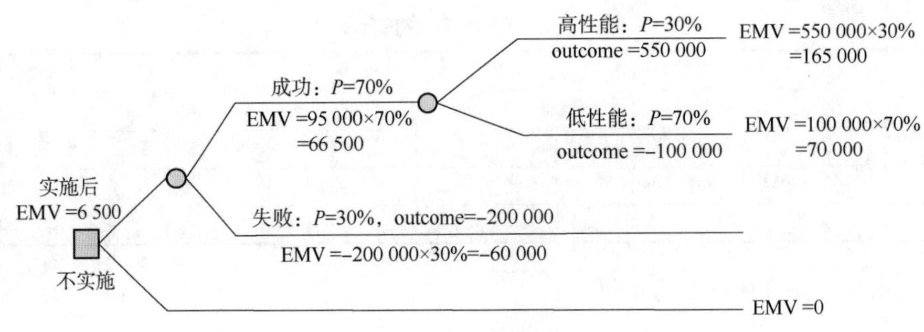

图 10-2 典型决策树示例图

10.5 风险规划

风险规划是指为项目目标增加实现机会,减少失败威胁而制定方案,决定应采取对策的过程。风险应对规划过程在定性风险分析和定量风险分析之后进行,包括确认与指派相关个人或团队,对已得到认可并有资金支持的风险应对措施担负起职责。风险应对规划过程根据风险的优先级水平处理风险,在需要时,将在预算、进度计划和项目管理计划中加入资源和活动。

风险规划主要包含以下内容。

(1)确定风险管理目标。

(2)制定风险管理策略。

(3)定义风险管理过程。

(4)建立风险管理机制,包括以下内容。

①风险核对清单。

②风险管理表格。

③风险数据库模式。

(5)定义风险管理验证。

风险管理规划的工作成果是《项目风险管理实施说明书》,由以下几部分构成。

(1)项目名称、编写人、审核人、批准人、批准时间。

(2)修订历史。

(3)项目介绍。

(4)风险管理组织。

(5)风险管理中涉及的文档。

(6)风险管理约定。

(7)风险管理的工具和方法。

(8)风险管理裁减说明。

10.6　风险控制与对策

总会有些事情是不能控制的,风险总是存在的。风险控制是指风险管理者采取各种措施和方法,消灭或减少风险事件发生的各种可能性,或风险控制者减少风险事件发生时造成的损失。图 10-3所示为软件项目全过程风险控制模型。

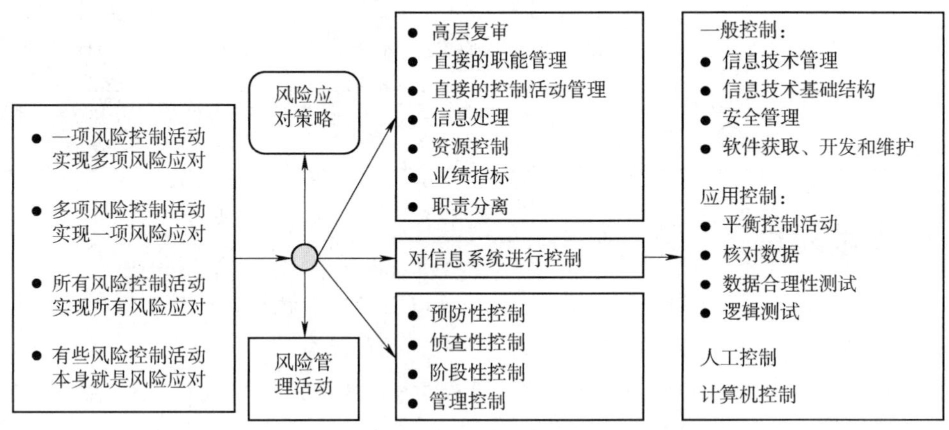

图 10-3　软件项目全过程风险控制模型

针对不同类型的风险需要采取相应对策来避免或降低风险造成的损失。通过一定的风险对策,采取必要的风险控制策略可以消除特定的风险事件。风险对策包括主动策略和被动策略。主动策略以预防为主,识别主要风险项,制订风险管理计划,对风险进行化解和监控;被动策略是指当风险不利结果发生后,被迫采取的处理问题的措施。消极风险或威胁的风险对策主要包括风险规避、风险转移和损失控制。

10.6.1　风险规避

风险规避意味着将风险最小化或尽量避免风险带来的影响。风险规避通常是与寻找风险发生时可能的替代方案联系在一起的。在表 10-10 中对风险进行了分类,并且列出了与每一种风险相对应的表现特征以及规避方案。

表 10-10　风险分类、风险、特征以及规避方案

风险分类	风　　险	特　　征	规避方案
与人员相关的	人员流失 能否获得特定的技能	1. 超过平均水平的人员流失率 2. 特定项目组中的人员流失 3. 对广告宣传缺乏相应事实依据 4. 需要很长时间才能找到合适的人来填补空缺	1. 对员工采用更友好的人力资源政策 2. 采取主动的措施以便留住人员 3. 让更多的人掌握有关的技术,以便降低对特定人员的依赖程度 4. 文档化有关过程 5. 使个人的目标与公司目标保持一致 6. 更好的待遇 7. 在签订项目之前就确定所需的技能 8. 加大培训方面的投入 9. 用股票留住有关方面的专才
与需求稳定性相关的	需求频繁变动	1. 工作计划经常变动 2. 最终工作的结果与计划中所预期的相差甚远	1. 进行专门的合同评审 2. 定义出良好的变更控制机制 3. 严格执行配置管理 4. 使用原型不断获得反馈 5. 良好的客户关系
与进度压力相关的	项目的变化	1. 过度的压力使得员工们不得不长时间超时工作 2. 项目开发过程中以及在里程碑处发生了变化 3. 产品中的缺陷不断增加	1. 在进行变化之前先看一下以往的有关记录 2. 在进行变化之前听听专家的意见 3. 通过软件重用降低返工的代价 4. 事先对有关细节加以试验
设备的老化与故障	硬件设备无法为项目提供足够的支持	1. 反应时间过长 2. 特定组件的启动时间变长	提供预算以便购买比最初计划中所要求的设备功能更强大的设备

10. 6. 2　风险转移

风险转移是指为了避免或降低风险损失,而有意识地将损失转嫁给另外的组织或个人承担。例如,将软件项目分包给多个分包商,购买交通保险或人身意外险。

风险转移也可称为采购转移风险,采购行为通常将一种风险置换为另一种风险。风险转移策略几乎总需要向风险承担者支付风险费用。转移工具丰富多样,包括但不限于利用保险、履约保证书、担保书和保证书。出售或外包可以将自己不擅长的或自己开展风险较大的一部分业务委托他人帮助开展,集中力量在自己的核心业务上,从而有效地转移风险。同时,可以利用合同将具体风险的责任转移给另一方。例如,如果经销商不能顺利销售,则用制定固定价格合同来减缓可能出现的项目进程延误风险;将技术风险转嫁给销售商又可能造成一定的成本风险。

10. 6. 3　损失控制

损失控制是指风险发生前消除风险可能发生的根源,减少风险事件的概率,在风险事件发生后减少损失的程度。损失控制的关键在于消除风险因素和减少风险损失。

根据目的不同,损失控制分为损失预防和风险减缓两种类型。

1. 损失预防

损失预防是指风险发生前为了消除或减少可能引起风险的各种因素而采取的各种具体措施,

制订预防性计划以降低风险发生的概率。例如，为了避免客户满意度下降的风险，可以采取需求阶段让客户参与，向客户演示目标系统的模型并收集反馈意见，验收方案和验收标准必须双方共同认可和签证确认等方法来对风险损失进行预防。

2. 风险减缓

风险减缓是指风险发生时或风险发生后为了缩小损失幅度所采用的各种措施。通过降低风险事件发生的概率或得失量来减轻对项目的影响。例如，为了避免自然灾害造成的后果，在一个大型软件项目中考虑了异地备份来减缓风险。

10.7 风险监控

风险监控是在整个项目生命周期中，跟踪已识别的风险、检测残余风险、识别新风险和实施风险应对计划，并对其有效性进行评估。

风险监控实际上是监视项目的进展和环境等方面的变化，核对风险管理策略和措施的实际效果是否达到了预期目标，寻找机会改善和细化风险规避计划并获取反馈信息，以便使未来的决策更符合实际。风险监控这一步主要完成以下工作：不断地跟踪风险发展变化，不断地识别新的风险，不断地分析风险的产生概率，不断地整理风险表，不断地规避优先级别最高的风险。在进行风险监控的过程中需要注意系统性的监控方法、风险预警系统、风险应急计划、风险监控时机等问题，以保证监控的有效性。图 10-4 所示为风险监控过程。

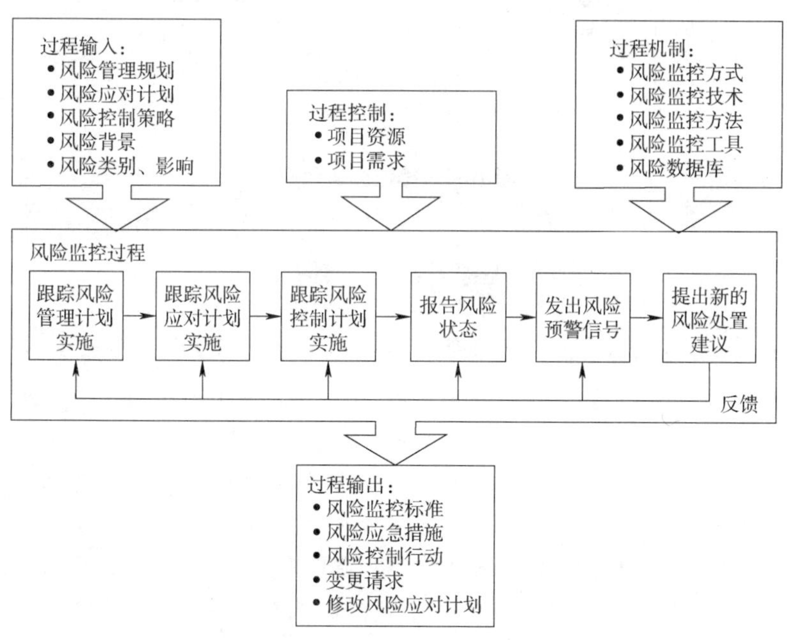

图 10-4　风险监控过程

风险监控技术主要有审核检查法、监视单、项目风险报告和挣值分析。

审核检查法贯穿项目建议书开始直至项目结束，目的是查找错误、疏漏、不准确、前后矛盾、不一致之处，发现以前或他人未注意或未考虑到的问题等。

监视单是在项目实施过程中管理工作需要关注的关键区域的清单。清单内容通常在各种正式或非正式的项目审查会议中进行审查和评估。

项目风险报告是用来向决策者和项目组织成员传达风险信息、通报风险状况和风险处理活动效果的重要文件。

挣值分析是通过挣值曲线,项目管理人员可以直观迅速地了解项目的实施情况。如果有严重的成本和进度风险存在,高层管理者就应及时终止项目或采取其他风险应对策略。表 10-11 所示为挣值分析的指标和计算公式,图 10-5 所示为挣值分析示例。

表 10-11　挣值分析的指标和计算公式

指　　标	公　　式
挣值	EV = 到当前的计划值 × 完成百分比
成本偏差	CV = 挣值(EV) - 实际成本(AC)
进度偏差	SV = 挣值(EV) - 计划成本(PV)
成本执行指数	CPI = 挣值(EV)/ 实际成本(AC)
进度执行指数	SPI = 挣值(EV)/ 计划成本(PV)

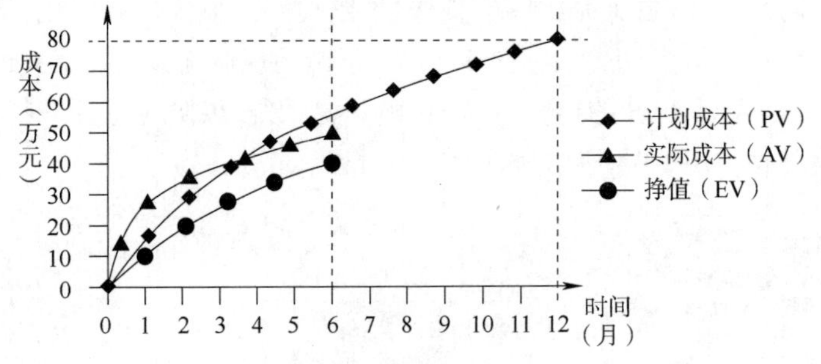

图 10-5　挣值分析示例

小　　结

风险是指损失发生的不确定性,是对潜在的、未来可能发生损害的一种度量,项目风险是某一事件发生给项目目标带来不利影响的可能性。软件风险是指软件开发过程中以及软件产品本身可能造成的伤害或损失。风险的三要素是风险事件的存在、风险事件发生的概率、风险事件可能带来的损失。风险的性质包括客观性、损害性、不确定性、转换性、相对性和对称性。风险是伴随软件项目过程而产生的,在软件项目中必须进行风险管理。风险管理是在项目进行过程中不断对风险进行识别、评估,制定策略和监控风险的过程。风险管理包括 6 个基本过程:风险规划、风险识别、风险定性评估、风险定量评估、风险应对规划、风险监控。

习 题 10

一、选择题

1. 某建筑项目正在施工,突然发生地震毁坏了建筑,这是属于(　　)。

A. 不可预测风险　　　　B. 可预测风险

C. 已知风险　　D. 其他类风险

2. 风险的三个属性是(　　)。

A. 风险事件、时间、影响　　B. 风险事件、概率、影响

C. 风险数量、影响程度、概率　　D. 风险发生的时间、地点、负责人

3. 购买人身意外保险属于(　　)。

A. 风险规避　B. 风险减缓　C. 风险自留　D. 风险转移

4. 下列不是风险管理的过程的是(　　)。

A. 风险规划　B. 风险评估　C. 风险收集　D. 风险识别

5. 关于风险规避的描述,下列错误的是(　　)。

A. 风险一旦发生,就要接受其引发的后果

B. 消除引起风险的因素

C. 决定取消采用具有高风险的新技术,而采用熟悉的、成熟的技术

D. 决定不投标风险过高的项目

6. 如果某项目存在一旦发生可能导致项目失败的关键风险事件,项目经理应该采取的措施是(　　)。

A. 委派风险评估小组持续分析风险,直到降低预期影响

B. 忽略风险评估,因为不管赋予什么值,这都是一个不准确的估算

C. 降低风险的级别,项目团队将找到一个克服故障的方法

D. 加强关注和管理该风险事件以及与其相关的因素

7. 风险可以被定义成(　　)可能发生的事件。

A. 在项目经理身上　　B. 在项目负责人身上

C. 项目损害　　D. 在项目工期上

8. 以下(　　)风险通常被认为是无法预测的。

A. 商务风险　B. 金融风险　C. 通货膨胀　D. 自然灾害

9. 一个承包者预计一个项目有 0.5 的概率获利 200 000 元,0.3 的概率损失 50 000 元,以及 0.2 的概率获利和损失平衡。该项目的期望货币价值是(　　)元。

A. 200 000　B. 150 000　C. 85 000　D. 50 000

10. 下面(　　)在影响分析中是最有用的。

A. 箭线图　B. 次序图　C. 决策树　D. 直方图

11. 对风险事件概率及其发生后果进行分析的过程是(　　)。

A. 风险识别　　B. 风险反应

C. 总结教训和风险控制　　D. 风险分析

12. 项目的(　　)阶段不确定性最大。

A. 设计　B. 规划实施　C. 概念　D. 各阶段结束时

13. 风险管理的最终目的是(　　)。

A. 分析　B. 缓和　C. 评估　D. 以上皆是

14. 风险识别不包括(　　)。

A. 制定风险对策　　B. 确定风险条件

C. 描述风险特征　　D. 确定风险来源

15. 在整个项目管理过程中,按既定的衡量标准对风险处理活动进行系统跟踪和评价的过程为(　　)。

A. 风险评价　　B. 风险估计　　C. 风险监控　　D. 风险处理

二、判断题

1. 项目风险管理的第一步是风险评估。　(　　)
2. 实施风险管理是有成本的,风险管理体系并不是越复杂越好。　(　　)
3. 项目实施阶段的风险对策研究可为投资项目实施过程的风险监督与管理提供依据。　(　　)
4. 投资项目涉及的风险因素很难进行定量分析,一般是采用定性分析方法。　(　　)
5. 风险是随条件的变化而变化的,风险量化的一个重要作用就是考虑各种不同风险在什么条件下才可以相互转化。　(　　)

三、简答题

1. 项目风险管理是什么?
2. 试利用决策树风险分析技术分析如下 A、B 两种情况哪种方案更优。

方案 A:随机投掷硬币两次,如果两次投掷的结果都是硬币正面向上,将获得 10 元;投掷的结果背面每向上一次,需要付出 1.5 元。

方案 B:随机投掷硬币两次,需要付出 2 元;如果两次投掷的结果都是硬币正面向上,将获得 10 元。

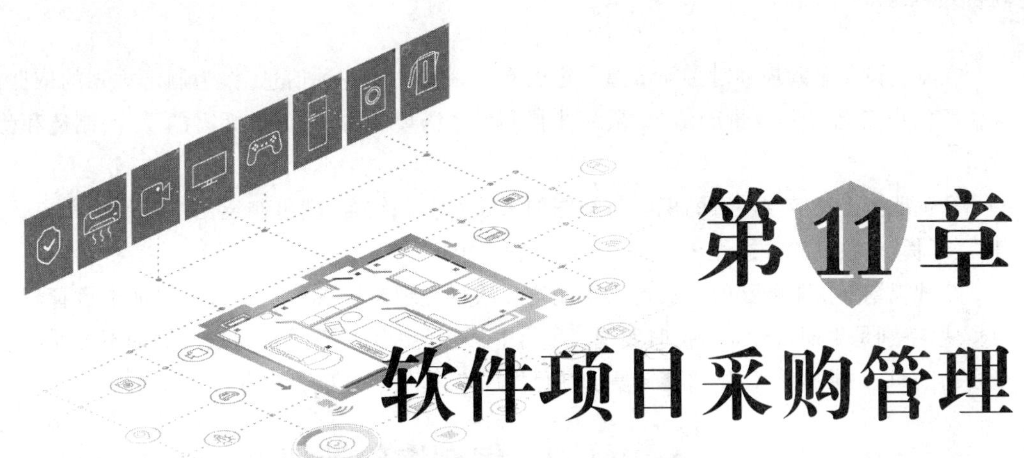

第11章 软件项目采购管理

采购是从外界获得产品和服务的完整的采办过程。采购的目的是从外部得到技术和技能，降低组织的固定和经营性成本，把组织的注意力放在核心领域，提供经营的灵活性，降低和转移风险等。

组织和项目组不可能完成项目所需要的所有产品和服务，一般软件项目采购可以分为市场流通的软件产品采购和外包采购两大类。例如，软件项目组在一个综合系统建设中，需要采购主机、网络等硬件设备，需要操作系统、数据库、中间件等第三方厂家产品的支持，可能还需要购买这些厂家的安装、调试、技术支持和培训服务等。对这类产品和服务的外购，称为设备/服务采购，其提供者称为供应商。即使是应用系统软件，也并不一定全部是自己开发的，有些平台、工具、构件甚至包括一些子系统，可能委托另一家子承包商进行开发。子承包商提供产品或服务，也可能子承包商的开发人员完全与项目团队一起工作。这类采购称为软件分包，相应产品和服务的提供方为软件分包商。

项目采购管理是指在整个项目过程中从外部寻求和采购各种项目所需资源的管理过程。项目采购管理是为了达到项目范围而从执行组织外部获得以完成工作所需的产品、服务或成果的过程，包括采购计划、编制询价计划、询价、卖方选择、合同管理、合同收尾。软件项目具有规模较大、技术复杂、风险高等特点，并且涉及高科技信息领域，因此业主、承包人都必须重视软件项目的采购管理。

11.1 采购规划

采购规划是确定哪些项目需求可以从项目组织之外采购产品、服务或者成果的过程。它涉及是否需要采购、如何采购、采购什么、采购多少以及何时采购。所谓"自制—外购决策"就是组织决定是自己内部生产产品或者提供服务，还是从外界购买产品或者服务更为有利。

当项目从实施组织之外取得项目履行所需的产品、服务和成果时，每项产品或者服务都必须经历从采购规划到合同收尾的过程。

采购规划过程同时包括考虑潜在卖方的过程，特别是买方希望对发包决策施加一定的影响或控制的情况下。同时，也应考虑由谁负责获得或持有法律、法规或组织政策要求的任何相关许可证或专业执照。采购规划过程还要包括对每项自制或外购决策涉及的风险以及就风险缓解或风险转移给卖方而计划使用的合同类型进行审核。

在制定设备采购规划时必须掌握一定的有关采购物的各种信息,作为制定规划的依据,主要包括所需设备名称和数量的清单、最终能得到设备需要的时间、设备必需的设计、制造和验收等时间。

合理地把上述应当注意的事项与组织的采购经验相结合,就可制定出一个最优的包括选货、订货、运货、验收检验等过程在内的程序与日程安排。

这种规划要由采购部门的负责人来制定。项目经理要检查计划是否能保证项目管理总目标的实现,特别是工期目标能否按时实现。项目中常常会因为设备等资源供应周期不准而拖延项目完成的工期,如果早储存,则可能会增加项目的风险,也会增加项目成本。

11.2 编制询价计划

询价计划是询价中所需的单证文件,包括采购管理计划、工作明细表和其他计划等文件。询价计划是以文件记录所需要的产品以及确认潜在的渠道。询价是取得报价单、标书、要约或订约提议的过程。渠道的选择是从潜在的供应商(或卖主)中做出选择的过程,合同管理是管理与协调利益相关方契约关系的过程。合同收尾是合同的完成和解决。编制询价计划涉及编写支持询价所需要的各种文件,这种文件被统称为“采购文件”。这些文件主要用于一些潜在的承包商或者是向潜在的卖方征求建议书,征求报价。询价计划编制程序的三项输出是采购文件、估价标准和工作说明更新。编制询价计划涉及几个问题:合同的发生、评价的标准以及询价的过程。

1. 合同的发生过程

合同的发生过程实际上是要确定所要编制的采购文件类型,签订合同的专家要通过调查去查找一些可能的卖主,寻找供应商来提供所需要的物品和服务。在开始时,可能采用一个单边合同或双边合同。

单边合同即以采购单的形式,列出(例如目录价格)物品清单的标准价格。在这种情况下,卖主通常是自动地接受这种采购单。这样产生的单边合同通常不涉及任何谈判,并且相对来说涉及费用较低。双边合同是通过请求报价(Request for Quotation,RFQ)、请求建议(Request For Proposal,RFP)或招标方式(Bid)启动。选用哪种双边方法,视下述因素而定。

(1)请求报价(RFQ)用于大宗商品(物品)的相对较低的金额的采购。

(2)请求建议(RFP)用于货币价值相对来说高的、复杂的或非标准的物品的采购。

2. 询价过程的评价标准

评价标准可以是客观的,也可以是主观的。这些标准用于给建议定等级或给建议评定分数,并且常常被作为采购文件的一部分。当价格不是签署合同的主要决定因素时,卖方可根据需求的理解、全寿命周期成本、技术能力、管理方法以及财务能力等评价标准进行评价,评价标准是询价过程的一个必要环节。

3. 询价

询价就是从可能的承包商那里确定谁有资格完成工作,谁有资格提供所需要的商品,相当于供方资格的确认。这个阶段涉及从可能的承包商那里获取有助于买方确定谁有资格完成所需工作的信息。

11.3 询价与卖方选择

11.3.1 询价

询价可看成招标的过程,指的是从应征的卖方那里取得就如何满足项目需求的应答,如招标书和建议书。该过程的大部分工作由应征的卖方完成,买方通常无须支付任何直接费用。询价采购即比价方式,一般称作“货比三家”,适用于项目采购时即可直接取得的现货采购,或价值较小、属于标准规格的产品采购,有时也适用于小型、简单的工程承包。询价采购是根据来自几家供应商(至少3家)所提供的报价,然后将各个报价进行比较的一种采购方式。

询价的输入包括采购文件。

询价的工具和技术包括投标人定义和刊登广告。

询价的输出包括合格的卖方清单、采购文件包和建议书。

采购文件:各种采购文档的通用名称是投标邀请书、邀请提交建议书、报价邀请书、谈判邀请书和承包商初始反应文件。其中投标邀请书用于寻找常规项目最合适的价格;报价邀请书用于低价值商品;邀请提交建议书用于复杂、非目标的高价值商品。采购文件应该包括相关的工作说明书(Statement of Work,SOW)、期望的反应形式和要求的合同条款。

为了使询价采购更加公平公正,询价采购程序大体上有以下几个步骤。

(1)成立询价小组。

(2)确定被询价的供应商名单。

(3)询价。

(4)确定成交供应商。

11.3.2 卖方选择

卖方选择是从潜在的卖方中进行选择,包括评价潜在的卖方、合同谈判和支付合同费用。卖方选择过程指接受投标书或建议书,并根据评估标准选定一个或多个可接受的合格供应商。一般地,卖方选择除了成本或价格外,还需考虑以下方面。

(1)价格可能是选择的首要因素,但如果卖方不能按时交货,则最低报价就不是最低成本价,而要加上因延误到货所增加的买方成本。

(2)建议书包括技术和商务两个部分,应分别评审。

(3)对关键产品,应有多个供应商。

(4)卖方选择的输入是建议书、评价标准、组织政策。

(5)卖方选择的工具和技术是合同谈判、加权系统、独立估算、筛选系统、卖方评级系统、专家谈判。

(6)卖方选择的输出是合同。

卖方选择的评价标准可以是主观标准,也可以是客观标准。评价标准用于对建议书分等或评分,当价格不是评标的支配性因素时,需考虑对需求的理解、整体或生命周期成本、技术能力、管理方法和财力。表11-1为供应商选择标准示例。

表 11-1 供应商选择标准

指 标	指标说明	权 重
对需求的理解	供应商对买主的资源需求的准确理解,这可以从其提交的报价中看出	0.2
生命成本周期	供应商是否能够按照项目全生命周期最低总成本(供货成本加上运营维护成本)供货	0.3
组织的技术能力	供应商是否具备项目所需的技术诀窍和知识或者是否能够合理地预期供应商最终会得到这些技术诀窍和知识	0.25
管理水平	供应商是否已经具备或能够合理预期供应商最终能够开发出项目所需资源的管理能力,以确保管理的成功	0.15
财务能力	供应商是否已经具备或能够合理预期供应商能够具备项目所需的财力资源和财务能力	0.1

11.4 合同管理

买卖双方进行合同管理都是为了类似的目的,双方确保本身与对方都履行其合同义务,并确保自身的合法权利得到保障。合同管理是确保卖方的绩效符合合同要求和买方按照合同条款履约的过程。对使用多个产品、服务和成果供应商的大型项目来说,合同管理的关键方面是管理各供应商之间的接口。甲乙双方存在的法律合同关系称为合同当事人。

合同管理包括在合同关系中应用恰当的项目管理过程,并把这些过程的成果综合到项目的综合管理中。涉及多个卖方和多种产品、服务或成果时,上述综合和协调将在多个层次上进行。

合同管理的输入包括合同、工作结果、变更申请和卖方发展。

合同管理的工具和技术包括合同变更控制系统、绩效报告和支付系统。

合同管理的输出包括往来信函、合同变更和支付申请。

合同的变更是指合同成立后,当事人在原合同的基础上对合同的内容进行修改或者补充。合同管理中还有财务管理部分,用以监督对卖方的付款。这可确保合同中明确的支付条件得以遵循,并将卖方的实际绩效与向其支付的补偿具体联系起来。

项目的综合管理是指为保证项目各组成部分恰当、协调而必须进行的过程。合同管理与项目的综合管理最为密切,涉及承包商的领域如下。

(1)项目实施计划。用以授权承包商在适当的时候进行工作。

(2)绩效报告。用以监控承包商的成本、进度和技术绩效。

(3)质量控制。用以检查和核实承包商产品的充分性。

(4)变更控制。用以保证变更能得到适当的批准并且保证所有应该知情的人员获知变更。

当项目的某些基准发生变化时,项目的质量、成本和计划也会发生变化,为了达到项目的目标,就必须对项目发生的各种变化采取必要的应变措施,这种行为称为项目变更。项目变更控制是指建立一套正规的程序对项目的变更进行有效的控制,从而更好地实现项目的目标。它的原则是把项目变更融入项目的计划中去。变更控制的目的并不是控制变更的发生,而是对变更进行管理,确保变更有序进行。下面这些建议对确保足够的变更控制和良好的合同管理会有所帮助。

(1)对项目任何部分的变更,都需要由相同的人和批准该部分的最初计划时相同的方式进行评审、批准和验证。

(2)对任何变更的评估都应当包含一项影响分析。

(3)变更时必须以书面的形式记录下来。

(4)当购买复杂的信息系统时,项目经理及其团队必须保持密切参与,以确保新的系统能满足商业需求并能够在业务环境中运作。

(5)制订备选计划,以防新系统投入运行时没能按照计划工作。

(6)一些工具和技巧会对合同管理有所帮助,如正式的合同变更控制系统、买方主导的绩效评审、检查和审计、绩效报告、支付系统、索赔管理和记录管理系统等,都可用来支持合同管理。

11.5　合同类型

当项目中的甲乙双方达成共识后,应当将与项目相关的事项以合同的形式记录下来,例如项目质量标准、项目时间、项目价格等。根据项目类型的区别、当事人的不同以及要求标准的差异,合同分为不同类型,主要包括成本加成本百分比类、成本加奖金类、成本加固定费用类、单价合同类、固定价格类、固定价格加奖励费类。

1. 成本加成本百分比

这种合同类型是实际成本加上乙方利润,由甲方承担成本超出的风险,这是一种对买方(甲方)而言很危险的合同类型。

如果某项目的成本百分比是20%,假设估计的成本是100万元,则合同金额为100 + 100 × 20% = 120万元;而如果项目的实际成本是150万元,则合同金额应该为150 + 150 × 20% = 180万元,即乙方花费的成本越高,获得的合同金额也越高,如果乙方故意拖延工期或增大成本,则合同金额也相应增加,因此该种类型的合同对甲方而言很危险。

2. 成本加奖金

这种合同类型是实际成本加上乙方利润,由甲方承担成本超出的风险。

这种合同类型增加了激励机制,如果某项目激励的比例是80/20,即将节约成本的20%作为激励。假设估计的成本是100万元,利润是10万元,则如果实际成本是100万元,则合同金额为110万元;如果实际成本是80万元,则合同金额为80 + 10 + 20 × 20% = 94万元,即将节约的20万元成本的20%作为激励。这种合同类型甲方还是承担成本超出的风险,但同时也约束了乙方,甲方的风险降低的同时,乙方的风险增加了。

3. 成本加固定费用

这种合同类型是实际成本加上乙方利润,由甲方承担成本超出的风险,这是一种对买方(甲方)而言风险较大的合同类型。

如果某项目固定费用是成本的20%,假设估计的成本是100万元,则合同金额为100 + 100 × 20% = 120万元;如果实际成本是150万元,则合同金额将变为150 + 100 × 20% = 170万元,即固定费用不变。这种合同类型中,虽然对乙方故意拖延工期的行为有了一定的约束,但没有完全控制,因为拖延工期,虽然固定费用不变,但合同金额还是增加的,因此对甲方而言有较大的风险。

4. 单价合同

这种合同类型是一个产品或时间度量单位的价格(如100元/工时),这种合同的风险随产品的不同而变化,如果合同中没有明确的时间长度,则时间是最大的风险。

5. 固定价格

这种合同类型是甲乙双方就合同产品协商的价格(包括支付给乙方的奖金),风险由乙方承担。

如果某项目的合同价格是100万元,无论成本是80万元还是200万元,合同的金额100万元是固定的,所以这种合同类型是甲方风险相对较小,乙方风险最大。

6. 固定价格加奖励费

这种合同类型是甲乙双方就合同产品协商的价格(包括支付给乙方的奖金),风险由乙方承担。

如果某项目的假设成本是100万元,最高价格是120万元,利润是20万元,激励的比例是80/20,即乙方获得节约成本的20%,当实际成本是90万元时,节约成本是10万元,则合同金额为90+20+10×20% =112万元;当实际成本是160万元时,则合同金额为120万元,即乙方节约成本有奖励,超出成本的部分自己承担,这样乙方的风险增加了,而甲方的风险降低。

图11-1描述了不同合同类型中甲方和乙方的风险变化。

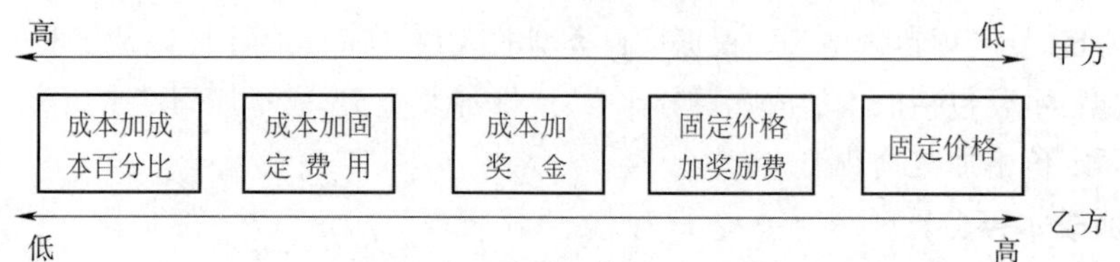

图11-1　不同合同类型中甲方和乙方的风险变化

11.6 合同终止

项目采购管理的最终过程是结束合同,或称合同终止。合同终止是指合同效力归于消灭,合同中的权利义务对双方当事人不再具有法律拘束力。合同终止包括合同的完成和安排以及任何遗留问题的处置。项目团队应当确保每个合同中要求的所有工作都正确并满意地完成了。他们也应当更新记录以反映最终的结果,并保存好信息以备将来使用。

《民法典》第五百五十七条规定,有下列情形之一的,债权债务终止:

(一)债务已经履行;

(二)债务相互抵销;

(三)债务人依法将标的物提存;

(四)债权人免除债务;

(五)债权债务同归于一人;

(六)法律规定或者当事人约定终止的其他情形。

合同解除的,该合同的权利义务关系终止。

合同终止需要的两种方法是采购审计和一个记录管理系统。采购审计指对从采购规划到合同管理的整个采购过程进行系统的审查。采购审计在合同终止时经常被用来识别整个采购过程中学到的经验教训。组织应当努力改进所有的业务过程,包括采购管理。在理想的情况下,所有的采购工作都可以由买方和卖方协商终止。如果协商不能解决,还可使用其他可供选择的争议解决方式,如调解和仲裁。如果所有的方法都不起作用,可向法庭起诉解决争议。记录系统能让组织寻找以及保护采购相关文件变得容易、简单起来。它经常是一个自动化系统,或者至少是部分自动化的,因此能包含大量与项目采购相关的信息。

合同终止的输入包括项目管理计划和采购文档,合同终止的两种方法即工具和技术,合同终止的输出包括终结的合同和组织过程资产的更新。买方应为卖方提供合同完成的正式书面通知。合同本身应当包括正式接受和终止的要求。

小　　结

采购是从外界获得产品和服务,其目的是从外部得到技术和技能,降低组织的固定和经营性成本,把组织的注意力放在核心领域,提供经营的灵活性,降低和转移风险等。项目采购管理是为了达到项目范围而从执行组织外部获得为完成工作所需的产品、服务或成果的过程。项目采购管理包括采购计划、编制询价计划、询价、卖方选择、合同管理、合同收尾。采购规划是确定哪些项目需求可以从项目组织之外采购产品、服务或者成果的过程。询价计划是询价中所需的单证文件,编制询价计划涉及编写支持询价所需要的各种文件。询价可看成招标的过程,指的是从应征的卖方那里取得就如何满足项目需求的应答,如招标书和建议书。卖方选择包括从潜在的卖方中进行选择,包括评价潜在的卖方、合同谈判和支付合同费用。合同管理是确保卖方的绩效符合合同要求和买方按照合同条款履约的过程。合同标志一个项目的真正开始,是甲乙双方在合同执行过程中履行义务和享受权利的唯一依据,是具有严格的法律效力的文件。合同分为成本加成本百分比类、成本加奖金类、成本加固定费用类、单价合同类、固定价格类、固定价格加奖励费类等多种类型。合同终止是指合同效力归于消灭,合同中的权利义务对双方当事人不再具有法律拘束力。合同终止包括合同的完成和安排以及任何遗留问题的处置。

习题 11

一、选择题

1. 甲乙双方之间存在的法律合同关系称为(　　)。

A. 合同条款　　B. 合同当事人　　C. 合约　　D. 其他协议

2. 下列合同类型中,乙方承担的风险最大的是(　　)。

A. 成本加奖金　　B. 成本加成本百分比

C. 成本加固定费　　D. 固定价格

3. 询价的结果是取得(　　)。

A. 工作说明书　　B. 评价标准

C. 建议书(或投标书)　　D. 采购文档

4. (　　)是项目采购管理的实现阶段,是项目采购管理乃至项目管理的核心。

A. 询价　　B. 采购规划　　C. 合同管理　　D. 合同收尾

5. "请求卖方应答"是就如何满足项目要求从潜在的卖方中获得应答(投标和建议书)。这个过程的大部分费用通常是由(　　)付出的。

A. 项目　　B. 实施组织　　C. 买方　　D. 潜在的卖方

二、判断题

1. 成本加奖金合同具有激励机制。　(　　)

2. 采购是为了执行项目而从项目团队外部采购或获取产品、服务或结果的过程。　(　　)

3. 若一个项目的合同类型是固定价格,合同价格是 150 万元,实际花费 200 万元,则项目结算金额为 200 万元。　(　　)

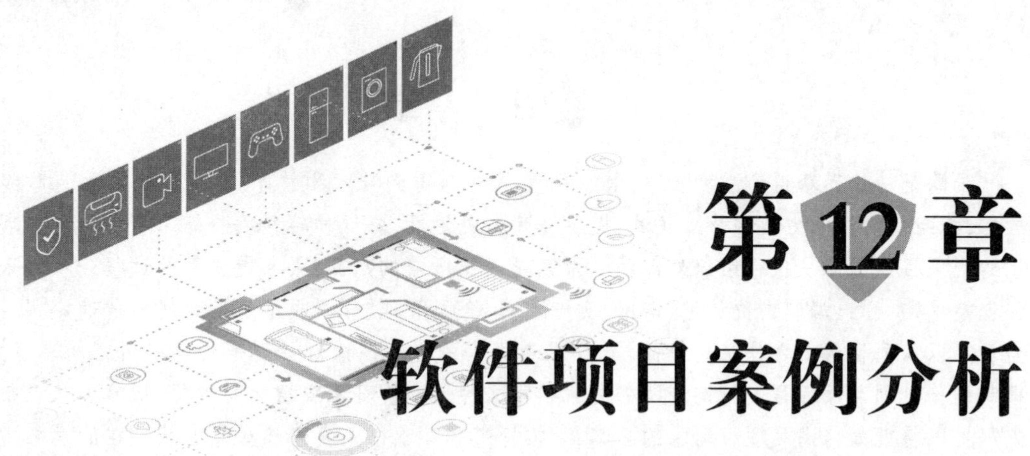

第12章 软件项目案例分析

12.1 案例1 某加工车间智能调度系统项目

随着世界市场和生产的迅速发展,制造业进入高科技为主导的知识经济阶段,这种依靠高科技发展和提高生产水平的要求加速了其全球性竞争。在全球化市场竞争下,如何通过低成本、高质量、快速度和用户满意的服务来提高企业综合竞争力,从而适应产品需求的日益多样化要求,满足现阶段产品小批量生产比例变大、消费结构种类多及订单交货期要求短的特点,这些都是现阶段制造企业竞争成败的关键,因而,制造企业的生产管理水平显得尤为重要。调度管理对企业生产管理有着重要作用,是影响企业内部资源配置以及管理科学化的核心部分。而以往的车间调度系统都是针对单一的具体车间环境,要么加工要么装配,而且生产调度工作完全靠车间管理人员的经验来安排。这样,不仅效率低下,而且常常不能快速根据市场的变化有效、有组织地利用本企业的现有资源。基于这种现状,本项目开发新的调度系统来解决车间调度问题,这将促进企业中车间及生产管理的发展和各种生产资源的合理优化配置。

12.1.1 项目概况

作为实例应用研究对象的某机车厂车间占地16 789 m^2,其中,生产面积14 352 m^2、辅助生产面积1 465 m^2,现有在职员工400余人,主要产品包括内燃机车、城市轨道车辆等多种机车车辆配件产品,其中某型号内燃机车加工车间负责生产万向轴的平衡块、突缘叉、防脱螺母、衬瓦以及转向架的减振器座、套管、吊杆、牵引杆等零部件的加工。车间全年生产能力可达51万工时。近年来厂部每年下达的生产任务量已远超过能力工时,虽然车间经过技术革新提高了加工效率,如转向架的生产周期从15天降到10天,柴油机机体的在制品占用量从原来的50台份减少到45台份;但随着生产批量的减少和生产品种的多元化,使既定加工计划经常被修改,从而增大了车间生产管理的难度。

该车间现有12个作业中心、30个装配载体和88道工序,包括转向架钳工班、热处理、小连杆班和加工班等。车间的生产订单陆续到达,每批次的加工零件交货期不同,属于离散式生产加工模式。研究分析发现该车间存在如下问题。

(1)虽然车间生产按照工件的优先级进行,但是当出现紧急插入工件或工件陆续到达的情况,车间生产可能被中断,从而降低了调度的稳定性。

(2)车间内的加工机器负荷不均衡。柔性加工允许零部件在有加工能力的机器中选择1台进行加工,但是如果生产调度计划一直不变,那么随着时间的推移会慢慢出现部分机器加工负荷过大,而另外部分机器闲置率较高的情况。

（3）该车间加工的平衡块、突缘叉、防脱螺母、减振器座和套管等零件都可以在多台机床上加工,并且加工时间因加工机器和操作人员的不同而不同,属于典型的柔性加工。表 12-1 和表 12-2 所示为零部件信息表。

表 12-1　万向轴加工车间部件一览

工件编号	父工件编号	工件名称	工件编码	工序号	工序任务	单件工时（分钟）	作业单位
1	无	万向轴	TF022000-88	10	组装	50	装配一
2	1	平衡块装配	TF022100-88	10	组装	20	装配一
3	1	突缘叉装配	TF022013/012-88	10	组装	20	装配一
4	1	滑动叉装配	TF022008/012-88	10	组装	20	装配一
5	1	花键轴叉装配	TF022011/012-88	10	组装	20	装配一
6	1	端盖	TF022007-88	10	组装	25	装配二
7	1	防脱螺母	TF022009-88	10	组装	15	装配一
8	1	衬瓦	TF022010-88	10	毛坯	0	加工二班
				20	粗车	8	加工二班
				30	铣口	18	加工三班
				40	精车	20	加工三班
				50	清整．对研．组焊	10	小连杆班
9	3	突缘叉	TF021006-88	10	毛坯	0	加工三班
				20	粗车	42	加工三班
				30	精车	40	加工三班
				40	划线	2	加工一班
				50	镗内侧面	52	加工二班
				60	镗斜面	42	加工二班
				70	铣底面	45	加工二班
				80	钻孔．倒角	25	加工一班
				90	清整．攻丝	20	小连杆班
10	4	滑动叉	TF021002-88	10	毛坯	0	加工一班
				20	粗车	40	加工二班
				30	划线(一)	8	加工一班
				40	镗铣内侧面	30	加工二班
				50	钻孔	2	加工一班
				60	镗孔	12	加工二班
				70	调质	35	热处理班
				80	精车	50	加工一班
				90	划线(二)	6	加工一班
				100	拉花键	55	加工九班
				110	磨工艺面	26	加工九班
				120	钻把对孔	20	加工一班
				130	清整．攻丝	24	小连杆班

表 12-2　转向架加工车间部件一览

工件编号	父工件编号	工件名称	工件编码	工序号	工序任务	单件工时（分钟）	作业单位
1	无	转向架总图	106Z000001	10	大组装	60	转向架钳工班
				20	转向架交验前整备	30	转向架钳工班
				30	检查交验	20	检查组
2	1	轴箱装配	106Z070001	10	组装	40	装配二
3	1	构架装配	106Z100001	10	组装	30	装配二
4	1	轮对装配	106Z300001	10	组装	25	装配二
5	1	电动机悬挂装配	106Z50000A	10	组装	20	装配二
6	1	基础制动装置	106Z600001	10	组装	45	装配二
7	1	端轴轴箱装配	TZ100000-91	10	组装	45	装配一
8	1	中间轴轴箱装配(一)	TZ101000-91	10	组装	30	装配一
9	1	支承装配	TZ041000-88	10	组装	20	装配一
10	1	牵引杆装配	TZ091000-88	10	组装	20	装配二
11	2	压盖	109Z040001	10	毛坯	0	加工三班
				20	粗．精车	6	加工三班
				30	钻孔	1	加工一班
12	2	轴箱拉杆装配	TZ024000-88	10	装配前清整	30	转向架钳工班
				20	拉杆装配	30	转向架钳工班
13	2	后盖	TZ100003-91	10	毛坯	0	加工四班
				20	粗车	2	加工四班
				30	车粗沟	1	加工三班
				40	车光沟	2	加工三班
14	3	减振器座	106Z100003	10	毛坯	0	加工二班
				20	铣底面	3	加工二班
				30	镗孔及两侧	4	加工二班
				40	钳工打磨	2	小连杆班
15	6	吊杆	TZ062000-88	10	装配前清整	10	转向架钳工班
				20	压装衬套	2	转向架钳工班
16	6	横拉杆	TZ063000-88	10	组焊	6	传动钳工班
				20	钻扩	2	传动钳工班
17	7	油压减振器	SFK1-01-40-00	10	试验	25	转向架钳工班
				20	组装	15	转向架钳工班
18	8	压盖	TZ101002-91	10	毛坯	0	加工三班
				20	粗车	5	加工三班
				30	热处理	40	热处理班
				40	精车	10	加工三班
				50	钻孔	1	加工四班
				60	拉方孔	2	加工九班
				70	清整组装	10	转向架钳工班

续表

工件编号	父工件编号	工件名称	工件编码	工序号	工序任务	单件工时(分钟)	作业单位
19	10	牵引杆	TZ091300-88	10	毛坯	0	加工一班
				20	划线一	2	加工一班
				30	双人铣叉头	2	加工四班
				40	镗圆弧	2	加工七班
				50	铣叉头内侧	2	加工七班
				60	划线二	2	加工一班
				70	钻铰叉头孔	1	加工一班
				80	镗端头孔	10	加工二班
				90	镗叉头孔	8	加工二班
				100	钳工打磨	3	小连杆班

以往车间调度系统只能适应某个具体车间环境且只能得到时间最短、设备负荷平衡等一般目标。另外,传统设计方法中各功能模块耦合性太强,没有将它们在不同车间环境下的共性分离出来,这使得其功能太专门化,缺乏普遍的适应性。本系统可根据任务、车间和调度目标的性质来优化调度目标。本项目需要设计的智能车间调度系统可以缩减原来的计划编制人员,而且计划编制更加合理、科学,不但可以提高设备的利用率和节约生产成本,而且能够提高企业的经济效益。该系统用于实际企业的信息化建设中,具有很强的工程意义并具有广泛的市场需求。

12.1.2　系统业务流程

调度系统首先登记待排产的任务,并根据此任务信息制订任务计划书,从而产生生产计划;对生产计划进行拆解,根据拆解的计划,利用模型库中的资源信息、调度规则生成计划调度,并对调度记录进行性能评价,直到得到优异调度计划,并对其进行保存。图 12-1 为生产业务流程图,具体流程如下:①生产计划被审核通过后,按照计划对生产任务进行优化排序;②将加工计划书和装配计划书分别下达到车间的加工班组和装配班组;③车间相应班组按照接收的任务计划安排工作;④根据调度规则对排队序列中的工件进行优先级排序,并将结果抄送生产管理部门和物流管理部门;⑤对生产情况进行监督,一旦达到重调度周期或出现紧急事件,需要对已完成工件及未加工队列中的工件进行统计,同时进行新的调度计划,并将结果保存到相应管理部门;⑥循环流程直至结束。

12.1.3　项目招标

根据本项目的特点,按照编制招标文件的要求,编制调度系统项目的招标文件。招标文件的主要内容包括投标方须知、投标书及附件、协议书、投标保证金或保证书、合同条件、规定和规范、图样及设计资料附件和工作量表。

通过媒体发布招标信息后,共有 8 家公司参加了投标。经过对投标者初评,选出 5 家公司作为候选,对这 5 家公司的资质情况和标函进行了进一步的审查。选择中标公司,不能以报价高低做唯一标准,而是要根据标价、工期和各公司的资质进行综合分析。经过综合评估,最后选定 1 家公司中标。

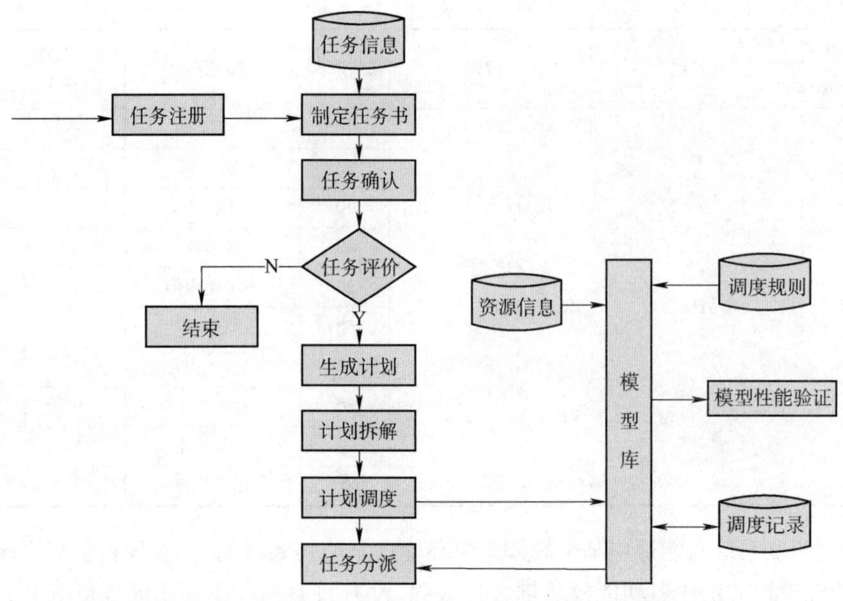

图 12-1 调度系统业务流程图

12.1.4 合同管理

合同是整个项目开展的依据,也是对项目进行有效管理以及验收的标准。为此,在起草合同条款时要考虑全面,用词严谨,必须与总合同相吻合,以减少执行过程中因理解不同而发生的争执。合同的主要内容应与标书内容一致。招标言论和条款、标函应作为合同的一个组成部分,可作适当修改。合同内容包括项目内容、项目范围、方式、工期、价款、零部件物料供应顺序、签订合同双方各自的权利与义务、付款方式、工程质量保修期以及违约责任等。

乙方需缴纳履约保证金(通常为合同价值的 10%)。双方确认合同内容、签约,并备份项目合同副本。

12.1.5 项目的进度计划与控制

本项目利用计算机,使用项目管理集成系统软件辅助进行管理,大大减少了工作量,提高了工作效率。

在明确项目目标的基础上,对整个项目进行工作分解,确定所有可能包含的分项工程。项目的工作分解结构图(WBS)如图 12-2 所示。

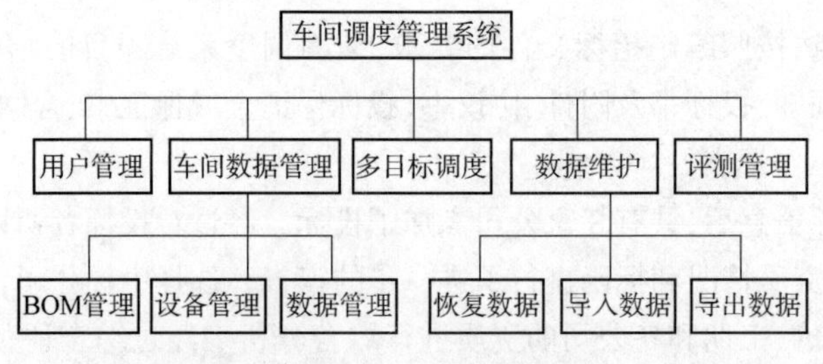

图 12-2 工作分解结构图

按照项目的要求及各约束条件，绘制项目进度计划的网络图、甘特图（如图 12.3、图 12.4 所示），同时确定各项资源计划，绘制资源负荷图和累计图。

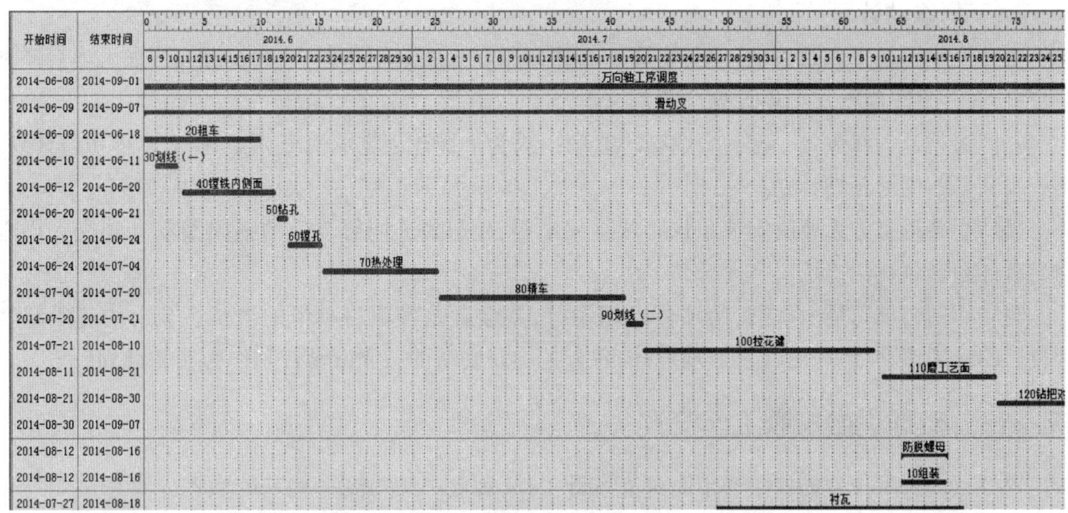

图 12-3　万向轴零件加工调度甘特图

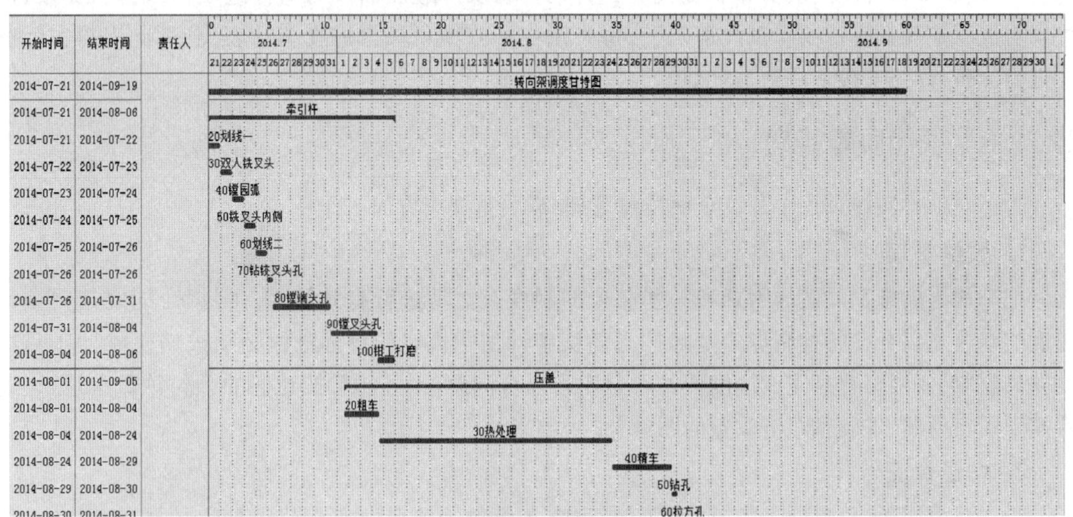

图 12-4　转向架零件加工调度甘特图

实施阶段项目计划的控制分形象计划控制和数理进度控制两个方面，下面分别对这两个方面进行说明。

12.1.6　形象计划控制工作流程

1. 三月滚动计划

乙方项目经理根据项目总体计划及现场实际情况制订详细计划，每月初做出三月滚动计划，每月做一次，每次计划 3 个月，第一个月为实施计划，后两个月为预期计划。

三月滚动计划是乙方开发公司应该遵循的总计划。每月初的第一次周计划会上由项目经理书面提出，交由各个开发小组讨论。对于不合理的地方，承包商可以在会上提出修改意见，最后由项目经理在会上做出决定。会后第二天由项目经理发送修改后的三月计划,这个滚动的三月计划各个开发小组必须严格执行。

2. 三周滚动计划

各开发小组根据三月滚动计划,每周四必须编制好三周滚动计划,一式6份。参加由项目经理主持、所有开发小组参加的周计划会议。

三周滚动计划每周排一次,每次排4周,第一周为上周计划完成情况,第二周为本周执行计划,第三周和第四周为预期计划。

周计划会议上的重要决定或争议写成会议纪要,此纪要连同修改后的三周滚动计划交每周六的高级计划会议讨论确认。

高级计划会议每周六举行,由项目经理主持,参会者是各项目小组的组长。会上由各小组宣读自己的三周滚动计划,由项目经理审核,各方把会议确认的三周滚动计划作为实施计划。

12.1.7 数理进度控制工作流程

进行数理进度控制的核心环节是进度统计工作,因此必须得到一些基础数据才可以利用计算机进行数理进度控制。项目的基础数据通过日进度报告、月进度报告的方式获取。主要根据月进度报告,绘制实际进度曲线及编制实施施工计划。将实际进度曲线与目标进度曲线进行比较,便可以对进度实现动态控制。在此基础上,每月制作一张项目综合进度统计表,利用此表对实际进度进行分析,详细安排下月施工计划。

12.1.8 项目质量管理

为了在项目实施过程中开展全面质量管理,需要重视三方面工作。

1. 质量管理

把一切影响施工质量的因素和一些必要的制度及活动进行有效管理。根据合同规定:"项目进度的申报是以合格的控制点为基础""总体实施计划中规定的目标进程必须按期完成""项目进度款的收取,要根据每月完成进度值的百分比乘以合同总价,并扣除按比例的预付款保留量"。这就实现了将质量、进度和经济效益的明确化。

2. 质量保证

为了减少层次、避免分工脱节、增强责任感,在承包的项目中实行分区分片的技术责任制,技术负责人除了主管承担项目的技术工作外,还要承担进度、统计、质量管理等责任。通过质量控制与技术监督的互相补充实现以提高质量为目的的质量保证系统,该系统隶属于项目经理领导。

3. 质量控制

为了控制质量,提高控制点受检的一次合格率,把工序中的质量责任直接延伸到开发小组,从而加强班组的责任感。要使控制点顺利通过检查,必须严格按照图样、规范和说明书的要求,一丝不苟地工作、精心自检,准确记录数据作为认证的依据,并且充分发挥技术负责人的积极性,周密地思考、仔细地观察、做好事前预防。

在项目开展过程中,难免产生一些纠纷。按照国际惯例,口头通知或许诺不能作为处理纠纷的依据,必须以函件形式通知对方,为事实的演变取得法律依据。函件的格式分为两类,即正式函件和现场通知。

12.1.9　项目费用控制计划

项目进行中的一切活动都是以合同为依据的。为了保证达到合同总目标,必须确定项目控制(包括进度和质量控制)和费用控制两大管理目标,从而把履行的合同内容具体化、明确化,并在整个合同实施过程中,统一全体人员的意志和行动节奏,为实现这一目标共同努力。

合同中的商务条款、报价书、总体建设计划、根据本项目具体情况而编制的人力资源计划、物资采购计划以及承包项目的规定等,都是编制费用控制计划的依据。为实现项目的经营目的,确定的费用控制目标必须要体现先进性、可行性、可靠性以及合理性。

编制的费用控制计划的分项应该与合同价格组成的分项基本一致,以便于分析比较。费用大体上由三部分组成:第一部分是直接费用,包括消耗材料及设备费、人工费等;第二部分是间接费用,包括差旅费、培训费、管理费、保险费以及纳税费;第三部分是其他费用,包括风险费、货币交易费和利润等。编制费用控制计划的同时也是对整个项目成本的一次预测,通过预测成本与合同价款的比较,对工程的经济效益做出进一步的评估;在费用控制计划的贯彻实施过程中,要求在保证质量的前提下,有效降低成本、控制费用开支,最大化经济效益。

本项目为实现费用控制的计划目标,在贯彻实施阶段建立了一些性质有效的管理制度,主要有以下几个方面。

(1)费用计划管理制度。

(2)采购专项报告制度。

(3)物资采购、回收管理办法。

(4)工资的支付办法。

(5)费用报销审批制度。

(6)费用结算制度。

(7)实物验收报销制度。

(8)差旅费报销及伙食标准。

(9)出国人员国际旅途费用包干制度。

12.2　案例 2　某公司改扩建工程监理案例

12.2.1　乙方改扩建(一期)工程监理大纲目录

12. 2. 2 资信业绩及能力监理评标索引

主要评分项目		分项评分标准	对招标文件的响应	对应页码
资信业绩及能力 1～8 分	1	企业信用报告评分	AAA 级	附件一
	2	拟派总监到位率 80% 1 分 60% 0. 5 分 低于 60% 不得分	拟派总监 到位率 80% 以上	P1-7 或 P3-1
	3	拟派总监代表专业为工民建类专业并取得高级技术职称 得 2 分 取得中级技术职称且专业为工民建专业的 得 1 分	拟派总监代表 高级工程师 全国注册监理工程师 专业为房屋建筑工程	P3-6 后附扫描件部分
	4	项目总监具有完成过建筑面积 50 000 m^2 及以上学校的监理项目业绩 一个得 1 分 最高分 4 分 (同一项目只计一个)		P3-5 后附合同、单项竣工备案表复印件
商务标 45 分	1	招标文件规定的投标价下限为最佳报价值	监理费报价:180 万元	P5-1 P5-2

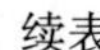
续表

主要评分项目		分项评分标准	对招标文件的响应	对应页码
监理大纲 14～45分	1	监理大纲内容是否全面 1.5～4.5分 一般得1.5分, 较好得3分, 细致详尽得4.5分	监理大纲	P4-1～4-417
	2	监理大纲中对相关协调管理职能是否明确 1.5～4.5分 一般得1.5分, 较好得3分, 细致详尽得4.5分	相关协调管理职能的明确	P4-20～4-31
	3	项目监理、总监代表、监理工程师、监理员的权利和责任是否明确 1.5～4.5分 一般得1.5分, 较好得3分, 细致详尽得4.5分	项目监理、总监代表、监理工程师、监理员的权利和责任的明确	P4-32～4-40
	4	监理力量的投入是否能满足工程的需要 2～4分 基本分2分,驻地监理员,50%及以上具有中级(含中级)以上职称且具有省监理工程师证及以上资格的加2.0分	驻地监理人员73.3%具有中级(含中级)以上职称且具有省监理工程师证及以上资格	P4-41或P3-1
	5	监理人员专业配置是否符合工程需求 0～6分,派驻监理人员中,专业配备(土建、给排水、强电、弱电、造价、暖通、绿化、安全)有一项加0.75分	派驻本工程监理人员共15人,土建6人、给排水1人、暖通1人、强电1人、弱电1人、专职造价人员2人、绿化1人、安全1人、安装1人	P3-1～3-15及P4-41
	6	质量控制的保证措施手段是否科学、可靠 1.5～4.5分 一般得1.5分, 较好得3分, 细致详尽得4.5分	质量控制的保证措施手段是否具有科学性、可靠性	P4-42～4-87
	7	检测仪器和工具是否能满足工程要求 1.5～4.5分 一般得1.5分, 较完整得3分, 很完整的得4.5分	仪器和工具满足对工程的要求	P4-88～4-90
	8	施工进度控制手段是否细致详尽,投资控制方法是否可行 1.5～5分 一般得1.5分, 较好得3分, 细致详尽得5分	施工进度控制手段的细致、详尽性	P4-91～4-109
	9	现场安全、文明施工的管理措施是否全面 1.5～3分 一般得1.5分, 细致详尽得3分	现场安全、文明施工的管理措施的全面性	P4-126～4-146

续表

主要评分项目		分项评分标准	对招标文件的响应	对应页码
监理大纲 14～45 分	10	对工程施工的难点、要点和关键部分是否阐明及监理事实意见的可行性 1.5～4.5 分 一般得 1.5 分, 较好得 3 分, 细致详尽得 4.5 分	对工程施工的难点、要点和关键部分是否阐明及监理事实意见	P4-158～4-417

12.3 投标书及条件

12.3.1 法定代表人资格证明书

单位名称:乙方公司

地址:××市××区××街××号

姓名:____ 性别:____ 年龄:____ 职务:董事长

系乙方公司的法定代表人。为委托监理的工程,签署投标文件,进行合同谈判、签署合同和处理与之有关的一切事务。

特此证明。

投标人:××公司

日期:二〇一八年十一月二十二日

12.3.2 授权委托书

甲方公司:

我以乙方公司法定代表人身份授权____________________,为我单位的全权代表,以我单位的名义签署乙方改扩建(一期)工程监理的投标书及其他文件,参加开标、澄清、商签合同以及处理与之有关的其他事务,我单位均予承认。

投标单位(章)

法定代表人(签字或盖章)

电话:

二〇一八年十一月二十二日

12.3.3 乙方改扩建工程监理投标书

致:乙方公司:

1. 我方已全面阅读和研究贵方的招标编号为2015222222 的乙方改扩建(一期)工程监理招标

文件和招标补充文件,并经过对施工现场的踏勘,澄清疑问,已充分理解并掌握了本工程招标的全部有关情况。同意接受招标文件的全部内容和条件,并按此确定本工程监理投标的全部内容,以本投标书向你方发包的全部内容进行投标。监理费报价为人民币肆拾万零伍佰贰拾元整(40.052万元整)。负责本工程的总监是(身份证号:____________)、监理人数为 5 人,监理服务期为自合同签订后至项目竣工验收实行全过程监理。

2. 我方将严格按照有关建设工程招标投标法规及招标文件和规定参加投标,并理解贵方不一定接受最低标价的投标,对决标结果也没有解释义务。

3. 如由我方中标,在接到你方发出的中标通知书后在规定的时间内,按中标通知书、招标文件和本投标书的约定与你方签订监理合同,并递交招标文件中规定金额的履约保证金或银行保函,履行规定的一切责任和义务。

4. 我方承认该投标书格式为投标书的组成部分。

5. 本投标书自递交你方之日起90天内有效,在此有效期内,全部条款内容对我方具有约束力,如中标将成为监理合同文件组成部分。

投标单位(章)　　　　法定代表或授权代表:(签字或盖章)

联系人:　　　　联系地址:

联系电话:　　　　邮政编码:

开户银行:×××××支行　　　　账号:

二〇一八年十一月二十二日

12.3.4 强制性资格条件表

序号	强制性资格条件	投标人对能达到程度的简述(投标人填写)	证明资料(复印件、原件备查)
一	企业资质要求		
1	具有建设行政主管部门核发的综合资质或具有房屋建筑工程专业甲级资质的工程监理企业	我公司成立于2005年8月,具有房屋建筑工程甲级资质及市政甲级资质	营业执照、资质证书
二	项目总监的要求		
1	拟派项目总监应具有国家注册监理工程师执业证书资质,注册证书上的注册专业为房屋建筑专业,具有高级工程师职称	我公司派驻乙方改扩建(一期)工程的项目总监为高级工程师,全国注册监理工程师同志。注册证书上的注册专业为房屋建筑专业	职称证书、全国注册监理工程师岗位证书及执业资格证书

投标单位(章)

法定代表人(签字或盖章)

电话:

二〇一八年十一月二十二日

12.3.5　投标人一般情况表

<table>
<tr><td>监 理 人</td><td colspan="2">甲方公司</td><td>法定代表人</td><td colspan="2"></td></tr>
<tr><td>注册地址</td><td colspan="2"></td><td>邮政编码</td><td colspan="2"></td></tr>
<tr><td>注册时间</td><td></td><td>电话</td><td></td><td>传真</td><td></td></tr>
<tr><td>资质</td><td colspan="2"></td><td>营业执照</td><td colspan="2"></td></tr>
<tr><td>经理</td><td colspan="2"></td><td></td><td colspan="2"></td></tr>
<tr><td>职工人数</td><td colspan="5">总人数：　　总监理工程师人数：
专业监理工程师人数：　　管理人数：</td></tr>
<tr><td>主要业绩</td><td colspan="5">详见本标书第二部分：企业所获荣誉、工程获奖情况</td></tr>
<tr><td></td><td colspan="5">组织机构图(包括机构、领导成员、主要技术人员数量等情况)
总经理
董事长
副总经理　副总经理　副总经理
办公室　财务部　经营部　总师办　总师
监理部一　…　监理部五
项目部一　…　项目部N</td></tr>
</table>

12.4　商　务　标

12.4.1　费用报价说明

有关监理取费，综上情况我们决不会通过压价、提供低质量服务，减少监理人员和降低服务手段来取得中标，而是根据该项工程的实际情况进行综合分析测算后提出我们的监理费报价。

在监理费用报价上，我们主要考虑在保证监理工作质量的前提下，对工程质量负责，对建设单位负责。在社会效益的基础上，适当考虑企业的经济效益，以我们的诚意为贵方的工程作出贡献，创出企业牌子，从而提高企业的社会信誉。

按贵方提供的×××改扩建(一期)工程概况，该工程的本次招标工程概算为 2 200 万元，本工程施工监理服务收费为人民币 40.052 万元，针对本工程的特点及结合我公司的实际情况，为表示诚意和与贵方合作的愿望，我们在确保管理成本（人员工资和行政分摊）、各种税金及管理费的基础上，尽我们所能给予优惠，决定监理酬金取费为：

$$10\,799.88 \times (1-20\%) = 186.065\,5 \text{ 万元}$$

监理费取 RMB ¥1 860 655（壹佰捌拾陆万零陆佰伍拾伍元整）

（测算依据详见监理费报价分析汇总表）

我公司真诚希望与×××公司携手合作，并在给贵方提供优良服务的同时保持我公司的良好信誉和企业形象，为贵方的建设多作贡献。

12.4.2 监理费报价分析汇总表

序号	费用名称	单　位	计算依据	单位（元）	数　量	合价（元）
1	人员工资 （含福利及五险一金）	元/月	按常驻人员计	50 000	27 月	1 350 000
2	办公费	元/月	按公司平均计	2 000	27 月	54 000
3	劳保用品	元/月	按公司平均计	2 000	27 月	54 000
4	资料费	元/月	按公司平均计	2 000	27 月	54 000
5	通信费	元/月	按公司平均计	1 000	27 月	27 000
6	交通费	元/月	按常驻人员计	1 000	27 月	27 000
7	设备仪器使用	元	按监理费用 1%			约 18 000
8	小计					1 584 000
9	公司管理费	元	（8）×10%			约 158 400
10	利　润	元	（8）×10%			约 158 400
11	上交税费	元	（8+9+10+11）×6.5%			约 130 000
合计（元）		2 030 800 元（203.08 万元）				
监理费合计大写（元）		人民币贰佰零叁万零捌佰元整				
降价后最终报价大写（元）		人民币壹佰捌拾陆万零陆佰伍拾伍元整（186.065 5 万元整） （结转至投标函）				

报价依据及监理服务费浮动说明：

1. 我方考虑到承接该工程监理工作的诚意及为×××改扩建（一期）工程的建设作出我们的贡献，故监理费用在分析汇总的基础上，尽我方所能再给予优惠。
2. 监理服务期按招标文件要求，缺陷责任期 24 个月，保修服务期 24 个月，在工程质量保修期内，监理单位应承担相应的义务和责任。前期阶段、工程结算及决算审计期间均提供免费的服务。本工程建设计划总工期为 350 日历天。
3. 本工程监理费最终报价 40.052 万元除合同条款另有规定外，为一次性包干，不再进行调整。

投标单位：　　　　　　　　　　　法定代表人（签字）：

二〇一八年十一月二十二日

参考文献

[1] 布鲁克斯. 人月神话[M]. 王颖,译. 北京:清华大学出版社,2015.

[2] 汉弗莱. 软件工程规范[M]. 傅为,苏俊,许青松,译. 北京:人民邮电出版社,2003.

[3] 格林,施特尔曼. Head First PMP(第3版)[M]. 王宇,等译. 北京:中国电力出版社,2016.

[4] 汉弗莱. 软件工程管理[M]. 高书敬,译. 北京:清华大学出版社,2003.

[5] 乔冰琴,郝志卿. 软件测试技术及项目案例实战[M]. 北京:清华大学出版社,2020.

[6] 韩万江,姜立新. 软件项目管理案例教程[M]. 4版. 北京:机械工业出版社,2019.

[7] 休斯,考特莱尔. 软件项目管理(第5版)[M]. 廖彬山,周卫华,译. 北京:机械工业出版社,2010.